本著作为国家社会科学基金项目《绿色发展背景下企业生态创新决策机制及路径优化研究》（项目批准号为：21FGLB018）的最终成果。

绿色发展背景下
企业生态创新决策机制
及路径优化研究

彭雪蓉　著

吉林大学出版社
·长春·

图书在版编目（CIP）数据

绿色发展背景下企业生态创新决策机制及路径优化研
究 / 彭雪蓉著. -- 长春 ： 吉林大学出版社，2025. 4.
ISBN 978-7-5768-4948-6

I. X322.2

中国国家版本馆CIP数据核字第2025C332A9号

书　　名：绿色发展背景下企业生态创新决策机制及路径优化研究
LÜSE FAZHAN BEIJING XIA QIYE SHENGTAI CHUANGXIN JUECE JIZHI
JI LUJING YOUHUA YANJIU

作　　者：彭雪蓉
策划编辑：卢　婵
责任编辑：卢　婵
责任校对：陈　曦
装帧设计：刘　瑜
出版发行：吉林大学出版社
社　　址：长春市人民大街4059号
邮政编码：130021
发行电话：0431-89580036/58
网　　址：http://press.jlu.edu.cn
电子邮箱：jldxcbs@sina.com
印　　刷：长春第二新华印刷有限责任公司
开　　本：787mm×1092mm　1/16
印　　张：25.75
字　　数：390千字
版　　次：2025年4月　第1版
印　　次：2025年4月　第1次
书　　号：ISBN 978-7-5768-4948-6
定　　价：116.00元

前　言

本著作深入融合我国"创新、协调、绿色、开放、共享"五大新发展理念，高度对接"创新驱动""高质量发展"和"可持续发展"国家战略，聚焦于"企业生态创新决策机制及路径优化"这一核心问题，从微观企业层面回答了面向绿色发展的生态创新扩散机制和通用路径。本著作主要研究内容如下。

研究内容1：什么是生态创新？生态创新的基础理论研究。为了全面认识生态创新，本著作对生态创新的基础理论进行了梳理和系统构建。首先，回顾了生态创新的源起，指出其是企业社会责任和创新由竞争走向融合的结果。接着，辨析了生态创新在三大理论中的坐标定位，指出生态创新是一种战略性企业社会责任、一种（主动）环保战略和一种高生态效能的创新。然后，明晰了企业生态创新的定义与特征，指出生态创新的目标具有二元性（追求环境和经济的双赢），内容具有动态性和广泛性，过程具有系统性和复杂性，结果具有双重正外部性（知识溢出和环保溢出），并梳理了企业生态创新的维度划分与测量。最后，对1998—2021年发表在国内外期刊上的生态创新论文进行了文献计量分析，构建了生态创新前因后果研究的一般框架。

研究内容2：如何让企业为生态创新买单？企业生态创新的决策机制研究。本著作借鉴战略参照点和双元（ambidexterity）理论的洞见，整合多个理论视角全面揭示了复杂情境下企业生态创新的决策机制。首先，系统评述了企业生态创新决策影响因素的实证研究，为后续研究企业生态创新决策机制奠定了翔实的文献基础；然后，通过一个纵向案例研究，揭示了在面向绿色发展的制度（架构）转型过程中，基于反应式逻辑的企业生态创新决策遵从"合群→合规→合规合群耦合"的动态演化路径。接着，对案例研究结论进行了逻辑演绎，并以沪深A股上市的重污染制造企业的面板数据（2007—2019年）实证考察了合规和合群压力在不同阶段独立和联合影响企业生态创新决策的异质性，并识别了三大权变因素——政府补贴（表征外部资源获取）、行业生态创新排名（表征内部生态创新能力）和高管环保意识（表征战略认知）。最后，本著作的研究逻辑从反应转向前摄，以问卷收集的制造企业数据考察了高管双重环保意识（环保风险意识和环保收益意识）对企业生态创新决策的影响，以及其与企业基于政治和商业网络嵌入的外部资源获取的交互对企业生态创新决策的影响。在此基础上，进一步考察了生态嵌入对高管双重环保意识发展的积极作用，以及其对企业生态创新的直接和间接效应，从而完整地揭示了社会（制度和网络）嵌入和生态嵌入对企业生态创新决策的影响机制。

研究内容3：如何提升企业生态创新绩效？企业生态创新路径优化研究。本著作聚焦于"吸收能力视角下生态创新路径优化"这一核心问题，以回答"什么样的实施策略"有助于生态创新更好地被企业和市场吸收，从而为企业带来更高的经济回报。为了回答这一问题，本著作从生态创新的独特特征出发，并整合吸收能力理论的洞见，识别了立项、研发、市场化三阶段生态创新的通用路径，构建了吸收能力视角下生态创新绩效提升的整体理论框架，并辅以案例研究和大样本实证分析加以阐释和验证。生态创新通用路径包括立项阶段的向心性、相关性，研发阶段的时机、节奏（如速度、规律性）、顺序、研发合作，市场化阶段的溢出补偿搜索（如政府补贴）与市场隔离战略等。

本著作的主要观点如下。

观点1：企业不愿意进行生态创新的根本原因是市场障碍和认知障碍。
①市场障碍：有效绿色市场需求不足导致生态创新的长效激励机制尚未建立。除非企业生态创新行为能为顾客带来实质性好处（如产品节能降耗），否则顾客利社会、利自然的环保偏好很难转化为有效绿色市场需求——愿意为企业环保支付更高的产品价格。这使得企业对生态创新可以赚钱这件事情缺乏足够的信心。这样，政府规制和竞争者反应成为焦点企业提供具有公共产品属性的生态创新的重要参照点。换句话说，当有效绿色市场未建立时，正式制度结构（合规压力）和行业非正式制度结构（合群压力）是企业生态创新决策的关

键外部参照点。②认知障碍：有益于驱动生态创新的市场逻辑和环保收益认知尚未广泛建立，导致企业对生态创新的认知滞后和单一。企业缺乏通过创新解决环境问题的经历，所以很难意识到生态创新的潜在好处。管理者普遍认为环保成本昂贵，往往会在企业战略中低估环境问题。此外，生态创新的收益具有高度不确定性和隐蔽性，很难引起企业决策层的高度重视。总之，有益于驱动生态创新的市场逻辑和环保收益认知尚未建立，这导致基于国内绿色市场交易的正向激励机制对生态创新的正向效力弱于负向激励机制（如政府规制）和同群压力。因此，当前阶段，依赖制度学习、正面典范学习和生态学习强化企业的底线意识（得益于政治逻辑和环保风险意识的导入）对驱动生态创新至关重要。底线意识又有助于企业环保收益意识和商业意识的建立，从而"拉动"企业生态创新。

观点2：企业生态创新本质上是参与一场合法性竞赛，外部正式制度结构（合规压力）和行业非正式制度结构（合群压力）是企业生态创新决策的首要参照点。①决策参照点选择：合规与合群的权衡。以生态创新为焦点的环保合法性竞赛是合格赛与选拔赛合一的竞赛。合格赛强调"合规"（与正式规制比较的绝对水平），选拔赛强调"合群"（与大多数同行比较的相对水平）。来自政府的正式规制为焦点企业生态创新提供了绝对合法性参照点（"合规"），而大多数同行生态创新水平（"行业潜规则"形成的非正式制度）则为焦点企业生态创新提供了相对合法性参照点（"合群"）。当上述参照点存在冲突时，焦点企业生态创新决策需要在"合规"和"合群"之间进行得失权衡和选择，这一过程受到高管二元认知（高管环保收益意识和高管环保风险意识）和企业内外资源/能力的权变影响。②决策原则：企业根据生态创新的"相对"而非"绝对"投资回报率做出决策，而生态创新的相对投资回报率受到制度环境的高度影响。只要市场不惩罚不环保行为，生态创新企业和污染企业的竞争就会扭曲——不环保的企业比环保企业更具有成本优势。因此，对于那些环保溢出无法通过绿色市场交易获得补偿的生态创新，同行表现对焦点企业生态创新决策异常重要。原因是同行采用生态创新的数量越多，焦点企业生态创新的相对成本越低（得益于同行的创新溢出和市场竞争环境改善），市场

"逆向淘汰"的可能性越低。此外，高严厉的规制（如中央环保督察）也会改变企业生态创新的相对投资回报率：一方面使得生态创新的投资回报增加；另一方面使得生态创新的替代选择（如环境污染行为、非绿色创新、环保治理的权宜之计等）投入产出降低或吸引力下降。

观点3：企业生态创新的回报受到企业及利益相关者对生态创新的吸收效果影响，而吸收效果又受到生态创新实施路径的影响。本著作跳出企业开展生态创新是否"善有善报"的后果研究传统逻辑，提出"行善有方"是"善有善报"的重要前提，从而弥补了以往研究仅关注生态创新战略选择而忽视战略实施路径对战略行为结果影响的不足。本著作基于吸收能力理论揭示了企业及利益相关者对生态创新的吸收效果影响企业生态创新的回报，并指出生态创新实施路径是吸收效果差异的重要来源。在此基础上，本著作识别和构建了企业生态创新绩效提升的通用路径。

本著作的主要理论贡献如下。

贡献1：梳理了企业生态创新的研究脉络和理论坐标，识别了生态创新的独特特征，贡献于生态创新的基础理论研究。本著作通过系统文献综述，明晰了生态创新的研究脉络和理论坐标定位，识别了企业生态创新的独特特征，指出生态创新的目标具有二元性，内容具有动态性和广泛性，过程具有系统性和复杂性，结果具有双重正外部性，并梳理了企业生态创新的维度划分与测量，为企业生态创新实证研究构建了坚实的理论基础。

贡献2：全面揭示了复杂情境下企业生态创新决策的影响因素及决策机制，贡献于生态创新的前因研究。本著作借鉴战略参照点和双元思维的洞见，整合多个理论视角全面揭示了复杂情境下企业生态创新的决策机制，贡献于企业生态创新的影响因素及决策过程机制研究。本著作整合制度及制度逻辑理论、资源依赖理论和高阶理论，系统考察了多重外部结构（正式制度、非正式制度、社会网络嵌入和生态嵌入）对企业生态创新的直接影响效应，以及二者之间的权变和中介机制，构建了"社会制度结构（国家正式制度和行业非正式制度）/生态嵌入→认知（高管环保风险意识与高管环保收益意识）→生态创新"和"结构（正式制度和非正式制度）×认知×资源和能力（外部资源获取与内部生态创新能力）→生态创新"理论解释逻辑。本著作强调了认知在解读外在环境结构和利用内外资源中所扮演的重要作用，并发现结构作用于具有外部性的行为时更多依赖"认知学习"机制而不是"资源激励"机制，这对以往战略管理研究中的"结构→资源→行为"主导逻辑是一个有益的补充。

贡献3：识别了提升企业生态创新绩效的通用路径，贡献于企业生态创新过程和后果研究。本著作牢牢抓住生态创新的独特特征，从吸收能力视角提出了生态创新绩效提升的通用路径，并辅以案例研究和大样本实证分析加以阐释和检验。具体而言，本著作创造性地从生态创新的"二元目标"（经济目标与环保目标）出发，探讨了哪种生态创新、以何种方式开发、如何市场化才能提升企业生态创新的经济绩效，为企业带来竞争优势。这种从"二元目标"倒推战略路径的研究逻辑，和以往忽视生态创新实施过程的异质性来探讨生态创新与企业财务绩效二者关系的研究相比，逻辑更合理。总之，本著作开创性地从生态创新过程视角出发，揭示了实施路径对生态创新与企业财务绩效二者关系的权变作用，推进了中国情境下生态创新"通用路径"研究，为研究生态创新与企业财务绩效二者关系提供了一种全新的视角。

彭雪蓉

2024年8月31日

目　　录

中 篇　如何让企业为生态创新买单？企业生态创新决策机制研究

1　绪　　论

环境问题是与人们日常生活息息相关的传统议题。气候变暖、生物多样性的降低、环境污染、自然资源的短缺催生了诸多应对环境问题的方法。面向绿色增长的创新——生态创新、绿色创新等被认为是实现可持续发展的最有前景的解决方案（OECD，2009a：13）。站在"百年未有之大变局"的历史关口，我国经济从粗放型高速增长转入新常态高质量发展阶段，亟需生态创新助力绿色增长（解学梅和朱琪玮，2021；王馨和王营，2021）。对当今企业而言，对环保问题的响应不再是"要不要进行生态创新"，而是"如何进行生态创新以获得竞争优势"的问题（彭雪蓉 等，2019）。

有鉴于此，本著作聚焦于"企业生态创新决策机制及路径优化"这一核心问题，通过系统构建生态创新的基础理论、全面揭示复杂环境下企业生态创新的决策机制、深入探讨生态创新绩效提升的实施路径，以期从微观企业层面回答面向绿色增长的生态创新扩散机制和通用路径。本章主要内容包括研究背景、研究问题与研究内容、主要创新点与贡献、研究方法以及核心构念的界定等，旨在统领全文。

1.1　研究背景

1.1.1　迈向绿色增长成为时代共识

自1978年改革开放以来，中国经济增长取得了举世瞩目的成就（李青原和肖泽华，2020）。改革开放40年（1978—2017年），中国GDP年均增长率为9.5%（Garnaut et al.，2018）。在此期间，中国在全球GDP中所占的份额从

1.8%上升到15%左右，成为仅次于美国的世界第二大经济体（Garnaut et al.，2018）。然而，这种非同寻常的增长也引致各种环境问题（Garnaut et al.，2018；Wang et al.，2018；李青原和肖泽华，2020）。这是全世界走向工业化的潜在代价，中国虽未能完全避免但后发优势明显——得益于新型举国体制下的快速学习和响应能力。2014年5月，习近平总书记首次提出我国经济发展进入"新常态"。2015年10月，习近平总书记在党的十八届五中全会上鲜明提出"创新、协调、绿色、开放、共享"的发展理念。2017年，习近平总书记在党的十九大报告中明确指出："我国经济已由高速增长阶段转向高质量发展阶段"，强调"建立健全绿色低碳循环发展的经济体系""大力度推进生态文明建设""推进绿色发展"，坚定实施"可持续发展战略""创新驱动发展战略"。2018年，根据国务院机构改革方案组建生态环境部，不再保留环境保护部。2019年，中共中央办公厅、国务院办公厅印发了《中央生态环境保护督察工作规定》，将2016年开始试行的中央生态环境保护督察制度正式确立下来，以强化地方政府的环保执行力，在原有的"督企"的基础上加上"督政"。图1.1给出了近几十年我国及国际环保治理的历程。

2020年10月29日，中国共产党第十九届中央委员会第五次全体会议通过《中共中央关于制定国民经济和社会发展第十四个五年规划和二〇三五年远景目标的建议》（下称《建议》）。《建议》明确发展战略性新兴产业，加快壮大新一代信息技术、生物技术、新能源、新材料、高端装备、新能源汽车、绿色环保以及航空航天、海洋装备等产业。2021年2月，国家知识产权局办公室印发的《战略性新兴产业分类与国际专利分类参照关系表（2021）（试行）》，明确了9大战略性新兴产业。多个战略性新兴产业与绿色发展相关，如新材料产业、新能源汽车产业、新能源产业、节能环保产业、数字创意产业等。2019年我国环保产业营业收入大约是1.78万亿元，比2018年增长了11.3%，远高于同期的国民经济增长速度；2019年列入统计的11 229家企业，环保产业的营业收入总额达到了9 864亿元，同比增长13.5%，从业人员数量近70万人[①]。

---

① http://env.people.com.cn/n1/2020/0911/c1010-31858361.html。

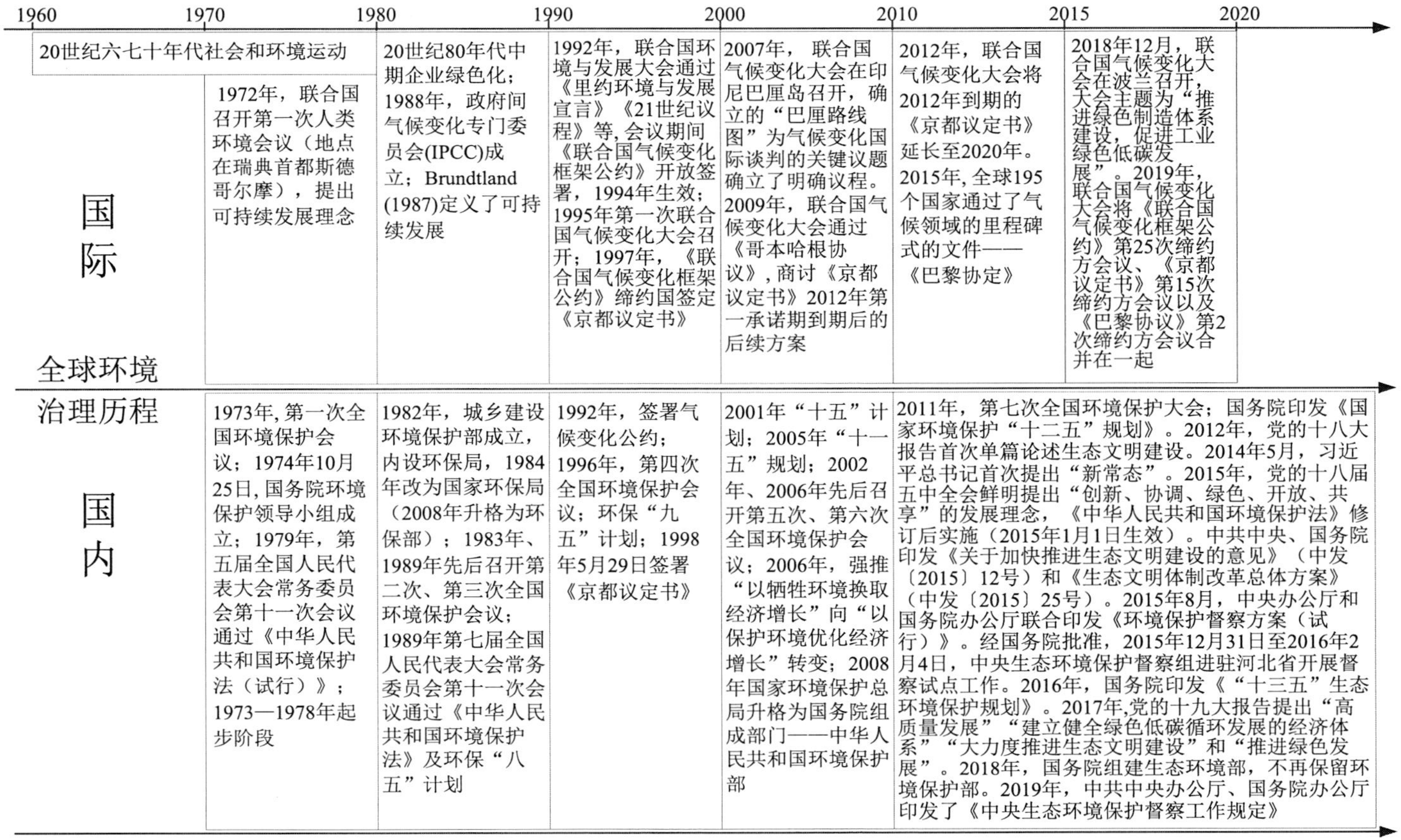
1960
1970
1980
1990
2000
2010
2015
2020
全球环境治理历程
国际
国内
20世纪六七十年代社会和环境运动
1972年，联合国召开第一次人类环境会议（地点在瑞典首都斯德哥尔摩），提出可持续发展理念
20世纪80年代中期企业绿色化；1988年，政府间气候变化专门委员会(IPCC)成立；Brundtland (1987)定义了可持续发展
1992年，联合国环境与发展大会通过《里约环境与发展宣言》《21世纪议程》等，会议期间《联合国气候变化框架公约》开放签署，1994年生效；1995年第一次联合国气候变化大会召开；1997年，《联合国气候变化框架公约》缔约国签定《京都议定书》
2007年，联合国气候变化大会在印尼巴厘岛召开，确立的“巴厘路线图”为气候变化国际谈判的关键议题确立了明确议程。2009年，联合国气候变化大会通过《哥本哈根协议》，商讨《京都议定书》2012年第一承诺期到期后的后续方案
2012年，联合国气候变化大会将2012年到期的《京都议定书》延长至2020年。2015年，全球195个国家通过了气候领域的里程碑式的文件——《巴黎协定》
2018年12月，联合国气候变化大会在波兰召开，大会主题为“推进绿色制造体系建设，促进工业绿色低碳发展”。2019年，联合国气候变化大会将《联合国气候变化框架公约》第25次缔约方会议、《京都议定书》第15次缔约方会议以及《巴黎协议》第2次缔约方会议合并在一起
1973年，第一次全国环境保护会议；1974年10月25日，国务院环境保护领导小组成立；1979年，第五届全国人民代表大会常务委员会第十一次会议通过《中华人民共和国环境保护法（试行）》；1973—1978年起步阶段
1982年，城乡建设环境保护部成立，内设环保局，1984年改为国家环保局（2008年升格为环保部）；1983年、1989年先后召开第二次、第三次全国环境保护会议；1989年第七届全国人民代表大会常务委员会第十一次会议通过《中华人民共和国环境保护法》及环保“八五”计划
1992年，签署气候变化公约；1996年，第四次全国环境保护会议；环保“九五”计划；1998年5月29日签署《京都议定书》
2001年“十五”计划；2005年“十一五”规划；2002年、2006年先后召开第五次、第六次全国环境保护会议；2006年，强推“以牺牲环境换取经济增长”向“以保护环境优化经济增长”转变；2008年国家环境保护总局升格为国务院组成部门——中华人民共和国环境保护部
2011年，第七次全国环境保护大会；国务院印发《国家环境保护“十二五”规划》。2012年，党的十八大报告首次单篇论述生态文明建设。2014年5月，习近平总书记首次提出“新常态”。2015年，党的十八届五中全会鲜明提出“创新、协调、绿色、开放、共享”的发展理念，《中华人民共和国环境保护法》修订后实施（2015年1月1日生效）。中共中央、国务院印发《关于加快推进生态文明建设的意见》（中发〔2015〕12号）和《生态文明体制改革总体方案》（中发〔2015〕25号）。2015年8月，中央办公厅和国务院办公厅联合印发《环境保护督察方案（试行）》。经国务院批准，2015年12月31日至2016年2月4日，中央生态环境保护督察组进驻河北省开展督察试点工作。2016年，国务院印发《“十三五”生态环境保护规划》。2017年,党的十九大报告提出“高质量发展”“建立健全绿色低碳循环发展的经济体系”“大力度推进生态文明建设”和“推进绿色发展”。2018年，国务院组建生态环境部，不再保留环境保护部。2019年，中共中央办公厅、国务院办公厅印发了《中央生态环境保护督察工作规定》

图1.1 我国及国际环境治理历程

1.1.2 生态创新是绿色增长的引擎

工业化被视作污染的罪魁祸首（Hizarci-Payne et al.，2021；杨发明和吴光汉，1998）。例如，工业贡献了我国70%的环境污染和72%的温室气体排放[①]。企业是环境问题的重要来源（Starik and Marcus，2000），如何在经营过程中融入环保责任成为今后三十年中国企业必须面临的问题（魏江 等，2014）。随着环保规制的加强，如何兼顾环保目标与经济目标将成为企业及其经营者必须加以面对的重要挑战（Berrone et al.，2013；Liu et al.，2020；Pacheco et al.，2018；Zubeltzu-Jaka et al.，2018）。可持续发展是一个动态的多层次概念，通向这一道路的根本途径是技术的进化，是有益于环境的绿色技术创新与发展（OECD，2009a；杨发明和许庆瑞，1998）。

生态创新（ecological innovation/eco-innovation）是刻画具有高生态效能的创新的众多概念（如绿色创新、环保创新、可持续创新等）中最精确和最成熟的概念（Schiederig et al.，2012）。需要注意的是，学者在使用生态创新时，几乎与绿色创新、环保创新同义（Kasztelan et al.，2020；Schiederig et al.，2012）。与其他环保措施和创新相比，生态创新追求经济和环境的双赢（目标二元性）（Andersen，2008；Fussler and James，1996；Pereira and Vence，2012），具有"双重正外部性/溢出"（知识溢出和环保溢出）（Jaffe et al.，2005；Rennings，2000），是实现国家（杨发明和许庆瑞，1998）、产业（Mirata and Emtairah，2005）和企业（Porter and van der Linde，1995a；Ramus and Steger，2000）可持续发展的重要手段和竞争优势的新来源。据中国环保产业协会调查，2019年3 535家重点环保企业的研发经费支出达到了158亿元[②]。

---

① https://www.esi-africa.com/industry-sectors/finance-and-policy/world-bank-backs-chinas-policy-framework-for-eco-industrial-parks/。

② http://env.people.com.cn/n1/2020/0911/c1010-31858361.html。

1.1.3　生态创新实践在多层次展开

生态创新实践在区域、国家、产业和企业等层次展开。具体而言：区域层生态创新实践是一种战略导向和行动计划（Kasztelan et al.，2020）。例如，2004年，欧盟委员会发起环境技术行动计划（environmental technologies action plan，ETAP），旨在帮助欧盟成员国解决研发和使用环境技术的资金、经济、制度和市场障碍，2011年又启动生态创新行动计划（EAP），作为ETAP的延续，涵盖内容由环境技术扩大到生态产品和服务。在EAP的推动下，欧洲环保产业快速发展起来，2012年产值约为3 190亿欧元，占欧盟GDP的2.5%，解决直接劳动就业340万人[①]。2008年，经济合作与发展组织（OECD）启动了"绿色增长与生态创新"项目，旨在更好地通过生态创新解决全球环境挑战以及促进产业可持续发展[②]。

国家及产业层生态创新实践主要围绕生态工业园及相关政策设计展开。生态工业园（eco-industrial park，EIP）是"致力于通过合作管理环境和资源问题以提高经济与环保绩效的制造及服务企业构成的商业社区"（Lowe，1997：58；Lowe et al.，1996）。20世纪八九十年代生态工业园在西方流行起来，如丹麦的卡伦堡（Kalunborg）生态工业园。根据世界银行的数据显示：截至2018年1月，全球运营和在建的生态工业园有250个，而在2000年的时候还不到50个。中国环保部门从20世纪90年代末开始启动生态工业示范园区建设试点工作[③]。中国政府在推动产业园区生态化发展方面先后推出生态工业示范园区、园区循环化改造和绿色园区建设，相关的建设标准和政策文件有《行业类生态工业园区标准（试行）》（HJ/T 273—2006）、《静脉产业类生态工业园区标准（试行）》（HJ/T 275—2006）、《综合类生态工业园区标准》（HJ 274—2009）、《国家生态工业示范园区标准》（HJ 274—2015）（是前三个

---

① https://sciencebusiness.net/news/75876/The-EU%E2%80%99s-Eco-Innovation-Action-Plan%3A-%E2%80%98green-jobs-and-green-growth%E2%80%99。

② http://www.oecd.org/sti/ind/greengrowthandeco-innovation.htm。

③ https://www.sohu.com/a/350358975_120060669。

标准的整合）、《关于推进园区循环化改造的意见》（发改环资〔2012〕765号）、《循环发展引领行动》（发改环资〔2017〕751号）等。截至2019年6月，全国共有93个工业园区开展了国家生态工业示范园区的创建工作，其中51家已正式得到命名[①]。截至2019年10月，全国共有129家园区开展循环化改造示范试点[②]。截至2020年10月26日，全国共有172家工业园区被遴选为工业和信息化部（工信部）绿色园区[③]。

企业层生态创新实践本质上涉及技术变革和非技术变革，目标涉及生态产品工艺创新、组织架构和市场创新相关的生态创新，生态创新机制根据创新程度依次包括改进、再设计、替代和创造，生态创新目标和机制差异导致其对环保绩效的贡献存在差异（OECD，2009a，b）。图1.2给出了OECD（2009b：13）从目标、机制、效果等三个维度划分的生态创新类型。除了"制度"层的生态创新实践外，其余多为企业层的生态创新实践。

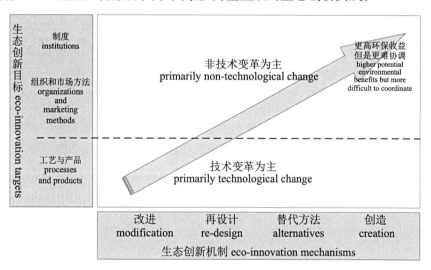

图1.2 基于目标、机制和效果的生态创新分类

注：除了"制度"相关的生态创新外，其余主要为企业层面的生态创新实践。

资料来源：OECD（2009a，b）。

[①] https://www.mee.gov.cn/ywdt/hjywnews/201906/t20190620_707260.shtml。

[②] https: //www.sohu.com/a/350358975_120060669。

[③] https://www.qianzhan.com/analyst/detail/220/210122-3ee72a94.html。

1.1.4 企业生态创新研究进展概述

生态创新的早期研究关注区域、国家和产业层次（Beise and Rennings，2005；Conway and Steward，1998；del Rio et al.，2011；Ley et al.，2016；Vona and Patriarca，2011；Yang and Yang，2015；陈劲，1999；景维民和张璐，2014），主要运用经济学理论探讨规制、技术和市场对生态创新的采用和扩散的推拉作用，而忽视了企业异质性对生态创新采用和扩散的影响。

近年来，来自管理学的文献将生态创新的研究层次拓展了到企业层面（Anders，2021；Berrone et al.，2013；Cheng，2020；Klassen and Whybark，1999；Noci and Verganti，1999；Orsatti et al.，2020；解学梅和朱琪玮，2021；彭雪蓉和魏江，2015；王馨和王营，2021；魏江 等，1994；吴晓波和杨发明，1996）。企业是生态创新的主体（董颖和石磊，2010），要实现可持续发展，关键在推动企业生态创新。

企业生态创新的研究主要围绕四个议题（见图1.3）（He et al.，2018）：一是生态创新基础理论，包括生态创新的定义、特征、类型、维度和测量等（what）；二是生态创新采用或扩散的影响或驱动因素（前因研究）（why）；三是生态创新对企业绩效的影响（后果研究）（so what）；四是生态创新的过程研究（how）。以往有关企业生态创新的研究，主要关注企业生态创新的前因和后果，少量研究关注企业生态创新的实施过程。前因研究主要从环境/制度、组织层以及个体层因素展开讨论（Dou et al.，2019；Sharma and Sharma，2011；彭雪蓉和刘洋，2015a）。

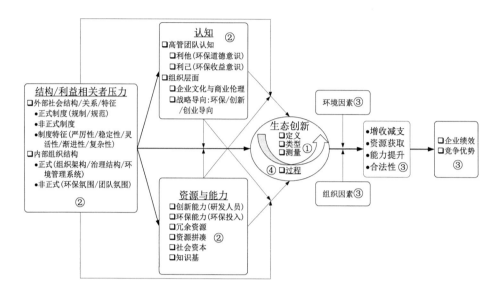

图1.3　企业生态创新研究的主要内容

注：①基础理论研究（what）；②生态创新前因研究（why）；③生态创新后果研究（so what）；④生态创新决策过程及实施路径研究（how）。

资料来源：作者总结文献绘制而成。

　　早期前因研究集中在探讨外在制度压力对企业生态创新的影响，近期的研究转向综合考虑外部环境制度压力，以及内部组织及个人因素对企业生态创新的影响研究，但缺乏统一的理论框架将不同的理论视角整合起来。Fiegenbaum等（1996）认为可以从战略参照点的视角对以往理论进行整合（见图1.4和表1.1），以系统理解企业战略决策参照点的选择。以往前因研究主要是基于方差类理论（variance theory）而非过程型理论（process theory），导致我们对企业生态创新的决策过程知之甚少（Hojnik and Ruzzier，2016）。

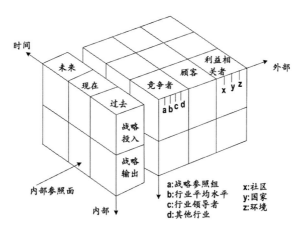

图1.4 企业战略参照点矩阵图

资料来源：Fiegenbaum et al.（1996：224）。

表1.1 确立战略参照点的相关理论

理论视角	参照点	基本处方	文献
产业经济学 industrial economics	外部因素 ·产业 ·关键竞争者	抵抗竞争	Bain（1956） Caves（1977） Porter（1980）
资源依赖理论 resource dependence	外部因素 ·供应商 ·顾客	降低资源限制	Pfeffer（1972） Pfeffer and Nowak（1976） Pfeffer and Salancik（1978）
制度理论* institutional theory	外部因素 ·利益相关者 ·相互依赖	满足社会需求	Meyer and Rowan（1977） DiMaggio and Powell（1983） Meyer，Scott and Deal（1983）
资源基础观* resource-based view	组织内部因素 ·企业资源 ·企业能力	构建独特的 能力	Wemerfelt（1984） Prahalad and Hamel（1990） Barney（1991）
激励理论 motivation theory	组织内部因素 ·个人 ·团队	工作设计与 目标设定	Latham and Yukl（1975） Nadler and Lawler（1977） Oldham（1980）

续表

企业身份 corporate identity	时间 ·过往传统 ·经营哲学	过去决定未来	Westley and Mintzberg（1989） Torbert（1987） Dutton and Dukerich（1991）
战略意图 strategic intent	时间 ·长期目标 ·使命	战略意图引领 当前决策	Hasegawa（1986） Imai（1986） Hamel and Prahalad（1989）

资料来源：Fiegenbaum et al.（1996：223）；*生态创新前因与后果研究常用理论。

后果研究是前因研究的延续，本质上是为企业采用生态创新提供充足的理由——生态创新能为企业带来诸多好处，如提高资源利用的效率、企业声誉和产品环保溢价。而在企业生态创新的过程管理研究方面，由于需要深入企业内部进行更细致的讨论，从大样本著作转向翔实的案例研究显得必不可少。而案例研究对研究者研究能力要求高，且在论文发表环节不具有吸引力（面临概化效度低和解释主义建构理论自我服务的挑战），结果导致关注企业生态创新实施过程的研究相对较少。来自战略管理的文献表明，企业战略实施路径会影响战略效果（Tang et al.，2012；Vermeulen and Barkema，2002）。因此，有必要对生态创新的路径优化进行系统探讨，以提升生态创新的绩效，反过来增加生态创新对企业的吸引力。

1.2　研究问题与研究内容

基于以上研究背景，本著作聚焦于"企业生态创新决策机制及路径优化"这一核心问题，通过系统构建生态创新的基础理论、全面揭示复杂环境下企业生态创新的决策机制、深入探讨生态创新的路径优化，旨在从微观企业层面回答面向绿色增长的生态创新扩散机制及路径优化（图1.5给出了本著作主要研究内容之间的结构关系）。本著作主要研究问题和内容如下。

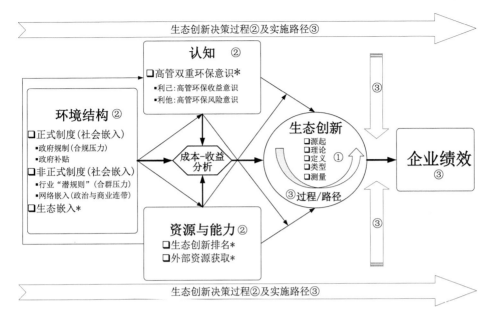

图1.5 本著作的主要研究内容

注：①②③分别表示三大部分的研究内容：①表示企业生态创新的基础理论研究；②表示生态创新决策影响因素及决策机制研究；③表示生态创新绩效提升的路径优化研究。*表示本著作首次引入生态创新研究领域的构念。

1.2.1 什么是生态创新？生态创新的基础理论研究

生态创新是一个极具吸引力的概念。生态创新因具有"双重正外部性"（研发的知识溢出和结果的环保溢出）而得到实践界和理论界的双重青睐（Hazarika and Zhang，2019；Hojnik and Ruzzier，2016；OECD，2009a，b）。与此形成鲜明对照的是，现有研究对生态创新概念的适用层次、理论定位、内涵与测量等基本理论问题的理解模糊且缺乏一致性（杨燕和邵云飞，2011），从而限制了该概念的运用与推广，导致生态创新的研究发展缓慢。具体而言：

首先，生态创新的适用层次存在模糊性，致使研究较为分散。生态创新的概念涉及区域（OECD，2009a，b，2011）、国家（陈劲，1999）、产业（Brunnermeier and Cohen，2003）、企业（Berrone et al.，2013）等层次，不同层次的生态创新的内涵和特征存在差异（董颖和石磊，2010），特别是区域、国家、产业层面的生态创新更多涉及政策议题，而企业层面的研究则聚焦于战略与行为。

其次，生态创新现象本身的理论坐标定位模糊，使得文献间缺乏对话，进而使研究结论概化性降低。现有研究未区分现象本身和现象前因后果的理论研究视角，如张钢和张小军（2011）的研究。现有研究尤其对生态创新现象的理论坐标定位不清——有的研究者将其归为创新管理领域，也有人将其归为环境管理领域，还有人将其归为社会责任研究领域。

再次，生态创新的定义缺乏一致性（Andersen，2008；Kemp and Pearson，2008；Pereira and Vence，2012；Reid and Miedzinski，2008）。一方面，不同研究领域定位导致研究孤立，研究者往往根据自身的学科背景和偏好提出和使用不同的概念，如环保（技术）创新（Brunnermeier and Cohen，2003；戴鸿轶和柳卸林，2009）、绿色（技术）创新（Chen et al.，2006；陈劲，1999；董炳艳和靳乐山，2005；吕燕 等，1994；吴晓波和杨发明，1996；杨发明和许庆瑞，1998；张钢和张小军，2011）和可持续（导向）创新（Hansen et al.，2009）等，导致后续研究难以检索到系统全面的文献以及综述结论的差异。例如，董颖和石磊（2010）综述得出国外企业层面相关研究较系统，而杨燕和邵云飞（2011）综述却得出企业层面生态创新研究相当有限。另一方面，生态创新是一个高度情境化的构念，其绿色化的内涵会随着时代不断变迁（Andersen，2008；杨燕和邵云飞，2011）。

最后，生态创新的测量缺乏一致性。一是因为实践界和理论界对生态创新的理解缺乏一致性，进而影响了生态创新的维度划分与测量；二是因为生态创新很难从传统的创新行为或社会责任行为中分离出来，难以测量到真正的生态创新行为（Cheng and Shiu，2012）；三是因为生态创新涵盖的内容非常丰富，单一的测量工具难以捕捉到完整的企业生态创新行为（Cheng and Shiu，2012）。因此，生态创新的测量成为一个难点，亟需相关研究突破。

针对上述生态创新基本理论存在的问题，且考虑到企业是生态创新的主体（董颖和石磊，2010）以及环境问题的重要来源（Starik and Marcus，

2000），本著作将聚集于企业生态创新，系统梳理企业生态创新的三大研究视角并构建生态创新的理论坐标定位。接着，本著作将从目标、内容、过程、结果四个角度梳理生态创新的定义和独特特征。在此基础上，本著作对生态创新、绿色创新、环保创新等相近概念进行了细致区分，并讨论和归纳了生态创新的维度划分和测量方式，以及基于文献计量分析的生态创新研究主题和热点识别，力争为企业生态创新决策机制及路径优化研究打下坚实的理论基础。

1.2.2　如何让企业为生态创新买单？企业生态创新决策机制研究

生态创新扩散一直是生态创新领域研究的焦点（Arundel and Rose，1999；D'Orazio and Valente，2019；Driessen and Hillebrand，2002；Karakaya et al.，2014；Schwarz and Ernst，2009；陈艳莹和游闽，2009；魏江 等，1994；魏江 等，1995；吴晓波和杨发明，1996）。"双重正外部性"降低了企业投资生态创新的回报（Rennings，2000），导致生态创新供给不足，即市场失灵（Jaffe et al.，2005）。生态创新很难像非生态创新技术一样自发扩散（Rennings，2000）。解决生态创新正外部性主要有两种方法。

①环境结构激励：利益相关者（如政府、顾客）向环保溢出者进行补偿（即正向激励，包括补贴、排污费交易、绿色信贷等）（Liu et al.，2020）或通过惩罚手段（即负向激励，包括罚款、责令停产停业、责令限期治理、责令关闭）倒逼污染企业生态创新内部化负外部性——消除环境污染影响（Berrone et al.，2013；Cecere et al.，2020；Huang et al.，2019）。例如，政府是企业生态创新激励的重要提供者，但来自我国上市公司的实证研究表明，政府环保补贴或处罚对企业绿色创新具有"挤出"效应，因为企业为了快速达到政府环保要求或机会主义动机驱使，更倾向于见效快、难度低、风险低的末端治理［end-of-pipe（EOP）treatment］举措（如购买环保设备）而不是选择见效慢、难度高、风险高的生态创新（Liu et al.，2020；李青原和肖泽华，2020）。因此，单纯依靠政府激励很难解决企业生态创新动力的问题，还需企业认知和能力的改变。

②寄翼于行动者的道德情操或"强者先行"的惯例建立。激励手段基于

理性经济人假设，但企业决策者并非完全理性。因此，战略管理领域大量研究探讨企业或高管"向善"的价值观/认知对生态创新的积极影响（Sharma，2000），以及企业冗余资源和独特能力对生态创新的正向预测效力（Berrone et al.，2013；del Rio et al.，2016a）。关注美德驱动逻辑的研究忽视了企业认知中的"向恶"一面；而强调"强者先行"逻辑的研究则忽视强者可能先行，也可能改变规制——获得环保违规的豁免权（罗喜英和刘伟，2019）。总之，寄翼于行动者的道德情操或"强者先行"的惯例建立在理论上可行，但对行动者认知和能力的双"善"要求在现实商业世界中显得曲高和寡，外部激励显得必不可少。

有鉴于此，本著作借鉴"双元"（ambidexterity）（Gibson and Birkinshaw，2004；O'Reilly Ⅲ and Tushman，2013；Raisch and Birkinshaw，2008）和"战略参照点"（Blettner et al.，2015；Fiegenbaum et al.，1996；Fiegenbaum and Thomas，1995；Hsieh et al.，2015）的洞见，将整合结构（社会嵌入与生态嵌入）、认知、能力三大视角来全面揭示企业生态创新决策过程机制（Kaplan，2008）。

本著作认为结构、认知、能力并不是孤立的，而是相互作用演化。具体而言，结构会影响企业认知和能力，反过来认知和能力会影响企业对结构激励的解读。本著作考察影响企业生态创新决策的结构包括社会嵌入（包括正式制度和非正式制度嵌入）和生态嵌入、影响企业生态创新的认知包括高管环保收益意识和环保风险意识、影响企业生态创新的资源和能力包括内部生态创新能力（用行业生态创新排名来反映）和外部资源获取能力（包括商业资源和政治资源）。

围绕上述议题，本著作开展了四个紧密相关、层层递进的子研究。首先，我们通过一个纵向案例研究，揭示了面向绿色发展的制度架构转型影响企业生态创新决策的动态演化过程，其遵从"合群→合规→合规合群耦合"的演进路径。接着，我们对案例研究的结论进行了演绎，实证考察了合规和合群压力在不同阶段独立和联合影响生态创新决策的差异，并识别了三大重要的权变因素——政府补贴、行业生态创新排名和高管环保意识。制度结构对企业生态创新决策的影响总体上反映了企业的反应式环保战略，随着制度学习和环保意识的提升，企业生态创新决策的焦点将从反应式转向前摄性，企业战略认知将成为企业生态创新决策的重要因素。因此，我们进一步考察了高管双重环保意识对企业生态创新决策的影响，以及其与企业外部资源获取能力的交互对企业生态创新决策的影响。在此基础上，我们考察了生态嵌入对高管环保意识发展的积极作用，以及其对企业生态创新的直接和间接效应，从而完整地揭示了社会嵌入和生态嵌入对企业生态创新决策的影响机制。

总之，企业生态创新决策受到多重情境嵌入的影响，因为其会影响企业生态创新的激励，而多重认知会影响企业对结构激励的感知和解读。此外，企业生态创新的行业排名决定了企业是否有能力开展生态创新以获取外部激励的可能，而外部资源获取能力则可以一定程度上缓解企业自身在生态创新能力上的不足。

1.2.3　如何提升企业生态创新绩效？企业生态创新路径优化研究

生态创新理论上对国家、产业和利益相关者的积极意义毋庸置疑，但是对企业而言未必是最优的战略选择（Berrone et al.，2013）。因此，该领域的众多研究者热衷于探讨生态创新与企业绩效的关系（Hizarci-Payne et al.，2021），实证研究结果是混合的（Christmann，2000；Horbach et al.，2012）。大多数研究者认为生态创新对企业绩效具有积极影响，依据理论多为资源基础观和制度理论。生态创新与企业绩效正相关有四条路径（彭雪蓉和魏江，2014）：一是生态工艺和管理创新带来的内部效率提升；二是生态产品创新可能带来的产品绿色溢价或者销量增长；三是生态创新能构建组织能力进而提升企业绩效；四是生态创新可以提高企业在高环保导向利益相关者眼中的合法性，从而帮助企业获得这些利益相关者所控制的资源，以此提升企业绩效。

以往关于生态创新与企业绩效正相关的研究多从构建"中间成果"视角来打开生态创新与企业绩效之间的黑箱，但未从根本上回答实现上述"中间成果"的过程路径。与以往"善有善报"研究思路不同，本著作提出"善有善方方善报"的研究思路，并从吸收能力视角识别了能被企业和市场更好吸收的生态创新最佳路径，回答了相关问题。具体而言，基于生态创新的独特特征（包括目标二元性、内容的动态性和广泛性、研发过程的高系统性和复杂性、结果的双重正外部性）和吸收能力理论，本著作识别了更容易被市场和企业吸收的生态创新三阶段（立项、研发、市场化）优化路径，包括立项阶段的向心性，研发阶段的时机、顺序、节奏、内外深度合作，市场化阶段的溢出补偿搜索、市场隔离等。优化路径的构建有助于企业更好地开展生态创新以提升其经济回报。

1.3　理论贡献

1.3.1　系统构建生态创新研究的理论坐标与基础原理

本著作通过系统文献综述，明晰了生态创新的研究脉络和理论坐标定位，识别了企业生态创新的独特特征，指出生态创新的目标具有二元性，内容具有动态性和广泛性，过程具有系统性和复杂性，结果具有双重正外部性（知识溢出和环保溢出），并梳理了企业生态创新的维度划分与测量，为企业生态创新实证研究构建了坚实的理论基础。

1.3.2　全面揭示复杂情境下企业生态创新的决策机制

本著作借鉴战略参照点和双元（ambidexterity）思维的洞见，整合多个理论视角全面揭示了复杂情境下企业生态创新决策机制，贡献于企业生态创新的影响因素及决策过程机制研究。本著作整合了制度合法性理论、制度逻辑理论、资源依赖理论、高阶理论，系统考察了多重外部结构（正式制度、行业结构、社会网络和生态嵌入）对企业生态创新的直接影响效应，以及二者之间的权变和中介机制，构建了"社会结构（正式制度和行业结构）→社会认知（制度逻辑）→生态创新""生态嵌入→生态认知（高管环保风险意识与高管环保收益意识）→生态创新"和"结构（正式制度和行业结构）×认知（社会认知和生态认知）×资源和能力（外部资源获取与内部创新能力）→生态创新"理论解释逻辑。

本著作强调了认知在解读外在环境结构和利用内外资源中所扮演的重要

作用，并提出结构作用于具有外部性的行为时更多依赖"认知学习"机制而不是"资源激励"机制，这对以往战略管理研究中的"结构→资源→行为"主导逻辑是一个有益的补充。

1.3.3 识别和优化企业生态创新绩效提升的通用路径

以往文献多关注生态创新的内涵、前因与后果，而对生态创新过程的相关研究关注较少（杨燕和邵云飞，2011），尤其缺乏对中国情境下企业生态创新路径的探讨。以往有关生态创新与企业绩效关系的研究忽视了企业生态创新路径过程的差异性，即忽视了生态创新实施路径这一内生变量对生态创新与企业绩效二者关系的影响。

借鉴以往战略路径研究的洞见（Tang et al.，2012；Vermeulen and Barkema，2002），本著作牢牢抓住生态创新的独特特征，从吸收能力视角提出了生态创新绩效提升的通用路径，并辅以案例研究和大样本实证分析加以阐释和检验。具体而言，本著作创造性地从生态创新的"二元目标"（经济目标与环保目标）出发，探讨了哪种生态创新、以何种方式开发、如何市场化才能提升企业生态创新的经济绩效，为企业带来竞争优势。这种从"二元目标"倒推战略路径的研究逻辑，和以往把生态创新实施过程当成外生变量来探讨生态创新与企业财务绩效二者关系的研究相比，逻辑更合理。总之，本著作开创性地从生态创新过程视角出发，揭示了实施路径对生态创新与企业财务绩效二者关系的权变作用，推进了中国情境下生态创新"通用路径"研究，为研究生态创新与企业财务绩效二者关系提供了一种全新的视角。

1.4 现实意义

1.4.1 对政策制定者的启示

第一，重视多种制度对企业生态创新的冲抵效应，并积极推进有效绿色市场环境的建立。本著作发现多种制度压力之间可能存在冲突，因此政策决策者在设计制度时应确保多种制度的一致性，以避免不同制度间因冲突而效力抵减。此外，政府要充分利用市场倒逼机制，促进"绿色"市场环境的建立，防止环保企业因短期成本增加而被市场"逆向淘汰"。

第二，政策制定者应借助政治连带释放强规制信号引导企业生态创新行为。本著作提出在转型经济背景中，非正式制度（社会嵌入）是影响企业生态创新的重要因素，原因是焦点企业跟政府和商业伙伴的关系越好，拥有的声誉和地位越高（Gnyawali and Madhavan，2001），抱负越大，环保意识越强，被公众赋予的环保责任期望越高，更可能率先投资生态创新（Petkova et al.，2014）。因此，政策制定者应充分利用政治连带对声誉地位高的焦点企业高管进行引导，发挥龙头企业的标杆引领作用，进而提高其他企业的环保意识，提升其生态创新水平。

第三，政策制定者应在高管生态嵌入高的企业率先推进生态创新。本著作抓住企业生态创新的决策主体（高管），提出高管生态嵌入通过影响高管战略认知（高管环保意识）进而影响企业生态创新行为。这样，政策制定者在政策制定时应注意国家间和区域间的制度距离，制度距离的差异会影响高管"去生态嵌入"的机会，如果区域间制度距离较大，高管可能会将企业转移到制度水平更低而生态环境更好的地方，即通过产业梯队转移而不是生态创新来应对自然环境的恶化。

第四，政策制定者应重视企业高管环保意识建设，增强高管对生态创新的决策偏好。①加强企业高管环保风险与收益意识教育。一方面，政府要加强企业高管环保法律法规知识的培训，提高企业环保底线意识；另一方面，政府要加大生态创新扶持政策的宣传力度，让企业高管意识到环保是新的商业机会。②鼓励环保意识更高的人创业。现有研究发现受教育水平越高的人，环保意识越强，越可能进行生态创新。

1.4.2 对企业经营者的启示

第一，企业应选择合适的生态创新路径以提升生态创新的绩效。企业应根据环境与目标定位选择合适的生态创新类型以提高生态创新绩效。生态创新整合了市场和非市场策略（创新中融入环保责任），能同时提升企业实用合法性和道德合法性。因此，其在获取合法性方面比单一的市场或非市场策略更具有优势。同时，企业要重视生态创新带来的合法性资源向企业绩效的转化。如，企业应提高生态创新对利益相关者的可见性，从而提高企业在利益相关者眼中的合法性，进而获得其所控制的其他资源。

第二，企业要充分发挥主观能动性，借助制度嵌入和社会网络嵌入来获取外部资源，以降低生态创新的风险和进入门槛。高管要充分利用嵌入的生态网络和社会网络，通过生态嵌入吸收更多的生态知识以便生态创新，同时通过社会嵌入利用网络中的信息资源、人才资源和金融资源以降低企业生态创新的成本和风险。

第三，企业应重视生态创新双重溢出的双面性，主动构建生态创新先发或后发优势。当竞争者生态创新水平高时，焦点企业可得益于其生态创新的知识和环保溢出而获得生态创新后发优势。当焦点企业生态创新水平高时，焦点企业可通过市场隔离（如产品出口）、影响政府和顾客环保导向等策略来提高其对生态创新双重溢出的独占性，进而构建先发优势。

1.5 核心构念界定

（1）生态创新（eco-innovation）："创造新的且具有竞争力的有价产品、工艺、系统、服务和流程，它们在满足人类需求和提升人们生活品质的同时，每单位产出在整个生命周期使用最少的自然资源和释放最少的有毒物质"（Reid and Miedzinski，2008：2）。

（2）合法性（legitimacy）："在某一包含标准、价值观、信仰和定义的社会建构体系中，组织行为是可取的（desirable）、合适的（proper）或恰当的（appropriate）一个普遍（generalized）感知或假设"（Suchman，1995：574）。简而言之，合法性是指组织行为及其反映的社会价值观与所处环境的公认制度体系的一致性（Deephouse，1996；DiMaggio and Powell，1983；Dowling and Pfeffer，1975；Hybels，1995；Meyer and Rowan，1977；Ruef and Scott，1998；Suchman，1995）。

（3）制度逻辑（institutional logics）："物质实践、假设、价值观、信念和规则等社会建构的历史模式，个体通过这些模式产生和再产生其物质生活、组织时间和空间，并为其社会现实赋予意义"（Thornton and Ocasio，1999：804）。不同的制度秩序（如家庭、企业、市场、专业组织、国家等）对应不同的制度逻辑（Greenwood et al.，2011；Thornton et al.，2012）。常见的制度逻辑有（国家）政治逻辑和市场（经济）逻辑。市场逻辑强调效率和利润最大化（Thornton et al.，2012：87；Vedula et al.，2022；Yan，2020），而政治逻辑则优先考虑社会福利和国家利益（Luo et al.，2010；Yan，2020）。

（4）社会嵌入：持续变化的社会连带或网络对参与者行为的情境限制（Carpenter et al.，2012；Granovetter，1985）。本著作关注关系嵌入，其是对嵌入网络中的行动者（节点）二元关系质量的刻画，根据节点性质可以分为政治连带和商业连带，其测度指标有关系内容、强弱、信任等（Batjargal，2003；Simsek et al.，2003）。

（5）生态嵌入。Whiteman和Cooper（2000）通过对原住民海岸管理者的民族志研究，构建了"生态嵌入（ecological embeddedness）"这一构念，意为"管理者根植当地生态环境的程度"，包括四个维度：本地个体认同、遵从生态信仰（包括生态互惠、生态敬畏、生态看护）、生态系统的物理定居、生态信息收集（包括生态体验和生态感悟）。不难发现，前两个维度反映了管理者的心理/情感嵌入，后两个维度反映了管理者的物理嵌入。

（6）高管环保意识：反映高管对环保问题相关概念（如环保、环保政策、环保管理等）价值观判断的心智模式（Henry and Dietz，2012；Lin et al.，2015；Qu et al.，2015），可以进一步划分为环保风险（或责任）意识和环保收益意识，前者是指高管对企业行为负面影响环境的认知程度，后者指高管对环保举措增加企业收入、降低成本等的认知程度（Gadenne et al.，2009；彭雪蓉和魏江，2015）。

（7）资源获取（resource acquisition）。企业某一时点上的资源可以定义为企业半永久性拥有的（有形的和无形的）资产（Wernerfelt，1984）。组织资本资源包括一个企业的正式报告结构、正式或非正式计划、控制、协调系统，以及在企业内和企业间的非正式联系（Barney，1991）。在明确了资源的内涵后，本书将资源获取（Lounsbury and Glynn，2001；Starr and MacMillan，1990；Zimmerman and Zeitz，2002）定义为企业从战略要素市场获得的企业所需的各种资源（Maritan and Peteraf，2011），是与资源累积相对的一个概念。

（8）吸收能力："企业基于先前相关知识识别新信息的价值，并将其吸收和用于商业用途的能力"（Cohen and Levinthal，1990：128）。通常可以进一步分为知识探索认知能力、消化和转化能力、整合和利用能力（Lane et al.，2006）。吸收能力决定了企业可以从其所进行的创新活动中获取收益的大小（Tang et al.，2012）。

（9）企业绩效。本著作主要关注企业的财务绩效，财务绩效是战略研究中占统治地位的绩效指标（Venkatraman and Ramanujam，1986），常用的指标有盈利性：投资回报率（return on investment, ROI）、销售利润率（return on sales, ROS）、股东权益回报率（return on equity, ROE）、资产回报率（return on assets, ROA）、每股收益（earnings per share, EPS），成长性（销售增长率、利润增长率、Tobin's Q），规模性：总资产、营业收入、息税折旧摊销前利润（earnings before interest, taxes, depreciation and amortization, EBITDA）等。

1.6 研究方法

本著作采用规范和实证研究相结合、案例研究和大样本实证研究相结合的研究方法。基于企业调研和文献阅读，首先形成本著作的现实背景和理论背景。而在生态创新决策机制研究方面，先通过案例研究揭示了绿色发展背景下企业生态创新的决策过程，再通过大样本实证研究对我们的理论假设进行检验；而在生态创新路径优化的研究方面则主要采用案例研究，并在此基础上采用面板数据进行了理论框架的实证检验。

1.6.1 文献研究

在研究问题形成之前，广泛查阅、整理、分析创新管理、环境管理、企业社会责任、战略认知、制度理论、制度逻辑等领域的研究文献，跟踪企业生态创新的研究脉络。文献收集时采取广泛搜索与重点阅读相结合的策略，特别注意搜索经营（business）与管理学（management）期刊（如*Strategic Management Journal*、*Academy of Management Journal*、管理世界、经济研究）、创新管理期刊（如*Research Policy*、*Technovation*、*R & D Management*、*Environmental Innovation and Societal Transitions*、科研管理、科学学研究）、商业伦理期刊（如*Journal of Business Ethics*）、环境管理期刊（如*Corporate Social Responsibility and Environmental Management*、*Business Strategy and the Environment*）等发表的相关文章以及相应领域的经典书目。并在网络数据库系统（包括Web of Science的SSCI数据库、EBSCO、Proquest、中国知网等数据库）以关键词进行广泛搜索的方式收集了大量文献。通过对文献的深入阅读、梳理、归纳，厘清了企业生态创新的研究脉络、内涵、前因后果、实施过程的研究现状，并在文献阅读过程中反复思考现实与理论问题，找到理论研究缺口，提出研究问题。

1.6.2　实证分析

本著作主要采用上市公司面板数据及企业大样本问卷调查收集的数据来检验几个实证研究假设。①面板数据方面，本书整合了国泰安CSMAR、中国研究数据服务平台CNRDS、同花顺iFinD金融数据库等多个财经数据库有关上市公司的相关数据，并辅以内容分析的方法对无法直接获得的变量进行数据编码。在此基础上，采用Stata软件对数据进行计量分析，以检验本书的假设。②问卷调查收集数据方面，核心变量测度主要采用量表方式测量。所用量表主要基于以往经典文献和专家访谈形成初始量表、再经过小样本预测（pilot）精炼，接着以精炼的量表进行大样本调查。在问卷收集数据的统计分析上，先运用SPSS和AMOS软件分别进行探索性和验证性因子分析来检验量表的信度和效度，再运用SPSS和AMOS统计软件对数据进行描述性统计和回归/结构分析，以检验本书提出的假设。

1.6.3 案例研究

对于回答"how"的问题，案例研究是首选的研究方法。案例研究聚焦于理解在单一场景下的动态表现（Eisenhardt，1989）。Yin（2009）指出，案例研究法能够帮助人们全面了解复杂的社会现象，允许研究人员保有现实生活事件的整体性和有意义的特征。Eisenhardt（1989）将案例研究的过程区分为启动、研究设计与案例选择、研究工具与方法选择、资料搜集、资料分析、形成假设、文献对话及结束等八大步骤（见表1.2），并归结为准备、执行及对话三大阶段。

表1.2　Eisenhardt通过案例研究构建理论的步骤

序	步骤	事件	原因
1	准备	·定义研究问题 ·可能的构念	·集中力量 ·提供更完整的测量构念
2	选择案例	·不涉及理论与假设 ·具化人群 ·理论抽样而非随机抽样	·保持理论的弹性 ·控制外部变异和强化外部效度 ·集中精力在理论方面有用的案例，如那些通过概念分类可以重复或延伸理论的案例
3	精心准备工具与草案	·多种数据收集方法 ·定性与定量数据相结合 ·多个调查者	·通过三角验证强化理论的基础 ·整合多种证据 ·促进差异观点，增强基础
4	进场	·重复数据收集与分析，包括实地记录 ·弹性和机会数据收集方式	·快速分析与披露有助于数据收集调整 ·使得调查者能够利用新生主题和独特的案例特征
5	分析数据	·单个案例分析 ·用不同的技术进行跨案例模式搜索	·熟悉数据，形成初步的理论 ·促使调查者抛开初始印象，通过多个镜头看见（更多）的证据
6	形成假设	·每个构念证据的迭代列表 ·跨案例的复制逻辑，而不是抽样 ·搜索关系背后的因果逻辑	·强化构念定义、效度和可测量性 ·验证、延展和强化理论 ·构建内部效度
7	文献对比	·和冲突性的文献对比 ·和相似的文献对比	·构建内部效度，提高理论水平和加强构念定义 ·提高一般化，提高构念定义和理论水平
8	结束	·尽可能使理论饱满	·当边际提高很小时就结束这个过程

资料来源：Eisenhardt（1989）。

什么是生态创新？生态创新的基础理论研究

　　面向绿色增长的生态创新是一个极具吸引力的概念。生态创新最早由Fussler和James（1996）在《驱动生态创新：面向创新和可持续发展的突破性学科》（*Driving eco-innovation: a breakthrough discipline for innovation and sustainability*）一书中提出，意为能显著降低环境影响且能为企业带来商业价值的创新（Hojnik and Ruzzier，2016）。与非生态创新相比，生态创新具有"双重正外部性/溢出"（知识溢出和环保溢出）（Rennings，2000），被研究者视为实现国家（杨发明和许庆瑞，1998）、产业（Mirata and Emtairah，2005）和企业（Porter amd van der Linde，1995a）可持续发展的重要手段。

　　为了全面认识生态创新，本篇对生态创新的基础理论进行了全面和系统的回顾。本篇共4章，主要研究内容如下：首先，回顾了生态创新的源起，指出其是企业社会责任和创新从竞争走向融合的结果。接着，辨析了生态创新在三大理论中的坐标定位，指出生态创新是一种战略性企业社会责任、一种主动环保战略和一种高生态效能的创新。然后，深入明晰了企业生态创新的定义与特征，指出生态创新的目标具有二元性，内容具有动态性和广泛性，过程具有系统性和复杂性，结果具有双重正外部性（知识溢出和环保溢出），并梳理了企业生态创新的维度划分与测量。最后，对1998—2021年发表在国内外期刊上的生态创新论文进行了文献计量分析，构建了生态创新前因后果研究的一般框架。

2　生态创新的源起：企业社会责任与创新的融合

生态创新是企业社会责任（corporate social responsibility，CSR）与创新的融合。如何满足利益相关者的企业社会责任诉求并确保企业的主业不受到影响，是现代企业面临的难题。现有文献指出创新是企业解决CSR问题实现可持续发展的必然选择。有鉴于此，本书通过文献阅读和整理，系统梳理了CSR与创新的关系研究，发现CSR与创新的关系研究主要有三大流派：第一个流派认为创新与CSR作为企业两种战略和投资选择，在资源有限的情况下，存在竞争和替代的关系，支持这一观点的实证研究表明CSR与创新之间存在显著的负相关；第二个流派认为CSR与创新是兼容的，存在互补和因果强化关系，相应的实证研究表明CSR与创新之间显著正相关；第三个流派指出CSR与创新走向了融合——CSR成为企业创新和竞争优势的重要来源，即战略性CSR。在战略性CSR的理论框架下，出现许多面向CSR的创新概念，如高生态效能创新（包括生态创新、绿色创新、环保创新、绿色技术、清洁技术等）、社会创新、面向BOP市场（bottom of pyramid，金字塔底层市场）的创新等概念。生态创新是CSR与创新走向融合的典型。

2.1　引　　言

企业社会责任已成为企业成功的必备条件。如今企业想要成功和创新，必须考虑生产经营的社会和环境影响，员工创造力的激发，和客户、供应商以及商业伙伴合作设计和开发新产品和服务（MacGregor and Fontrodona，

2008）。创新是企业解决CSR问题的有力工具。在利益相关者压力作用下，企业不得不将负外部效应内部化。企业要想维持原来的竞争优势，必须借助产品创新、工艺创新、管理创新或商业模式创新   。

虽然研究创新和CSR的文献很多，但将二者明确结合起来研究的文献很少（MacGregor and Fontrodona，2008）。表2.1和表2.2列出了部分CSR与创新二者关系的案例研究和定量研究概况。主张CSR与创新存在关联的观点有两种。

表2.1　有关CSR-创新二者关系的案例研究

研究者	案例选择	主要观点和结论
Vilanova et al.（2009）	欧洲金融产业	①改善形象和声誉是企业采用CSR的主要动因；②一旦企业接受CSR，无论CSR措施是如何开展的，都会对企业的价值观和流程产生非预期的变革；③许多企业CSR都是响应性的而不是前摄性的。CSR影响企业竞争力往往是通过战略反思过程、利益相关者参与和管理、声誉、品牌和问责
Midttun（2009）	3个挪威企业	①对战略性CSR和前摄性CSR、防御性和对抗性CSR进行了区分，认为战略性CSR价值创造的潜力最大；②战略性CSR打破了福利经济学公共品和私有品的严格区分，同时追求个人偏好和社会偏好的二元目标；③战略性CSR一方面要迎合政策趋势，另一方面对政策趋势的变动十分敏感和脆弱
Bocquet and Mothe（2010）	7个法国企业：4个SMEs①、1个中型、1个大型子公司、1个中型企业	由于SMEs的CSR非正式，社会资本理论解释更合理，战略性CSR更容易导致根本性创新
Mendibil et al.（2007）	10个欧洲（英国、西班牙、意大利）企业（7个SMEs，3个MNEs②）	得出CSR与创新的关系的明确结论为时尚早。CSR导致创新方式的两种模式：行动者模式、过程模型
MacGregor and Fontrodona（2008）	60家欧洲SMEs	CSR可以借鉴创新扩散理论；CSR与创新是双向影响的；CSR与创新可以整合
Asongu（2007）	杜邦	CSR不是成本，而是一种投资

---

① SMEs: small and medium-sized enterprises, 中小型企业。

② MNEs: multinational enterprises, 跨国公司。

表2.2 有关CSR-创新二者关系的定量研究

关系	视角	样本	研究者
CSR→创新	政策视角 环境管理	S&P 500 的大型家族企业	Wagner（2010）
创新→CSR	代理理论	《财富》杂志声誉调查数据，1982—1987年25～33个产业前10的美国企业	Beliveau et al.（1994）
	资源基础观（resource-based view，RBV）	2002年在墨西哥的96家美国MNEs	Husted and Allen（2007a）
		1 217家企业，1991—2007年16年的数据	Padgett and Galan（2010）
CSR←→创新	资源基础观（resource-based view，RBV）	500家欧洲的企业和500家非欧洲的企业	Gallego-Alvarez et al.（2011）
	资源基础观（resource-based view，RBV）/利益相关者理论/冗余资源	28个国家599家企业的样本数据	Surroca et al.（2010）
正相关	资源基础观（resource-based viewm，RBV）	252个巴西的大中型出口运营商	Boehe and Cruz（2010）
		524个公司；1991—1996年数据平均值	McWilliams and Siegel（2000）
	代理理论	550家在伦敦证券交易所上市的企业	Brammer and Millington（2005）
负相关	一般竞争战略	Compustat数据库的69家企业样本	Hull and Rothenberg（2008）
	风险管理理论	2002年和2003年《财富》杂志MAC调查中有效评分的541家大型企业	Luo and Bhattacharya（2009）

一是CSR与创新都是竞争优势的来源。创新是企业竞争优势的来源和经济发展引擎的观点已得到了广泛的认同。近年来战略管理主流文献开始强调CSR对企业竞争优势的贡献（Burke and Logsdon，1996；Drucker，1984；Porter and Kramer，2002，2006，2011），这暗含着CSR与创新可能是替代（Hull and Rothenberg，2008）或互补（Midttun，2007）的竞争手段。现有关于CSR与创新的关系实证研究结果是混合的，有正相关（Boehe and Cruz，2010）、负

相关（Gallego-Alvarez et al.，2011），表明CSR与创新的关系在实践中是复杂的，CSR与创新既存在竞争又存在兼容。

二是创新最具有实现CSR与企业利润最大化二元目标的潜力（Maxfield，2008）。Jensen（2002）指出同时实现多个目标最大化（如同时实现利润最大化和社会绩效最大化）逻辑上是不可能的，除非CSR是实现利润最大化的必要条件（Husted and de Jesus Salazar，2006）。某些CSR（如环保认证）可以看成产品创新或工艺创新的一种形式（McWilliams and Siegel，2000，2011），某些创新（如绿色产品创新）具有CSR属性。

我们赞成Midttun（2007）的观点：在某种情境下，某种CSR和某种创新是兼容的假设是成立的，但不能概化到所有的CSR。CSR与创新的关系演变经历了三个阶段（见图2.1）：竞争阶段、互为因果相互强化的阶段、融合阶段（MacGregor and Fontrodona，2008）。以下内容将围绕上述三个阶段依次展开讨论。

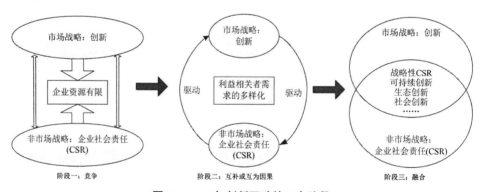

图2.1　CSR与创新互动的三个阶段

2.2　阶段一：企业社会责任与创新竞争

创新是一种典型的市场战略，而CSR通常被认为是一种非市场战略（林淑和顾标，2007）。市场战略和非市场战略可能存在不兼容。现有实证研究（Gallego-Alvarez et al.，2011；Hull and Rothenberg，2008；Luo and Bhattacharya，2009）发现CSR与创新有负相关，因此认为CSR与创新可能不兼容。企业社会责任与创新之间存在竞争关系讨论的焦点包括以下两个方面。

焦点一：CSR与创新是两种产品差异化的手段，存在优劣。一种观点认为基于技术创新的差异化优于基于CSR的差异化，其逻辑是当企业的创新技术水平很高时，不需要CSR来吸引消费者（Hull and Rothenberg，2008）。当产品同质（技术水平一样）时，CSR有助于提高产品的差异化，但其竞争优势的维持在于其不可复制性（McWilliams and Siegel，2001a），生产体验产品的企业比生产搜索产品（质量一目了然）的企业更可能从事CSR（McWilliams and Siegel，2001a；Siegel and Vitaliano，2007）。

另外一种观点认为在国际化的背景下，CSR与创新是旗鼓相当的差异化手段，且CSR优于质量差异化（Boehe and Cruz，2010）。当企业的创新水平很一般时，企业需要借助CSR来提高产品的差异性，以吸引消费者的关注。

焦点二：CSR与创新是两种投资选择，存在优劣。在资源有限的前提下，企业会考虑投资的机会成本，追求投资回报最大化。如果CSR投资不能确保投资回报最大化，出于机会成本考虑，企业不会对其进行投资，反之亦然。CSR与创新在投资门槛、风险、回收期限、回报率等方面存在差异。具体而言：①当CSR投资的资金门槛远小于创新时，企业可能会选择CSR，将CSR作为获取创新所需资源的杠杆；②当企业的创新能力低、无法实施创新行为（创新的技术门槛高）时，企业会选择CSR；③当CSR的投资风险低于创新时，企业会选择投资CSR，或者企业将CSR与创新作为一个投资组合，从而抵消部分创新行为的风险（MacGregor and Fontrodona，2008）；④当CSR的投资回报期限短时，企业可能会选择CSR；⑤当CSR的投资回报率高时，如关联营销，企业可能会选择CSR。

2.3 阶段二：企业社会责任与创新兼容

以往研究认为CSR与创新是竞争关系的潜在假设是CSR与创新不兼容。如果二者能兼容，则二选一的难题不存在。CSR与创新存在互为因果相互强化关系（Gallego-Alvarez et al.，2011；Surroca et al.，2010）：CSR能导致创新行为的发生（Maxfield，2008；Midttun，2007；Peloza，2009），创新行为具有正的社会溢出效应（McWilliams and Siegel，2011；McWilliams et al.，2006）或影响CSR绩效表现（Surroca et al.，2010）。

2.3.1 企业社会责任驱动创新

创新行为的发生必须具备两个必要条件：一是主观意愿（价值驱动和价值观驱动）；二是客观资源和能力。因此现有的文献主要围绕CSR如何导致这两个必要条件的实现，进而推动创新行为的发生。现有文献主要从两个视角来探讨CSR是创新的驱动因素：一是组织环境，二是组织行为。

（1）组织环境视角强调创新的社会嵌入性，创新是对社会发展趋势的一种响应（Midttun，2007）。而CSR是组织社会嵌入的一种方式。CSR有助于企业获取道德资本（Godfrey et al.，2009）和社会资本（石军伟 等，2009），提高顾客满意度（Lev et al.，2010）等，帮助企业获得创新所需的资源。

（2）组织行为视角强调创新的价值观驱动。从资源基础观（resource-based view，RBV）来看，CSR有助于企业培养无形资源（人力资源、创新能力和文化资源）（Surroca et al.，2010），这些资源有助于创新行为的发生。从动态能力观来看，CSR是企业社会参与的一种方式，企业通过社会参与提高了学习和适应能力（Maxfield，2008），从而改善了企业创新行为发生的客观条件。从组织学习视角看，CSR是组织学习的一种方式，通过这种学习，企业的价值观、文化、能力发生改变，导致创新的主观意愿和客观条件发生改变。

2.3.2 创新驱动企业社会责任

以往研究探讨创新驱动企业社会责任主要包括两个视角：一是外部性理论，认为创新具有正外部性（McWilliams and Siegel，2011），这与CSR提倡企业最大化正外部性、最小化负外部性的中心思想是一致的。二是资源基础观，认为创新提升组织绩效而产生的冗余资源，为实施CSR提供了必要的条件（Surroca et al.，2010）。

2.4 阶段三：企业社会责任与创新融合

CSR与创新具有融合的潜能。某些创新或CSR能一举两得，同时兼具CSR与创新的属性（Hockerts and Morsing，2008），即CSR是一种创新形式（Halme and Laurila，2009；McWilliams and Siegel，2000，2001a，2011），或创新是CSR的一种表现。在这种情况下，CSR已经是一种市场战略，而不是非市场战略。

战略性CSR的提出，为企业勾画了同时实现利润最大化和社会目标的美好蓝图。例如CSR驱动的创新为企业提供了一种新的商业模式，从而为客户提供了新产品。战略性CSR（创新的CSR视角）将CSR整合到企业核心战略中，通过创造共享价值（Porter and Kramer，2006，2011），同时实现利润最大化和社会目标（二元目标）。CSR作为企业价值创造的核心战略，比前摄性、响应性CSR创造价值的潜力更大（Midttun，2009）。

CSR提供了创新的机会（Husted and Allen，2007b），近年来涌现出多个面向CSR的创新概念，如企业社会创新、面向BOP市场的创新、可持续创新等，以兼顾社会效益和经济效应（见图2.2和表2.3）。具体而言，企业社会创新是指具有社会意义的创新，首先由Kanter（1999）提出，他指出企业可以将社会问题作为识别未满足的需求和开发可开拓新市场的解决方案的学习实验室。1998年，Prahalad（2008）提出面向金字塔底层市场（BOP）的创新，通过创新使得成本能让BOP可以承受。BOP市场的开发不能等同慈善和CSR，而是将其看成一个市场机会，作为企业的核心业务。可持续创新包括生态创新、环保创新、绿色创新等，这些创新能降低企业对环境的负面影响，同时提升企业资源的利用效率。

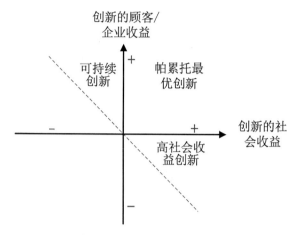

图2.2 创新的经济与社会收益之间的关系

资料来源: Wagner（2010：583）。

表2.3 CSR文献中涉及的创新类型

类型	来源文献
可持续创新、高社会收益创新、帕累托最优创新	Wagner（2010）
渐进式创新、根本性创新	Bocquet and Mothe（2010）
产品创新、过程创新	McWilliams and Siegel（2000）
社会创新（BOP）、环保创新（生态/绿色创新）	Hockerts and Morsing（2008）

2.5 本章小结

生态创新是CSR与创新整合的结果。因此，我们系统回顾了CSR与创新从竞争走向融合的过程，以帮助我们更好地理解生态创新如何实现二元目标。尽管我们提倡对CSR与创新进行整合，但现实的商业世界中可能是CSR与创新竞争、兼容和融合的现象并存。根据对CSR与创新三种关系的梳理，我们认为现有关于创新与CSR的研究结果是混合的，原因可能有三：一是构念及其测量方式的权变作用，因为CSR与创新都是复杂和多维的构念（Midttun，2007）；二是情境的权变作用；三是理论视角的权变作用。未来研究可从上述三个方面去揭示CSR与创新的复杂关系。

第一，探讨不同类型的CSR对不同类型的创新的不同影响。某些学者已经有了一些尝试，比如Bocquet和Mothe（2010）发现对中小企业（SMEs），战略性CSR更能导致根本性创新的发生。Wagner（2010）发现，CSR与高社会收益的创新正相关，对大型家族企业而言这个结论更明显。

第二，深化CSR与创新的情境与边界研究。①加强中国情境（转型经济背景）下的CSR与创新的研究，现有文献主要是基于欧洲发达国家进行研究，比如经济发展水平、制度环境等；②加强具体产业情境下的CSR与创新的研究，揭示行业特性（管制、环境污染性、行业可见性）对CSR与创新关系的影响。现有研究发现在制造业（Padgett and Galan，2010）、高增长性产业（Surroca et al.，2010），CSR与创新正向效应更明显；③深化不同类型企业的CSR与创新的研究，现有研究主要集中在MNEs、SMEs，未来研究可以考虑研究新创企业、高科技企业等。

第三，多视角探讨CSR与创新关联的内在机制，挖掘有意思的中介机制和调节机制。在中介机制研究方面，可以从制度理论视角打开CSR与创新之间的黑箱。以政府规制为例：企业不负社会责任（corporate social irresponsibility，CSiR）将面临政府规制惩罚，企业被迫将负外部性内部化，结果导致成本上升、利润下降（部分成本转嫁给消费者）。为了获取竞争优势，企业不得不进行负责任的创新——如绿色创新。

在调节机制研究方面，可考察以下变量在CSR与创新之间的权变作用：①组织冗余：当企业资源不足时，企业需要在CSR与创新之间进行取舍；当资源冗余时，企业会同时投资创新和CSR，使得创新和CSR正相关。②CSR的向心性或中心性（centrality：CSR与企业核心业务整合的程度或CSR对企业竞争优势或经济绩效的贡献程度）：当CSR的向心性越低时，CSR与创新兼容性越低，企业不得不进行取舍；当CSR的向心性高时，企业可以一举两得。

3　生态创新的理论基础[①]

生态创新是企业社会责任理论、环境管理理论与创新理论的交叉领域。本章系统梳理了上述三大研究领域有关企业生态创新的研究，指出生态创新是一种战略性企业社会责任、一种主动环保战略和一种高生态效能的创新。战略性企业社会责任强调企业社会责任与企业核心业务的整合以构建竞争优势，主动环保战略强调污染防治而不是污染控制从而构建先发优势，高生态效能创新关注创新的环境绩效评价以助力绿色增长。对生态创新研究脉络的梳理有助于我们找准其在理论研究中的坐标定位。

3.1　引　　言

20世纪60—70年代美国掀起社会和环境运动（Starik and Marcus，2000），环境问题被提上政治议程（Geels et al.，2008）。1987年时任挪威首相Brundtland夫人在世界环境与发展委员会的报告《我们共同的未来》中首次对可持续发展进行了明确定义，意为："既能满足当代人的需要，又不对后代人满足其需要的能力构成危害的发展。"她对于可持续发展的定义被广泛认可和采用。

面向绿色可持续发展的生态创新研究始于20世纪90年代末，是企业社会责任理论、环境管理理论与创新理论的交叉领域（Hockerts and Morsing，

[①] 本章节内容基于作者已发表论文：a. 彭雪蓉，刘洋，2015. 战略性企业社会责任与竞争优势：过程机制与权变条件 [J]. 管理评论，27（7）：156-167. b. 彭雪蓉，魏江，李亚男，2013. 我国酒店业企业社会责任实践研究——对酒店集团15强CSR公开信息的内容分析 [J]. 旅游学刊，28（3）：52-61. c. 彭雪蓉，刘洋，2016. 外部性视角下企业社会责任与企业财务绩效：一个重新定义的框架 [J]. 浙江工商大学学报，138（3）：72-79.

2008；Starik and Marcus，2000）（见图3.1和图3.2）。为了更好地理解生态创新的发展脉络，我们将对上述三个主题理论中有关生态创新的研究进行系统梳理，以明晰企业生态创新的理论坐标。

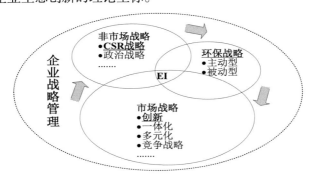

图3.1 生态创新（EI）的三大理论基础的关系

资料来源：作者归纳绘制。

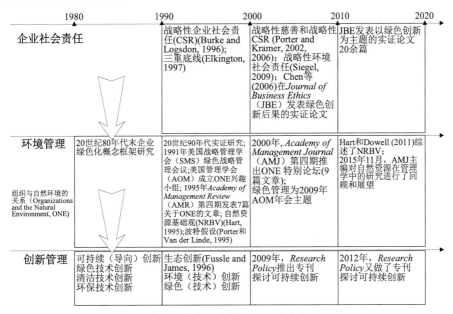

图3.2 企业生态创新的理论坐标

数据来源：根据彭雪蓉（2014）的研究修改而成。

注：管理学期刊（*Academy of Management Journal*，AMJ）、管理学评论（*Academy of Management Review*，AMR）、美国管理学会（Academy of Management，AOM）、商业伦理杂志（*Journal of Business Ethics*，JBE）、绿色创新（green innovation，GI）、自然资源基础观（natural-resource-based view，NRBV）、美国战略管理学会（Strategic Management Society，SMS）、组织与自然环境分部（Organizations and the Natural Environment，ONE）。

3.2 企业社会责任理论

近年来，实践界和理论界对CSR的关注显著增多（Campbell，2007；Matten and Moon，2008；韩娜和李健，2014；黄伟和陈钊，2015；魏江 等，2014）。企业是否应该承担社会责任是研究者争论的起点（Davis，1973；唐志和李文川，2008）。以管理大师Drucker为代表的赞成派认为CSR可以提升公司形象和合法性，有利于股东利益和公司长期盈利，有助于规避政府管制等好处，而以经济学家Friedman为代表的反对派则认为CSR与企业利润最大化目标相悖，稀释了企业的首要目标，不利于企业国际竞争等弊端（Drucker，1984）。

现代CSR理论源于20世纪50年代（Carroll，1991），其基本理念是企业与社会相互交织，而不是独立的实体存在（Wood，1991）。虽然关于CSR的文献车载斗量（Egri and Ralston，2008；Lockett et al.，2006；Moon and Shen，2010），但要对CSR下一个精确的定义却很难（Matten and Moon，2008）。原因在于：第一，CSR是一个大伞概念（Matten and Moon，2008），与许多企业与社会相关的概念相近或存在交叉（Barth and Wolff，2009；Matten and Moon，2008；Waddock，2004a），比如20世纪50年代到60年代的社会责任（Bowen，1953）；20世纪70年代到80年代的企业社会响应（corporate social responsiveness，CSR_2）（Ackerman and Bauer，1976；Carroll，1979；Frederick，1994）、企业社会绩效（corporate social performance，CSP）（Carroll，1979；Sethi，1975；Swanson，1995；Wartick and Cochran，1985；Wood，1991）、利益相关者管理（Donaldson and Preston，1995；Freeman，1984；Laplume et al.，2008）、企业社会品德（corporate social rectitude，CSR_3）（Frederick，1986）；20世纪90年代后兴起的企业社会宗教（cosmos、science、religion/corporate social religion，CSR_4）（Frederick，1998）、企业伦理（corporate ethics）（Weaver et al.，1999a；Weaver et al.，1999b）、三重底线（triple bottom line，TBL）（Elkington，1997）、企业可持续发展

（corporate sustainability）（van Marrewijk，2003）、企业公民（corporate citizenship，CC）（Carroll，1998；Edward and Willmott，2008；Matten and Crane，2005）、企业问责（corporate accountability）（Swift，2001；Valor，2005；Waddock，2004b）、企业责任（corporate responsibility）（Scherer and Palazzo，2007）等。

第二，CSR是一个动态的概念（Carroll，1979，1991，1999；Wood，2010）。从横向来看，首先，不同的国家制度（管制制度、规范制度、文化认知制度）（Scott，2013）使得企业对CSR的认知和表现存在差异（Campbell，2007；Matten and Moon，2008）；其次，不同的行业特征（如行业可见性、行业规制）导致CSR压力及表现也不同（Chatterji and Toffel，2010；Chiu and Sharfman，2011）；再次，对同一行业内的企业而言，企业对利益相关者的可见性以及对外部资源的依赖程度的差异也会导致企业CSR表现不同（Chiu and Sharfman，2011）；最后，对同一企业的不同利益相关者而言，企业的某一行为对一利益相关者是负责任的，而对另一利益相关者可能是不负责任的（Wood，2010）。从纵向来看，随着制度、行业、企业以及利益相关者的认知的发展，CSR的内涵和表现也会发生变化。

3.2.1　企业社会责任：多做好事，少做坏事

3.2.1.1　企业社会责任的一般定义

CSR这个词众所周知，但又各有所指、莫衷一是（Votaw，1973）（见表3.1）。有的学者认为企业实现利润最大化就自然而然地承担了社会责任（Friedman，1970），有的学者认为企业社会责任包括经济责任、社会责任、法律责任和自主（慈善）责任（Carroll，1979，1991），还有学者认为企业社会责任是推进社会福利（McWilliams and Siegel，2001a）。此外，许多构念与CSR相近或重叠，比如企业社会响应（corporate social responsiveness，CSR_2）、企业社会品德（corporate social rectitude/ethics，CSR_3）、企业社会宗教（corporate social religion，CSR_4）、企业社会绩效（corporate social performance，CSP）、企业公民（corporate citizenship，CC）等（Waddock，2004a）。

表3.1　企业社会责任的主要定义

研究者	定义
Bowen（1953）	社会责任是指商人有义务使政策选择、决策和行为符合社会目标和价值观的期许
Frederick（1960）	社会责任是指商人应该确保经济系统的运营符合公众的期望。这意味着经济的生产手段应该使生产和分配能提高总体社会经济福利
McGuire（1963）	社会责任的理念假定企业不仅有经济和法律义务还有某些其他的社会义务
Davis and Blomstrom（1966）	社会责任是个人有义务考虑其决策和行为对整个社会系统所产生的影响。当商人考虑受到其商业行为影响的人的需要和利益时，则承担了社会责任。这样，他们不仅仅考虑的是企业狭窄的经济和技术利益
Walton（1967）	社会责任是意识到企业和社会的紧密关系，意识到管理者应将这种关系铭记于心，因为企业和相关的群体追求着各自的目标
Committee for Economic Development（1971）	社会责任的三层式定义：最里面一层是经济功能——提供产品、工作和经济增长；中间层是在履行经济功能的同时，要意识到社会价值观和首要事件（priority）的变革；最外面一层是企业应承担的社会新兴和未定形（amorphous）的责任
Manne and Wallich（1972）	CSR操作化的定义要求具备三个要素：CSR投资收益小于其他投资的项目；该行为纯粹是自愿的；该行为会发生实际企业费用而不是个人的慷慨解囊
Eilbert and Parket（1973）	CSR是"好的邻里关系"：不做破坏邻里关系的事；自愿帮助邻里解决问题。
Sethi（1975）	讨论了CSP的维度，并对社会义务（obligation）、社会责任和社会响应（responsiveness）三个概念进行了区分，认为社会义务本质上是强制的（proscriptive），社会责任是规范的（prescriptive），而社会响应是预防性的（anticipatory和preventive），是三个发展阶段
Preston and Post（1975）	提出"公共责任"比"社会责任"更合适，指出企业公共责任的范畴大于法律法规所要求的，但是又小于社会问题
Fitch（1976）	企业解决由自己全部和部分造成的社会问题的努力

研究者	定义
Abbott and Monsen（1979）	社会参与披露量表包括6个方面：环境、公平机会、个人、社区参与、产品、其他项
Zenisek（1979）	社会责任连续谱
Carroll（1979）	CSR包括经济、法律、伦理和自主责任，并提出了整合社会责任、社会响应和社会问题的CSP框架
Jones（1980）	强调CSR必须是自愿的，以及超过法律或工会合同所规定的范畴；强调CSR应该是过程而非结果
Tuzzolino and Armandi（1981）	在Maslow（1954）个人需求层次理论的基础上提出了组织的需求层次理论
Dalton and Cosier（1982）	根据是否守法和是否负责任构建了4象限矩阵，并认为"合法–负责任"是企业最好的战略
Wartick and Cochran（1985）	修正了Carroll（1979）的CSP框架
Epstein（1987）	CSR是指有关某些问题的企业决策后果有利于企业的利益相关者。CSR的核心是企业要规范性地修正其行为的后果
Wood（1991）	修正了Wartick和Cochran（1985）的CSP框架
Hopkins（1998）	CSR就是以道德或是负社会责任的方式对待利益相关者
McWilliams and Siegel（2001a）	增进社会福利的任何行为
Commission of the European Communities（2001）	CSR是企业基于自愿的原则，在企业运营和利益相关者交互中，关注社会和环境问题

资料来源：根据Carroll（1991）、Dahlsrud（2008）等文献整理。

虽然CSR的定义五花八门，但也有共同之处。首先，所有的CSR定义都基于2个基本前提假设：第一个假设是企业与社会之间存在社会契约，这个契约用来确保企业行为与社会目标保持一致，遵守社会契约有助于企业获得合法性；第二个假设是企业应该是道德代理人，企业应该与社会价值观保持一致（Wartick and Cochran，1985）。

其次，无论怎么定义CSR，都是对两个根本性的问题（Frederick，2006；Wood，1991，2010）的回答（见表3.2）：第一，企业向谁负责（Carroll，1991，1999）；第二，企业应该负什么责。

表3.2　CSR的对象-内容矩阵

负责内容		对谁负责（to whom）						
		股东和投资者	员工	顾客	供应商	政府	社区	媒体
负什么责？（for what）	经济	盈利	工资	产品	合理利润	纳税		
	法律		无歧视	合格产品				
	道德		尊重	消费引导				
	慈善		救助				捐赠	捐赠

资料来源：根据Carroll（1991）的模型修改。

关于第一个问题，利益相关者理论给出了答案（Wood，1991）。企业某一行为对一利益相关者是负责任的行为，对另一利益相关者而言可能就是不负责任的（Wood，2010）。利益相关者理论将CSR与特定的利益相关者关联，使得CSR的对象更加清晰。Freeman（1984）将利益相关者定义为"影响组织目标实现及受到组织目标的实现影响的任何个人或群体"。后来Wheeler（1998）认为应将"非社会性"要素也纳入利益相关者的分析框架中，将利益相关者分为社会性利益相关者和非社会性利益相关者，并借鉴Clarkson（1995）利益相关者的分类方法，进一步分为首要和次要利益相关者。通常企业的利益相关者包括员工和管理者、股东和投资者、顾客、供应商、政府、社区、媒体、环境等（Clarkson，1995；Wheeler，1998）。传统的股东理论认为股东是企业唯一应该负责任的对象（Friedman，1970），当股东利益与其他利益相关者的利益发生冲突时，企业很有可能为了维护股东的利益，而采取对其他利益相关者不负责任的行为（Campbell，2007）。利益相关者理论则认为企业可以看成首要利益相关者的集合，满足这些利益相关者集合的不同需求，是企业发展的必要条件（Clarkson，1995）。

关于第二个问题，不同的学科表述不同，但本质是相同的。从福利经济学的角度来看，CSR就是不故意实施负外部性的行为、主动消除负外部性行为所产生的后果、自愿实施能产生正外部性的行为（McWilliams and Siegel，2011；McWilliams et al.，2006）。经济学从广义和狭义两个角度给出了答案。从狭义的角度来看，社会责任（socially responsible）与私有责任（privately responsible）①相对应（McWilliams and Siegel，2001a），可以理解为私人（企业）提供公共产品（实施正外部性行为或消除其他企业的负外部性）或降低公共危害（降低负外部性）（Bagnoli and Watts，2003；Campbell，2007），仅指道德责任和自发性责任，其隐含前提是企业的经济责任和法律责任已履行（Carroll，1979）；从广义的角度来看，社会责任包含了私有责任。本书后续的分析采用广义视角，因为最近的研究表明企业善恶同行（Fombrun et al.，2000；Muller and Ussl，2011），企业为"社会"做好事不表示企业已尽了本职责任。

Campbell（2007）从制度理论的视角，给出了相似的答案，将CSR定义为：第一，企业不故意实施危害利益相关者的行为；第二，必须对利益相关者已造成的危害进行消除，不管该危害是否被发现或被关注。Campbell（2007）实际上只给出了CSR的最低标准——企业不要做坏事，但并没有要求企业一定要做好事。所以，我们认为CSR从负责的本质来看，包括三种类型：第一，企业不故意做坏事（无负外部性的行为）；第二，若无意做了坏事，能知错就改（主动消除或补偿负外部性），如产品召回、降低环境污染等；第三，在不做坏事的基础上，主动做好事（主动实施正外部性行为），如慈善捐赠等。

综上，围绕"企业应该向谁负责""企业应该负什么责任"，结合利益相关者理论和福利经济学的原理，我们将企业社会责任界定为：企业在为股东创造财富的过程中，对其他利益相关者没有不负责任的行为。该定义有三层含

---

① 私有责任是指作为企业组织存在的本职责任——在法律规定的范围内（法律责任），生产社会需要的产品并以合理的价格出售，为股东创造财富、实现利润最大化（经济责任）。

义：第一，企业对股东的责任是利润最大化，这一责任是自发的，不需要外在的推动；第二，企业对股东负责的同时，不能对其他利益相关者实施不负责任的行为；第三，对其他利益相关者没有不负责任的行为是指不存在故意对利益相关者实施危害的行为、在无意造成危害的情况下能主动消除危害。

3.2.1.2 企业社会责任的分类

Carroll（1979）根据企业责任的相对大小（relative magnitude），提出企业的社会责任由大到小依次包括经济责任、法律责任、伦理（ethical）责任、自主（discretionary/voluntary）责任。经济责任是指企业生产社会想要的产品和服务，并以一定的价格出售。法律责任是指企业与社会存在社会契约，即企业是在法律框架下承担经济责任。伦理责任是经济责任和法律责任之外，企业对社会期望的满足。自主责任是指企业的自愿行为，即便企业不实施这些行为，社会也不会认为企业不道德，比如说捐赠、社会救济等。

Carroll认为仅考虑CSR的本质类型还不够，还应考虑这些类型与哪些社会问题相关联，并给出了消费者保护、环境、员工歧视、产品安全、劳工安全等社会问题。1991年Carroll对1979年提出的分类框架进一步加以明确和完善（见表3.3），将其命名为企业社会责任的金字塔：组织利益相关者的道德（moral）管理。首先，该模型将原来的自主责任明确为慈善责任；其次，该模型将CSR与利益相关者进行了明确的关联。

表3.3 Carroll企业社会责任的类型

CSR维度	具体组成
经济责任	1. 行为与每股盈利最大化一致 2. 承诺最大限度的盈利 3. 保持强有力的竞争地位 4. 保持高运营效率 5. 持续盈利的成功企业
法律责任	6. 行为与政府和法律的期望保持一致 7. 遵守联邦、州、地方的法规 8. 遵守法律的企业公民 9. 履行法律义务的成功企业 10. 提供至少满足法律规定的最低标准的产品和服务

CSR维度	具体组成
伦理责任	11. 行为与社会习俗与道德规范一致 12. 认可和尊重社会采用的新的伦理道德规范 13. 防止为了实现企业目标而丧失道德底线 14. 成为道德和伦理期望的好企业公民 15. 意识到企业廉正和有道德不单是遵守法律法规
慈善责任	16. 行为与社会的慈善期望一致 17. 表演艺术的赞助 18. 管理者和员工积极地参与当地社区的慈善活动 19. 向私立和公立教育机构提供资助 20. 自愿资助能提高当地社区生活水平的项目

资料来源：Carroll（1991）。

Wood（1991）对Carroll（1979）提出的CSR的4种分类法提出了批评，她认为分类不能等同于原则（principle）本身，Carroll（1979）提出的CSR的4种类型只是CSR涉及的领域。Wood（1991）在Davis（1973）、Preston和Post（1975）、Carroll（1979）的工作的基础上，提出了CSR在制度、组织和个体层面三个层面的指导原则，分别是社会合法性、公共责任和管理者自主性（见表3.4）。社会合法性是指企业作为商业组织的一般义务；而公共责任是指企业应对社会参与所造成的后果负责；管理自主性是指管理者是一个道德行动者。

表3.4　企业社会责任的原则

领域	CSR原则		
	社会合法性 （制度层面）	公共责任 （组织层面）	管理者自主性 （个体层面）
经济	提供产品和服务、提供就业、为股东创造财富	产品和服务的价格反映了真实的生产成本，不产生外部性	生产生态产品，使用低污染的技术，通过循环使用降低成本
法律	遵守法规。不游说或期望在公共政策方面获得特权	为代表明智自利的公共政策效力	利用法规的要求在产品或技术方面进行创新
道德	遵循基本的道德原则（如产品标签的诚信）	提供全面和正确的产品使用信息，产品安全性高于法律标准	根据特定的市场信息设计产品，以此提升产品优势

续表

领域	CSR原则		
	社会合法性 （制度层面）	公共责任 （组织层面）	管理者自主性 （个体层面）
自主	做一个好公民，比法律和道德标准要求的做得更好；将收入的一部分返还给社区	对企业涉及的社会领域的社会问题，进行慈善性的资源投资	选择那些实际上在解决社会问题的同时能盈利的慈善投资（如，采用一个有效的标准）

资料来源：Wood（1991）。

Dahlsrud（2008）对37个CSR定义的内容进行分析发现：这些定义主要涉及利益相关者、经济、环境、社会和自愿（voluntariness）等5大维度（见表3.5），比如欧盟委员会（2001）将CSR定义为企业基于自愿的原则，在企业运营和与利益相关者交互中，关注社会和环境问题。

表3.5　CSR的五大共性维度

维度	维度编码定义	词汇举例
环境	自然环境	更加清洁的环境 环境管理 企业运营中对环境的关注
社会	企业和社会的关系	对社会建设的贡献 在经营中整合社会关注 考虑其对社区的影响范围
经济	社会-经济或者财务方面，包括企业运营对CSR的描述	对经济发展的贡献 持续盈利 企业运营
利益相关者	利益相关者或利益相关者集团	和利益相关者的互动 组织(企业)如何与其员工、供应商、客户以及社区互动 接待公司的利益相关者
自愿维度	法律未规定的其他行为	基于伦理价值观 超出法律义务的 自愿的

资料来源：Dahlsrud（2008）。

Zenisek（1979）认为CSR并非一个二元的概念，而是一个度的概念，并提出了CSR的连续谱，从最小的CSR到最大的CSR。其认为随着历史的发展，企业从连续谱的一端（最小的CSR，经济责任）向另一端（最大化CSR，全面的社会责任）发展，并将美国CSR的发展历程分为了4个阶段。

企业某一行为对一利益相关者是负责任的行为，对另一利益相关者而言可能就是不负责任的（Wood，2010）。CSR是企业以最小的社会代价追求价值最大化（Jensen，2002）。该定义没有从利益相关者的角度来对CSR界定，避免企业追求多个目标而导致对企业绩效评价困难，确保了社会福利最大化；此外，该定义承认现实中企业的发展总是会存在外部性，负责任的企业，是以最小的社会投入（企业成本和社会成本）实现经济的增长和社会福利的改善。

企业在进行CSR项目决策时，首先需要考虑两个问题：一是企业应承担哪些CSR（do what），可以用CSR的中心化程度（和企业主营业务和使命整合的程度）来衡量。根据CSR的向心性化程度可以分为战略性CSR和非战略性CSR（见表3.6和表3.7）。二是承担多少CSR（how much to do），可以用企业的战略姿态来衡量，一般包括对抗性、防御性、适应性、前摄性四种姿态（见表3.8）。根据CSR的中心化程度和战略姿态两个维度，可以将CSR分为八种类型（见表3.9）。

表3.6　CSR主要分类方法

分类标准	CSR类型		来源文献
期望/规范	经济的、法律的、道德的、自愿/慈善		Carroll（1979，1991）
行为动机	利己型、利他型、战略性		Husted and de Jesus Salazar（2006）
	经济性、道德性、企业公民		Windsor（2006）
表现形式	显性、隐性		Matten and Moon（2008）
	正式、非正式		Bocquet and Mothe（2010）
	制度化、非制度化		Bondy et al.（2012）
行动表现	慈善、企业责任整合、企业责任创新		Halme and Laurila（2009）

续表

分类标准	CSR类型		来源文献
战略姿态	对抗性、防御性、适应性、前摄性		Clarkson（1995）
	响应性、战略性		Porter and Kramer（2006）
	对抗性、防御性、前摄性、战略性		Midttun（2009）
	社会性、战略性		Chiu and Sharfman（2011）
	战略性、非战略性		Bhattacharyya（2010）

表3.7 非战略性CSR与战略性CSR的区别

主要特征	CSR类型	
	非战略性CSR	战略性CSR
与核心业务的关系	无关	高度相关
责任目标	公共关系管理	支持或扩大核心业务
价值创造潜力	低	高

资料来源：根据Halme and Laurila（2009）、Midttun（2009）等文献对CSR的分类修改而成。

表3.8 CSR响应的反应-防御-适应-前摄（RDAP）框架

等级	战略姿态	行为表现
对抗性	否定责任	比要求的最低标准做得少
防御性	承认责任但会讲价	按照要求的最低标准做
适应性	接受责任	按照要求的最高标准做
前摄性	预测责任	比要求的做得多

资料来源：Clarkson（1995）；RDAP为reactive-defensive-accommodative-proactive。

表3.9 CSR责任范围-战略姿态矩阵

战略姿态		CSR内容	
		战略性CSR	非战略性
响应性	对抗性	战略–对抗性	非战略–对抗性
	防御性	战略–防御性	非战略–防御性
	适应性	战略–适应性	非战略–适应性
前摄性		战略–前摄性	非战略–前摄性

资料来源：作者根据文献整理而成。

3.2.1.3 CSR传统定义范式的不足及修正

以往的CSR定义及测量主要存在以下不足：首先，以往的CSR定义多为狭义的社会责任观（彭雪蓉 等，2013），强调"做好事"（McWilliams and Siegel，2001a）或"知错就改"（Campbell，2007），而忽视了CSR的基础类型——没有不负责任（不做坏事）和没有负责任（不做好事），现有CSR理论认为CSR的对立面是CSiR，本书认为CSR和CSiR并不是二元对立关系，而是类似于Herzberg"激励–保健"理论中的满意与不满意的关系——CSR的对立面不是CSiR，而是没有CSR；CSiR的对立面不是CSR，而是没有CSiR。本书认为企业没有CSR和CSiR行为是一种中立/基础的CSR行为，这种在现实世界中普遍存在的CSR类型往往被研究者所忽视。

其次，以往的CSR测量方面未考虑到可见性问题对CSR行为确认的影响。由于信息不对称，利益相关者对企业内部经营行为无法监管（McWilliams and Siegel，2011），可能出现企业CSR行为表里不一：企业显性行为表现为负责任而隐性行为表现为不负责任。以往相关实证研究未考虑CSR和CSiR行为的可见性问题，从而可能导致对企业CSR行为的误判——把存在隐性CSiR的企业认定为具有CSR的企业，而把存在隐性CSR的企业认定为没有CSR的企业。

有鉴于此，本研究将从两个方面对CSR的定义进行修正。首先，本书从外部性视角将CSR定义为：CSR是企业以最小化负外部性、最大化正外部性的方式为社会创造财富，即企业在不做坏事的基础上多做好事，具体表现为三种行为类型和四个发展层次（见图3.3）。CSR的三种行为类型为不故意实施负外部性行为（不故意干坏事）、主动消除负外部性（知错能改）、积极自愿实施正外部性行为（自愿做好事）。由此可延伸出CSR的四个发展层次：第一个层次为最低标准，企业能知错就改（主动消除或降低负外部性）；第二个层次的企业能防患于未然，不故意做坏事（努力将负外部性降至最低）；第三个层次的企业不故意做坏事，也不刻意做好事（努力将负外部性降至最低，某些行为客观上还能产生正外部性）；第四个层次的企业不但不故意做坏事，还积极有计划地做好事（在负外部性最小的同时，主动实施具有正外部性的行为）。

图3.3　CSR的四个层次/阶段[①]

资料来源：彭雪蓉 and 刘洋（2016）。

其次，在这个定义的基础上，本书根据企业行为的负责任程度（CSiR、没有CSR/CSiR、CSR），以及CSR行为在显性（可见）和隐性（不可见）层面的一致性，将CSR分为四种（见表3.10）——基准型CSR（R1）、内隐型CSR（R2）、外显型CSR（R3）和全面型CSR（R4）。具体而言，基础型CSR是指企业在隐性和显性行为两个方面同时表现为没有CSR和CSiR；内隐型CSR是指企业在隐性行为方面承担CSR，而在显性行为方面没有CSR和CSiR；外显性CSR是指企业在隐性行为方面没有CSR和CSiR，而在显性行为方面承担CSR；全面型CSR是指企业在隐性和显性两个方面同时承担CSR。

表3.10　CSR的类型

显性行为	隐性行为		
	不负责任/做坏事（CSiR）	中立（好/坏无为）（无CSR和CSiR）	负责任/做好事（CSR）
不负责任（CSiR）	N1	N4	N5
中立	N2	R1/Neutral +	R3 ++
负责任（CSR）	N3	R2 ++	R4 +++

注："+"表示负责任程度。

资料来源：彭雪蓉 and 刘洋（2016）。

[①] 从理论上讲，企业社会责任应该是消除负外部性或是没有负外部性，而从实践来看，任何企业都会或多或少产生负外部性，所以，本书将CSR的最低标准定义为最小化负外部性。

与以往的定义相比，本书提出的CSR定义和维度划分的改进在于：第一，将CSR的看成一个连续谱而非一个二元的概念，并强调显性和隐性CSR行为的一致性，对现实世界的CSR行为更具解释力。具体而言，以往研究中对CSR界定可能导致实证中的CSR操作无法排除N5，而又将R1这种普遍的CSR行为（Wood，2010）以及R2排除在外。从理论上讲，N1、N2、N3这三种类型的企业在现实中不会长期存在，因为CSiR行为一旦败露，就会遭到社会惩罚。而N4、N5型的企业却可能大量存在，由于外界无法对隐性的CSiR进行监管（McWilliams and Siegel，2011），N5类型的企业可能上榜各种CSR的排名。而那些事实上表现比N4、N5好的R1、R2类型企业，却可能被外界忽视。

第二，本研究的CSR定义和维度划分有助于更好地识别现实世界CSR的发展过程。对企业而言，要做到R4是最难的，其次是R3、R2，再次是R1。那么，企业提升CSR的路径有两条（见图3.4）：R1→R3→R4、R1→R2→R4。

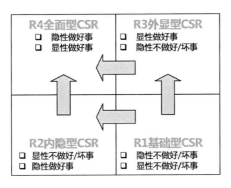

图3.4　企业CSR的提升路径

作为CSR的理论研究者，应致力于推动N4、N5类型的企业向R1、R2、R3、R4类型的企业转变，即推动企业消除经济行为的显性或隐性负外部性。尤其对处于转型期的中国，制度不健全，对于企业隐性行为监管力度不够，引导企业私下不做坏事比要求企业做好事更具有现实意义。对企业而言，履行CSR就是在不损害利益相关者利益的前提下追求企业利润最大化，即在满足股东这个特殊的利益相关者的期望与满足其余利益相关者的期望之间达到平衡（Smith and Hitt，2005）。

3.2.1.4 中国企业的社会责任

1999年中石油发表了第一份上市企业的社会责任报告（Wang et al.，2011），此后发表企业社会责任报告的上市企业逐渐增多。截至2020年6月30日，沪深两市共有961家上市公司发布了2019年社会责任报告[①]。2024年，沪深北A股市场超2200家上市公司披露了2023年度可持续发展报告或社会责任报告，近三年披露家数年均增长20%[②]。Gao（2009）对2007年中国100强（根据当年的营业收入排名）企业官方网站上的CSR信息的内容分析发现：从CSR信息披露来看，仅有19家企业发布了类似于CSR的报告，其中18家是国有企业；28家企业官方网站上有类似CSR的专栏，其中22个是国有企业；从CSR具体构成来看，出现频次由多到少依次是经济责任（包括利润或销售收入、上缴利税、提供就业、产品与服务改进，出现频次为326次）、慈善责任（包括建立慈善基金、慈善捐赠、资助大学生、赞助文化事业或体育、希望工程捐赠、捐款残疾人、对受灾群众捐款、向贫困地区捐款，出现频次为266次）、伦理责任（包括尊重社会或商业文化、发布员工行为指南、发布业务指南、倡导自律、制定志愿者（服务）政策、节能、环境污染控制，出现的频次为155次）、法律责任（包括反商业的行贿、不公平竞争、产品与服务安全、遵守商业合同，出现频次为127次），此外，不同的产业关注的问题存在差异；从CSR关注的利益相关者来看，出现频次由多到少依次是股东、员工、顾客、政府、供应商/合作者、竞争对手、社区、整个社会。

Gao（2011）对中国内地的上市公司社会报告的内容分析发现：仅有5.05%的上市公司发布了CSR报告，4.02%的上市公司发布了独立的CSR报告。79%的企业对CSR持正面态度，没有企业对CSR持负面态度。此外，国有企业更加关注社会问题，而非国有企业更加关注利益相关者的利益。

---

① https://www.ideacarbon.org/news_free/52280/。

② http://www.zzqrb.cn/stock/gupiaoyaowen/2025-01-17/A1737107419105.html。

3.2.2　战略性企业社会责任：创造共享价值

企业社会责任（CSR）是一个传统而又不断演变的议题。随着社会文明和国民经济的发展，一方面以负责任的方式经营已成为企业长期发展的必备条件（Werther Jr and Chandler，2005；张川 等，2014），另一方面竞争的加剧使得企业不得不考虑参与CSR项目的机会成本（Bhattacharyya，2010）。在这个背景下，战略性企业社会责任（strategic CSR，后文简称战略性CSR）应运而生。战略性CSR的基本思想是企业和社会相互依存，损害其中一方的单方暂时得利，将有损双方的长期繁荣（Porter and Kramer，2002，2006）。战略性CSR打破了传统CSR对企业经济目标和社会目标此消彼长的假设，通过创造共享价值（Porter and Kramer，2006），试图破解"企业如何做到赚钱与为善两不误（doing well and doing Good）"的经典难题（Margolis et al.，2007），为企业实现"善其身"与"济天下"的二元目标指明了方向，也为理论界关于企业是否应该承担社会责任的长期争论画上了一个句点。

战略性CSR的思想可以追溯到1984年管理大师德鲁克的《企业社会责任的新意义》一文，在这篇文章中，德鲁克提出企业应该把"社会责任问题转化为商业机会、经济利益、生产能力、待遇丰厚的工作岗位以及社会财富"（Drucker，1984：62）。1996年，Burke和Logsdon正式提出战略性CSR的概念（Burke and Logsdon，1996），但并未得到理论界的积极响应，直到Porter和Kramer合作的两篇文章［《企业慈善的竞争优势》（2002）和《战略与社会：企业社会责任与竞争优势》（2006）］相继在《哈佛商业评论》上发表，战略性CSR的思想才在战略管理领域引起广泛关注。近年来，由于许多知名的企业断送在CSR问题上，越来越多的企业开始注重企业经济目标和社会目标的平衡，战略性CSR的实践快速发展。以"strategic corporate social responsibility"和"strategic CSR"为主题搜索SSCI数据库，结果显示每年出版的文献数和引文在2006年特别是2008年以来快速增长。

虽然现代CSR理论的研究已有半个多世纪（Carroll，1999），但却未形成一个清晰的主导范式（Lockett et al.，2006；McWilliams et al.，2006），其

中一个原因在于现有理论没有很好地解决CSR与企业利润最大化的矛盾。因此，致力于追求企业与社会双赢的战略性CSR有望成为CSR研究领域的主导范式。与战略性CSR思想备受学术界一致肯定相对的是，关于"什么是战略性CSR"，现有文献尚未给出系统而深入的回答，从而阻碍了战略性CSR的理论交流与实践推广。有鉴于此，本书聚焦于战略性CSR这一核心构念，通过梳理"战略性CSR的内涵和特征"，以深化现有理论。

3.2.2.1　战略性CSR的定义

战略性CSR关注的核心问题是企业如何通过CSR获得竞争优势和持续竞争优势，是工具性CSR理论中的一种（Garriga and Melé，2004）。表3.11给出了主要的CSR的工具性理论。CSR的诞生和发展一直伴随着对立的观点，支持企业承担社会责任的一方认为CSR可以提升公共形象，利于公司的长期盈利，提高企业的合法性，规避政府管制，遵从社会文化规范，提高股东投资组合收益，企业拥有解决社会问题的资源，问题可变成利润，预防好于治疗，企业可以尝试解决政府无力解决的社会问题；而反对企业承担社会责任的一方则认为CSR与企业利润最大化目标相悖，社会卷入带来成本，企业缺乏解决社会问题的技能，稀释了企业的首要目标，不利于企业的国际竞争（增加了成本），企业权力过大，企业没有义务，缺乏广泛的支持（Davis，1973）。

表3.11　CSR的工具性理论

主要理论	核心逻辑	优势与不足
一般战略理论	将CSR整合到企业的业务战略中，以获得竞争优势（低成本或高差异）	整合市场和非市场战略，给出企业选择CSR的战略标准，但是选择标准的关系模糊导致理论和实践意义降低
资源基础观	如果资源具有稀缺性、不可替代性、不可模仿性、价值性，则能为企业创造SCA（持续竞争优势）。在产品同质的条件下，CSR可以成为差异化的来源	CSR可以作为SCA的来源，但是只有在CSR没有溢出效应的情况之下。资源基础观是一个宏大理论，无所不包
经济学理论	理性经济人假设，根据CSR的需求来决定CSR的供给，找到MR（边际收益）=MC（边际成本）的平衡点	将CSR视为一般商品，便于管理者理解。但其以需求决定供给的分析模式忽视了管理者的CSR供给偏好，此外，消费者不会购买CSR本身

主要理论	核心逻辑	优势与不足
制度理论	通过CSR取得或提高合法性，从而获得资源、提高规制壁垒等	对MNEs从事CSR构筑竞争优势具有很好的解释力
交易成本理论（TCE）	CSR进行利益相关者管理，提高利益相关者满意度，降低长期的交易成本；短期来看，管理者必须考虑所有战略决策的交易成本。TCE可以运用到正式和非正式的合约中	考虑了CSR的成本，存在机会主义
资源依赖理论	通过实施CSR满足外部资源控制者的期望，从而获得关键资源	CSR是缓解或消除外部控制而获取资源的手段
利益相关者理论	企业的目标通过提高利益相关者的满意度以提高绩效	将企业单一追求股东价值最大化的目标扩张到企业平衡各利益相关者的期望，但利益相关者理论实证上很难检验
领导理论	变革型领导有助于推动CSR及绩效	深度剖析CSR的决策过程，有助于更好地理解企业从事CSR的过程

资料来源：作者根据文献归纳而成。

　　两种对立观点的根本分歧在于企业能否同时追求企业目标（利润最大化）和社会目标（增进社会福利）（doing well and doing good）（Margolis et al.，2007）。由此延伸出两个问题：一是企业的目标是否唯一？是单一地追求利润最大化目标，还是寻找多个目标的平衡？也就是单一满足股东期望，还是在利益相关者之间达成平衡？二是企业目标和社会能否兼容？第二个问题的回答依赖于第一个问题的回答。

　　如果认为企业的目标是唯一的，那么企业目标和社会目标就存在冲突。拥护者认为两种目标是不矛盾的，是可以实现双赢的；而反对方则认为两种目标是相互冲突的，企业目标和社会目标是一个零和博弈。为了调和两种对立的观点，近年来学术界提出了经济目标和社会目标可以兼容（Falck and Heblich，2007；Lantos，2001；Lee，2008）的战略性CSR（Strategic CSR），表3.12给出了常引用的战略性CSR定义。

表3.12 战略性CSR的定义与特征

文献出处	战略性CSR的定义	企业特定特征	
		向心性	应变性
Burke and Logsdon（1996）	能产生实质性商业收益，特别是通过支持核心业务活动推进企业使命实现的CSR	√	√
Baron（2001）	利润最大化的CSR行为	—	—
Lantos（2001）	那些通过积极的公关和树立商誉而使企业受益的慈善责任	—	√
Porter and Kramer（2002）	作为市场手段提高企业形象，有助于实现企业的财务目标的慈善叫战略性慈善	√	√
Bagnoli and Watts（2003）	企业在为社会提供公共产品时促进了私有产品的销售	√	—
Porter and Kramer（2006）	战略性CSR包括两方面：一是使社会受益和企业战略强化的价值链变革；二是显著改善竞争环境的战略性慈善	√	√
Bhattacharyya（2010）	具有向心性、长期导向和资源承诺性的CSR	√	√
McWilliams and Siegel（2011）	能使企业获得持续竞争优势的任何CSR行为	—	—
Bruyaka et al.（2013）	与企业核心业务整合，试图为企业和利益相关者带来经济和非经济收益的CSR行为	√	—

资料来源：作者根据文献整理而成。

对战略性CSR的定义有两种方式：第一种较具体，是指与企业核心业务、使命关联而为企业带来实质性利润的CSR（Burke and Logsdon，1996；Porter and Kramer，2002，2006）；第二种较宽泛，是指能使企业获得持续竞争优势的任何CSR行为（Baron，2001；McWilliams and Siegel，2001b；Siegel and Vitaliano，2007），也叫利润最大化CSR或CSR战略。需要特别强调的是：战略性CSR不同于CSR的战略管理。CSR的战略管理兴于20世纪80年代，是指企业管理者要把CSR作为公司战略的一个组成部分，采用战略管理的方法对CSR进行管理，以使CSR的执行更加有效。基于此，其认为CSR的战略管理存在两个难点：一是企业的社会角色远离企业的日常业务活动；二是实现社会目标意味着成本或企业利润的缩减（Carroll and Hoy，1993）。

总之，战略性CSR的基本思想是：企业和社会相互依存，损害对方的一方暂时得利将有损双方的长期繁荣（Porter and Kramer，2002，2006），企业通过对CSR的战略性运用创造共享价值，实现企业和社会的双赢、达到社会福利最大化。

3.2.2.2 战略性CSR的特征

Burke和Logsdon（1996）通过对传统战略理论的综合分析，首次提出战略性CSR的价值创造框架，认为具有向心性、专用性、前瞻性、自愿性和可见性五大特征的CSR能实现价值创造，并着重强调CSR与企业核心业务和使命相关联（向心性）对价值创造的重要性（见图3.5）。这种将CSR与公司业务战略整合的思想，打破了原有企业目标与社会目标不兼容的传统假设，为战略管理领域研究CSR开辟了新的路径。

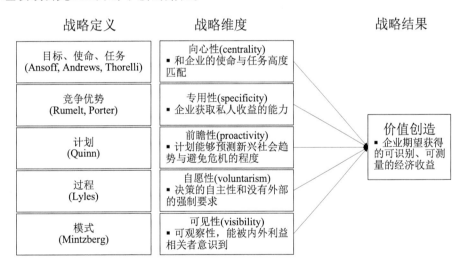

图3.5　传统战略与CSR（非市场战略）的关联

资料来源：Burke and Logsdon（1996）。

随后，以实践为导向的Porter和Kramer（2002，2006）围绕向心性（创造共享价值）先后提出了改善竞争环境的战略性慈善和与价值链关联的CSR，前者扩大了CSR战略关联的范围，后者使CSR与企业业务的关联更加明确，形成了战略性CSR的整体框架（价值链和竞争环境两个维度）。McWilliams和Siegel（2000）实证研究表明R&D（reseavch and development，科学研究与试验发展）和CSR高度相关，是CSR与公司财务绩效之间的调节变量，这意味着CSR可以和价值链整合。Husted和Allen（2007b，2009）对Burke和Logsdon（1996）的框架进行了实证检验，于2007年以西班牙的大企业为样本，检验了专用性、自愿性和可见性三个维度与价值创造的关系，结果显示专用性和可见性与价值创造正相关，而自愿性与价值创造负相关；于2009年以墨西哥的跨国公司为样本检验了战略性CSR的五大维度与价值创造的关系，结果显示向心性和可见性与价值创造正相关，自愿性与价值创造负相关，专用性和前瞻性与价值创造统计上相关不显著。两个研究都一致得出自愿性与价值创造负相关，否定了Burke和Logsdon（1996）自愿性CSR能创造价值的观点，这暗含着企业只做制度范围内（法律、法规、道德规范和文化认知等所要求的）的CSR最有利，对于这个范围内的CSR战略性的执行能创造价值；而两个研究都得出可见性与价值创造正相关的结论则与McWilliams和Siegel（2000，2001a，2011）可见性（CSR广告）对CSR与绩效的关系起调节效应的结论保持一致。

通过对有关战略性CSR内涵与特征的文献的梳理，我们发现战略性CSR最根本的特征是目标二元性，即CSR行为同时追求企业的经济目标（利润最大化）和社会目标（增进社会福利）（Burke and Logsdon，1996；Husted and Allen，2007b；McWilliams and Siegel，2011；McWilliams et al.，2006；Porter and Kramer，2002，2006；Sirsly and Lamertz，2008），是一种利润最大化的CSR（McWilliams and Siegel，2001b），这就意味着企业的社会责任行为不仅包括企业对社会（具化为利益相关者）的价值创造过程，还涉及企业通过价值创造实现价值获取的过程（McWilliams and Siegel，2011），即如何通过CSR获取竞争优势（McWilliams and Siegel，2011；Porter and Kramer，2002，2006）。现有文献假定CSR为社会创造价值是外生变量，因为CSR的本质属性就是为社会创造价值，部分文献对CSR对社会创造的价值如何衡量进行了讨论（McWilliams and Siegel，2011）。而CSR对企业的价值是一个内生变量，是战略管理文献关注的重点，也是本书关注的重点。

Jensen（2002）指出同时实现多个维度（如利润和市场占有率）最大化逻辑上是不可能的，除非这些维度间是单调递增的关系。换句话说，战略性CSR

要同时实现利润最大化和CSR最大化（目标二元性），除非CSR是实现利润最大化（竞争优势）的必要条件/投入，即CSR具有专用性（specificity）[①]——企业通过CSR实现价值获取或构建竞争优势的能力（Burke and Logsdon，1996；Husted and Allen，2007b，2009；Sirsly and Lamertz，2008）。现有文献主要从三个方面来讨论CSR的专用性：第一，当企业的市场战略处于劣势地位（如企业创新水平低（Hull and Rothenberg，2008））、市场战略相似（如产品同质（Siegel and Vitaliano，2007））或市场战略无效时（如依靠产品质量无法获取出口优势（Boehe and Cruz，2010）），CSR是一种有效的差异化手段（Husted and Allen，2009；McWilliams and Siegel，2011），从而能为企业带来竞争优势。第二，当CSR成为一种有效市场需求时，企业可以将CSR视为一种普通商品，根据市场需求提供CSR，以实现利润最大化（McWilliams and Siegel，2001a，2001b，2011）。第三，当企业面临合法性危机时，CSR是企业获取和维持合法性的重要手段（Davis，1973；Suchman，1995；Wood，1991），如企业通过灾难性救济可以扭转以往恶名（Muller and Ussl，2011）。总的来说，专用性讨论了CSR在什么情境下是一种最优的战略选择，能为企业带来相对竞争优势或比较优势。

为了实现专用性，现有文献给出了的战略性CSR两种[②]主要的企业特定（firm-specific）特征：向心性和应变性，下面分别对这两大企业特定特征进行评述。

向心性（centrality）是指CSR与企业使命、目标、任务等的匹配和关

[①] 本书专用性的内涵和Burke和Logsdon（1996）的观点存在一定的差异，后者认为专用性是企业对CSR带来的公共收益实现内部化的能力，并认为企业提供公共产品时就无法获得专用性，而本书认为专用性除了通过直接内部化CSR产生的公共收益外，还包括通过提供公共产品与社会交换而实现价值的获取，因为本书CSR包括私人提供公共产品，如果按照Burke 和Logsdon（1996）的观点，则CSR不可能有专用性。

[②] Burke和Logsdon（1996）认为CSR要为企业创造价值应具备向心性、专用性、前瞻性（proactivity）、自愿性（volunteerism）和可见性五大战略特征，但没有剖析这五大特征的关系，本书弥补了这一理论不足，通过文献分析，我们认为自愿性、可见性不是战略性CSR的战略特征，因为Carroll（1979）认为自愿性责任是一种任意责任，所以不一定是获取商业收益的必要投入；而可见性对CSR与竞争优势的影响具有双重性，后文将作为调节变量进行讨论。

联程度（Bhattacharyya，2010；Bruyaka et al.，2013；Burke and Logsdon，1996），回答了企业应该"做哪些"CSR才能带来竞争优势的问题。学者们对战略性CSR的向心性程度的看法存在差异。一部分学者（Bhattacharyya，2010）认为CSR与企业使命、愿景关联具有战略性，因为CSR直接和核心业务相关联受企业的资源和能力限制，在短期内很难实现；另一部分学者（Porter and Kramer，2006）认为CSR应与核心业务——价值链或改善竞争环境关联才具有战略性；还有一部分学者（Midttun，2009）提出CSR应从辅助核心业务的角色转变为企业的核心业务才算是具有战略性。

应变性（adaptability）[①]是指企业的CSR行为长期导向具有积极主动性（Bhattacharyya，2010），企业会根据环境的变化，结合企业的资源和能力、结构等选择不同的CSR应变战略，包括反应者（反应性）战略、防御者（防御性）战略、分析者（适应性）战略和探索者（前瞻性）战略（Clarkson，1995；Miles et al.，1978）。应变性回答了企业应该"做多少"和"怎么做"CSR才能为企业带来竞争优势的问题。现有战略性CSR文献主要关注CSR的前瞻性（Proactivity）战略（Bhattacharyya，2010；Burke and Logsdon，1996；Porter and Kramer，2006），忽视了战略应是企业资源、结构与情境的匹配，这种孤立、非情境化地探讨前瞻性CSR战略与竞争优势的关系，导致理论推演（Burke and Logsdon，1996）与经验研究（Husted and Allen，2007b，2009）[②]出现相悖的结论。

综上，本书将战略性CSR界定为具有目标二元性的CSR，即既能增进社会

[①] 文献中用了proactivity/proactive, anticipativity/anticipative, adaptive/adaptivity等词来描述CSR的战略适应，而Miles等（1978）的四种基本战略是从应变性的角度提出的，所以本书最终采用了应变性来刻画CSR的战略适应。

[②] Husted和Allen（2007，2009）对Burke和Logsdon（1996）的框架进行了实证检验：2007年，两位以西班牙的大企业为样本，检验了专用性、自愿性和可见性三个维度与价值创造的关系，结果显示专用性和可见性与价值创造正相关，而自愿性与价值创造负相关；2009年，两位以墨西哥的跨国公司为样本检验了战略性CSR的五个维度与价值创造的关系，结果显示向心性和可见性与价值创造正相关，自愿性与价值创造负相关，专用性（正相关）和前瞻性（负相关）与价值创造统计结果不显著。两个研究发现，向心性、可见性、专用性与价值创造正相关；而自愿性、前瞻性与价值创造负相关。

福利又能为企业带来竞争优势的CSR。为了实现二元目标，战略性CSR必须具有专用性，进而衍生出战略性CSR的两大企业特定特征：向心性和应变性。

3.2.2.3 战略性CSR与相关构念的辨析

与战略性CSR相对的另外两个构念是响应性/强制性CSR、利他性CSR（Baron，2001；Husted and de Jesus Salazar，2006；Lantos，2001；Porter and Kramer，2006），下面我们分别从反映的企业动机和行为特点、基本假设和主要理论基础对三个构念进行比较分析。

第一，三个构念反映的企业动机和行为特点不同。虽然根据CSR的行为表现来推断动机很困难（McWilliams and Siegel，2011），但我们认为强制性CSR最可能的动机是利己，企业通常采取的战略[1]是响应（reactive）（否定社会责任，企业社会行为表现为比要求的做得少）、防御（defensive）（承认社会责任但同时讨价还价，社会责任行为表现为按照要求的最低标准做）；利他型CSR最可能的动机是利他，企业通常采用的战略是适应（accommodative）（接受社会责任，社会责任行为表现为按照最高要求做）、引领（proactive）（预测社会责任，社会责任行为表现为比要求的做得多）；而战略性CSR则最可能的动机是互惠，企业不是简单地决定"做与不做""做多少"的问题，而是决定"哪些必须做，哪些可以自主决策""怎么做"，才能既满足关键利益相关者对CSR的期望，又能为企业带来竞争优势。

第二，三个构念依据的基本假设和主张不同。强制性CSR认为企业追求利润最大化，企业从事CSR不利于企业经济目标的实现，即企业经济目标与社会目标是相互冲突的；利他性CSR认为社会赋予了企业合法性，社会目标优于企业的经济目标，即便社会目标的实现有损于企业的目标，企业依然会实施；战略性CSR认为企业的经济目标和社会目标可以同时兼顾，通过战略性地运用CSR，可以实现企业和社会的双赢。

第三，三个构念基本假设依据的理论基础不同。强制性CSR运用股东观、

---

[1] McAdam（1973）提出的四种CSR战略：响应（reactive）、防御（defensive）、适应（accommodative）、引领（proactive），简称RDAP战略。Carroll（1979）和Clarkson（1995）对其进行了引用和具化。

委托代理理论来论证企业不应该承担社会责任。股东观认为企业目标是利润最大化，股东是企业唯一应该负责任的对象，企业实现利润最大化自然而然也就实现了社会福利最大化（Friedman，1970）；委托代理理论认为管理者和股东目标存在差异，管理者可能出于利己的目的将企业资源投放到CSR的项目上，以提高个人声誉，从而损害股东利益（Friedman，1970）。

利他性CSR运用管家理论（stewardship theory）、规范性利益相关者理论、社会契约理论、组织冗余理论等来解释企业"济天下"的原因。管家理论认为存在一个让管理者"做正确的事"的道德驱动力，管理者不会考虑"做正确的事"是否对企业财务绩效产生影响（Davis et al.，1997；Donaldson，1990）；规范性利益相关者理论认为企业和社会是一种信托关系，企业必须满足所有影响企业目标实现或被企业影响的利益相关者的要求（Donaldson and Preston，1995；Freeman，1984）；社会契约理论认为社会成员与社会本身之间存在一系列隐性契约，企业只有遵从了这些契约，才能获得"经营许可"（Donaldson and Dunfee，1994）；组织冗余理论认为好的财务绩效为企业从事社会责任行为提供了机会（Surroca et al.，2010；Waddock and Graves，1997）。

战略性CSR运用工具性利益相关者理论、资源基础观、供求理论、资源依赖理论、制度理论、交易成本经济学等理论来解释企业通过CSR构筑竞争优势的机制。工具性利益相关者理论认为通过对利益相关者的管理，可提高利益相关者的满意度，尤其是首要利益相关者的满意度，得到利益相关者的支持，从而提高竞争优势（Brammer and Millington，2008；Surroca et al.，2010；Waddock and Graves，1997；Wang and Choi，2010）。资源基础观认为CSR能直接或者间接构筑有价值的（valuable）、稀缺的（rare）、不可模仿（inimitable）和不可替代（non-substitutable）的资源和能力（VRIN的资源和能力），从而为企业构筑竞争优势（Barney，1991；Hart，1995；McWilliams and Siegel，2011；McWilliams et al.，2006；Russo and Fouts，1997）。供求理论将CSR视为一般商品，企业可以根据CSR的需求来决定CSR的供给，当边际收益等于边际成本时，实现利润最大化（Daudigeos and Valiorgue，2011；

Husted and de Jesus Salazar，2006；Mackey et al.，2007；McWilliams and Siegel，2001a）。资源依赖理论认为CSR有助于企业得到所依赖的关键资源控制者的支持，实现资源获取（Husted and Allen，2007a；Pfeffer and Salancik，1978）。制度理论认为企业面临着制度（管制、规范和认知）压力，企业行为必须满足社会期望（承担社会责任）以取得社会合法性（Davis，1973；DiMaggio and Powell，1983；Galaskiewicz and Wasserman，1989），合法性一方面拔高了竞争对手的进入门槛（Baron，2001），另一方面有助于企业获得其他的资源（Suchman，1995）。交易成本理论认为CSR提高了企业的声誉，有助于和利益相关者之间建立信任，从而降低了未来基于信任的重复交易的交易成本（King，2007）。

总之，战略型CSR与响应型/强制性CSR、利他性CSR在动机、基本假设和主张及理论基础方面存在差异（见表3.13）。战略型CSR与以往的响应型/强制型CSR、利他型CSR（Baron，2001；Husted and de Jesus Salazar，2006；Lantos，2001；Porter and Kramer，2006）区别在于企业本着互惠的原则，同时追求企业目标和社会目标，在满足社会期望的同时构筑企业的竞争优势。

表3.13　三种企业社会责任类型的比较

CSR类型	可能动机	行为特点	基本假设和主张	主要理论基础
强制性CSR	利己	利己不利人	经济目标和社会目标是相互冲突的，企业追求股东财富最大化	股东观、委托代理理论
利他性CSR	利他	利人利己利人不利己利人损己	社会赋予企业合法性，企业认为社会目标优先于经济目标	管家理论、社会契约理论、规范性利益相关者理论、组织冗余理论
战略性CSR	利己互惠利他	利己利人利人利己互惠	经济和社会目标可以同时兼顾，企业追求双赢	工具性利益相关者理论、制度理论、供求理论、资源观、交易成本理论、资源依赖理论

资料来源：作者根据文献总结得到。

3.2.3　生态创新是一种战略性环保责任

企业社会责任的基本思想是企业与社会是相互交织而非独立的实体存

在，社会对企业行为与结果有某种期许，一方面，所有企业必须符合其所嵌入环境的制度要求，以获得制度合法性；另一方面，每个企业应该为其行为对社会造成的负面结果负责，以履行公共责任（Wood，1991）。因此，企业社会责任要求企业尽可能最小化负外部性（少做坏事）、最大化正外部性（多做好事）。生态创新作为企业环境责任行为的一种，是企业社会责任的重要组成部分（Babiak and Trendafilova，2011）。

首先，生态创新明确强调企业提供的产品，相对于现有其他产品或方法，在整个生命周期使用最少的自然资源和释放最少的有毒物质（Reid and Miedzinski，2008），即具有更低的环境负外部性，这就使得企业必须与产业上下游企业合作。

其次，生态创新是一种战略性企业环境责任（Bhattacharyya，2010；Burke and Logsdon，1996；Porter and Kramer，2006；Siegel，2009），将环境责任与企业核心业务（创新）整合，既能显著降低环境影响，又能创造商业价值（Fussler and James，1996），即追求企业和环境的"双赢"，试图破解"企业赚钱和从善如何两不误"的经典难题。但这样就出现一个问题，企业生态创新的动机很难判断（McWilliams and Siegel，2011），即生态创新的环境收益可能是企业出于生态保护的"有意为之"，也可能是企业逐利过程中的"无心插柳"（董颖和石磊，2010）。

3.3　企业环保战略管理

3.3.1　自然环境中的组织管理的兴起

最近30年，环境管理——自然环境中的组织管理成为管理学中一个新兴而快速发展的研究领域（Holtbrugge and Dogl，2012；Starik and Marcus，2000），主要关注企业与自然环境（organization and natural environment，ONE）的关系，其核心议题是企业如何应对日益凸显的环境挑战以实现环境与企业的可持续发展。

20世纪80年代中期领先企业转向绿色化战略（Starik and Marcus，2000）。

在这个背景下，可持续创新、环境创新、生态创新、绿色创新等面向绿色增长和可持续发展的创新概念频繁出现在学术期刊上。普遍认为"生态创新"最早出现在Fussler和James（1996）所著的《驱动生态创新：创新突破和可持续》一书中，意为能显著降低环境影响且具有商业价值的新产品和新工艺。

在这个背景下，20世纪80年代末管理学的研究者开始对企业绿色化进行概念性研究（Starik and Marcus，2000），强调环境问题对企业竞争优势的挑战；20世纪90年代强调企业如何管理环境问题，研究焦点集中在企业如何从生态效能（eco-efficiency）视角管理环境维度，即企业如何提高环境绩效又对企业利润不产生负面影响（Noci and Verganti，1999），有关企业绿色化的实证研究开始出现（Schiederig et al.，2012）。在这个过程中，ONE逐渐进入管理学的主流，证据便是战略管理协会（Strategic Management Society，SMS）和美国管理学会（Academy of Management，AOM）多次对ONE议题的强调。1991年，SMS在多伦多会议上首次对绿色战略管理领域进行了探讨（McGee，1998）。1995年，*Academy of Managemert Review*（AMR）第四期专门刊登了7篇关于ONE的文章，包括影响深远的自然资源基础观（NRBV）（Hart，1995）。时隔5年后，2000年，*Academy of Management Journal*（AMJ）的第4期做了关于ONE的special issue，刊登了9篇相关的文章。到了2009年，绿色管理（green management matters）成为AOM的国际年会主题。

3.3.2 生态创新是一种（主动）环保战略

战略管理中的环保管理理论[①]关注自然环境中的组织管理（Starik and Marcus，2000），强调企业如何选择环保战略以应对来自利益相关者的环保压力，因此许多环境管理文献探讨了环保战略的分类（见表3.14）。不难发现，这些分类都或多或少借鉴了Miles等（1978）提出的四种基本应变战略（反应者、防御者、分析者、开拓者）的分类逻辑，不同环保战略从被动到主动形成了一个连续谱。通常研究者在讨论时，将四种战略简化为两种：积

[①] 环境管理可以看成由企业社会责任细分出的一个新兴研究领域。

极主动（proactive）战略和被动反应（reactive）战略。

表3.14　环保战略分类

环保战略分类	文献出处
初学者、消防员、有意识的公民、爱管闲事者、激进者	Hunt and Auster（1990）
跟随（遵守规制）、市场导向（环境行为从属于企业战略）和环保导向（环境是公司战略的关键要素）	Corbett and van Wassenhove（1991）
不遵从、遵从、非常遵从、业务和环保整合战略、环保领导者战略	Roome（1992）
漠视（indifferent）型、防御型、进攻型和创新型	Steger（1993）
污染控制（如EOP）、污染防治［如全面质量环境管理（total quality environmental management，TQEM）］、产品管理［如生命周期评估（life cycle assessment，LCA）］以及可持续发展战略（如清洁技术和面向BOP的创新）	Hart（1995）
反应型、先行型（anticipatory）、创新型	Noci and Verganti（1999）
反应型（如末端治理）、污染防治和环保领导型	Buysse and Verbeke（2003）
外部环境补偿（compensation）战略和内部（技术）创新战略	Kolk and Pinkse（2004）
被动型、法规导向、利益相关者导向、全面环境质量管理（TEQM）	Murillo-Luna et al.（2008）
集中（focused）战略和整合（integrated）战略	Slawinski and Bansal（2012）

资料来源：根据文献整理得到。

在环保战略学派看来，不同的环保战略对应不同的生态创新类型（Aragón-Correa and Sharma，2003）：一种观点认为主动环保战略对应主动式生态创新（如清洁生产技术），强调污染防治而不是污染控制（Berrone et al.，2013）；另一种观点指出采取主动环保战略的企业既有主动式生态创新，也有反应式生态创新（如末端治理技术）（Aragón-Correa，1998）。由此延伸出生态创新的范围问题：狭义的生态创新特指主动式生态创新（Hart，1995），而广义的生态创新则包括主动式和反应式生态创新（Chen et al.，2012）。

3.4　创新管理理论

3.4.1　创新的定义和类型

Schumpeter（1934）认为创新是引入生产要素和生产条件的"新组合"，具体包括产品创新、流程/工艺创新、市场创新、原材料创新、组织创新五种类型。根据不同的标准可以将创新分成不同的类型（Crossan and Apaydin，2010；Rowley et al.，2011）。比较常见的二元创新分类包括突破式创新（radical innovation）和渐进式创新（incremental innovation）（根据创新程度）、技术创新与管理创新（根据创新形式）、维持式创新和破坏式创新（根据创新市场轨迹）（Christensen et al.，2006；Christensen et al.，2015）、探索式和利用式创新（根据创新来源）。

此外，还有一些其他的创新类型，包括开放式创新（open innovation）（Chesbrough，2003）、朴素/节约式创新（frugal innovation）、大众/外力创新（outsouring innovation）（Engardio et al.，2005）、数字创新（digital innovation）、电子创新（e-innovation）（Martin，2004）、制度创新，以及本研究关注的高生态效能创新（如绿色创新、生态创新、环保创新）。Rowley et al.（2011：81）总结了创新分类的一般演进图，见图3.6。

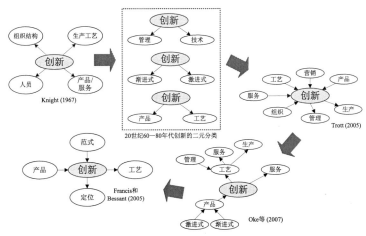

图3.6　创新分类演进图

资料来源：Rowley et al.（2011：81）。

3.4.2 可持续制造呼唤生态创新

制造业是世界资源消耗和废物排放的重要贡献者（OECD，2009b）。2022年，工业部门（含制造业）占全球能源消费的37%，二氧化碳排放量占全球能源系统碳排放的四分之一[①]。创新在推动制造业迈向可持续生产方面发挥着关键作用（OECD，2009b）。不断发展的可持续制造举措——从传统的污染控制到清洁生产，到生态效能和生命周期观，再到闭环生产和产业生态学的建立——都得益于生态创新（OECD，2009b）（见图3.7和图3.8）。

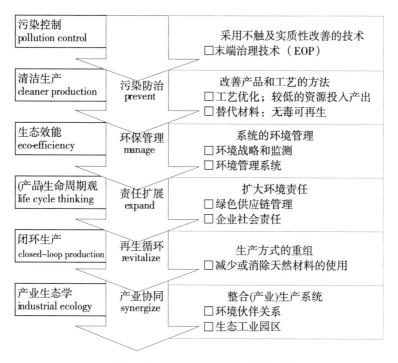

图3.7 可持续制造理念和方法演进

资料来源：OECD（2009a，b）。

---

① https://www.iea.org/energy-system/industry。

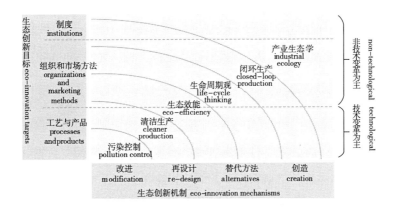

图3.8　可持续制造与生态创新的耦合

资料来源：OECD（2009a，b）。

3.4.3　生态创新是一种高生态效能的创新

以往对创新成果的评价主要以经济指标为主，近年来开始考虑非经济绩效，比如环境绩效。在创新过程中考虑非经济因素（环境影响）是源于可持续发展理念的影响（Hansen et al.，2009）。可持续发展理念提出后，迅速成为技术创新和组织创新的源泉（Nidumolu et al.，2009），高生态效能创新——生态创新（Fussler and James，1996）、环境（技术）创新（Brunnermeier and Cohen，2003）、绿色（技术）创新（Chen et al.，2006）应运而生（Hansen et al.，2009）。20世纪90年代开始，一部分学者（如Green et al.，1994；Kemp，2010；Rennings，2000）从传统创新研究领域细分出来去研究生态创新，他们将生态创新视为一种新的创新类型（Kemp and Oltra，2011），主要关注如何管理高生态效能[①]的创新。*Research Policy*分别在2009年和2012年刊登两期Special Issue对相关问题进行探讨。其中，生态创新被认为是创新学科的突破（Fussler and James，1996）、跨越式发展（Christensen et al.，2001）的源泉，

---

① 　生态效能的理念是以尽可能少的资源和环境污染创造尽可能多的产品和服务，其计算公式是增加值与增加的环境影响的比值，由世界可持续发展工商理事会于1992年提出。

以及下一次产业革命的开端（Senge et al.，2001）。因此，生态创新得到了实践界和理论界的双重青睐（Dangelico and Pujari，2010；Noci and Verganti，1999；Schiederig et al.，2012），成为新兴但快速增长的研究领域（Schiederig et al.，2012）。

总体而言，创新管理理论视角下的生态创新研究又可以分为三个支流（Noci and Verganti，1999）：第一个支流关注生态创新的概念框架，以此分析引入环境维度而发生改变的业务流程。该支流多关注如何改变经营、销售、物流等核心业务以提高企业的生态效能（Steger，1996），强调规制对绿色技术创新的促进作用。第二个支流关注绿色产品设计的工具和方法（如产品环境影响的生命周期评估（LCA）、生态标签等），这些工具和方法特别适合迫切需要采取措施以降低环境影响的企业（Noci and Verganti，1999），但其往往不考虑生态创新的经济回报。第三个支流致力于识别绿色解决方案或设计准则，旨在为产品计划和工程人员定义最具生态效能产品标准和类型提供指南。该支流虽然为设计者提供了绿色设计原则，但是他们却未考虑这些设计原则如何根据企业不同的环境行为进行改变，其隐含的假设是存在一个最佳生态创新方案。

3.5　本章小结

在梳理清楚三个理论视角下的生态创新研究后，我们不难发现，在企业社会责任理论视角下，生态创新是一种战略性企业社会责任，关注企业如何积极地通过产品、工艺和管理等方面的创新将环境问题整合到公司战略中以获取竞争优势(Noci and Verganti, 1999)，回答了"生态创新如何构建企业竞争优势"这一问题。在环境管理理论视角下，生态创新是一种主动环保战略，强调污染防治而不是污染控制，回答了"生态创新如何帮助企业构建先发优势"这一问题。而最后创新管理理论则认为生态创新是一种高生态效能的创新，关注创新的环境绩效评价，回答了"生态创新如何贡献于绿色增长"这一问题。

4　定义生态创新①

清晰的构念定义是理论建构的基本要件。生态创新是一个新兴的概念，尚无被广为接受的定义。有鉴于此，本章系统回顾了生态创新的定义，指出其与绿色创新、环保创新在目标、内容范围、研发过程的环境影响评估基础、使用主体等方面存在差异。在此基础上，我们从目标、内容、过程、结果等角度梳理生态创新的独特特征，并讨论和归纳其维度划分和测量的方式，以为实证研究奠定清晰的构念基础。

4.1　引　　言

生态创新源于可持续发展理念。由于可持续发展是一个政治概念（Hansen et al.，2009）而非学术构念，一些学者认为可持续是类似公平、自由等启发式的理念（Rennings，2000），很难操作。Elkington（1997）提出三重底线（经济、社会和环境）（或三大支柱：利润、人、地球）框架，将可持续具化为经济、社会和环境三个方面，可持续创新也细化为能实现经济、社会和环境三重目标的创新。在这个背景下，可持续创新、环境创新、生态创新、绿色创新等面向绿色增长和可持续发展的创新概念频繁出现在学术期刊上。普遍认为"生态创新"最早出现在Fussler和James（1996）所著的《驱动生态创新：创新突破和可持续》一书中，意为能显著降低环境影响且具有商业价值的

---

① 本章节内容在已发表论文基础上修改和补充/更新文献而成。已发表论文明细如下：彭雪蓉，刘洋，赵立龙，2014. 企业生态创新的研究脉络、内涵澄清与测量［J］. 生态学报，34（22）：6440-6449.

新产品和新工艺。

生态创新是一个新兴的概念（Kemp and Foxon，2007），尚无被广为接受的定义（Andersen，2008；Kemp and Pearson，2008；Pereira and Vence，2012；Reid and Miedzinski，2008）。一方面，不同的理论定位导致研究孤立，研究者往往根据自身的学科背景和偏好提出和使用不同的概念，如环保（技术）创新（Brunnermeier and Cohen，2003；戴鸿轶和柳卸林，2009）、绿色（技术）创新（Chen et al.，2006；陈劲，1999；董炳艳和靳乐山，2005；吕燕 等，1994；吴晓波和杨发明，1996；杨发明和许庆瑞，1998；张钢和张小军，2011）和可持续（导向）创新（Hansen et al.，2009）等，进而导致后续研究难以检索到系统全面的文献以及研究结论发生偏差，比如董颖和石磊（2010）综述得出国外企业层面相关研究较系统，而杨燕和邵云飞（2011）综述却得出企业层面生态创新研究相当有限。另一方面，生态创新是一个高度情境化的构念，其绿色化的内涵会随着时代不断变迁（Andersen，2008；杨燕和邵云飞，2011）。

有鉴于此，本研究系统回顾了生态创新的定义，并从目标、内容、过程、结果等角度梳理生态创新的独特特征。在此基础上，本书将针对这些特征，区分其相近概念，并讨论和归纳其维度划分和测量的方式，以为实证研究奠定清晰的构念基础。

4.2 生态创新的定义

表4.1给出了生态创新及相关概念典型定义一览表。生态创新有很多姐妹概念，如绿色创新、环境/环保创新、可持续创新、负责任的创新等。从使用率来看，1997年之前，学者们比较青睐"环境创新"这一构念；2000年开始"可持续创新"成为一种潮流，当前"可持续创新"的使用率超过"环境创新"位居第一；从2005年开始，"生态创新"和"绿色创新"在学术期刊上的使用频率在上升（Schiederig et al.，2012）。Schiederig等（2012）基于文献综述得出：绿色创新与生态创新、环境创新在研究中常被交替使用（强调创新的环境收益），而可持续创新的概念要宽泛些，其涉及了社会维度。而有些学

者认为生态创新、环境创新和绿色创新是有区别的：比如ECODRIVE Project（欧盟第六框架计划）将生态创新严格界定为环境创新（对环境具有正面影响但不具有商业价值）与传统创新（具有经济效应但不兼顾环境效应）的交叉领域（Pereira and Vence，2012）。

表4.1　生态创新及相关概念典型定义一览表

概念	定义	文献来源
生态创新	能提供顾客价值和商业价值且能显著降低环境影响的新产品和新工艺	Fussler and James（1996）
	组织通过开发或利用新产品、新工艺、新服务、新管理和经营方法（相对其他的方法）从而降低产品整个生命周期的环境风险、污染，以及资源（能源）利用的负面影响	Kemp and Foxon（2007）
	生态创新是企业开发或采用一种对企业或客户而言的新颖的产品、服务、生产工艺、组织结构、管理或经营方式，与其他方法相比，它们有助于降低整个生命周期的环境风险、污染和资源利用的负面影响	Kemp and Pearson（2008）
	生态创新就是那些整个生命周期具有更低的环境影响的创新	Kemp and Oltra（2011）
	生态创新是能在市场上获得绿色租金的创新。这个概念跟竞争力密切相关，不要求所有创新都有环保特性。生态创新研究应聚焦于环境问题多大程度被整合到经济过程中	Andersen（2008）
	生态创新比其他创新具有更小的环境影响，这种创新可能是技术的，也可能是非技术的（组织、制度或市场的）。生态创新的动机可以是经济的也可以是环境保护的。经济动机包括减少资源、污染控制、废物管理成本、进入国际生态产品市场	Arundel and Kemp（2009：34）
	生态创新是创造新的且具有竞争力的有价产品、工艺、系统、服务和流程，它们在满足人类需求和提升人们生活品质的同时，每单位产出在整个生命周期使用最少的自然资源和释放最少的有毒物质	Europe INNOVA panel的定义，引自Reid and Miedzinski（2008：2）
	生态创新是开发或采用一种新的或显著改善的产品、工艺、营销方式、组织结构和制度安排，与其他的方法相比，其有意或无意地导致环境改善	OECD（2009a：40）
	生态创新是能降低环境负担有助于实现可持续目标的创新	Faucheux and Nicolai（2011）

续表

概念	定义	文献来源
环境创新	环保创新是开发新的用于降低或处理空气或水的排放、回收或再利用废物、寻找更清洁的能源和其他环境保护方法的方法	Brunnermeier and Cohen（2003）
	环境创新包括可以避免或降低环境危害的新的或改良的工艺、技术、实践、系统和产品	Kemp and Arundel（1998）；Rennings（2000）
	为了达到某些环境目标和法规要求，以及生产新技术产品，而进行的能力、知识、设备和组织的组合	Oltra and Saint Jean（2005）
	环境创新是指那些让环境受益从而促进环境可持续的新的或改进的工艺、实践、系统、产品	Oltra and Jean（2009：567）
环境技术	环境技术是降低或限制产品或服务对自然环境的负面影响的技术	Shrivastava（1995）
	环境技术创新是避免和降低环境负担的技术创新	Ziegler and Nogareda（2009）
环保产品研发	环境产品研发同时追求环境绩效和商业绩效	Pujari（2006）
清洁技术	清洁技术是能减少污染排放源的技术	Belis-Bergouignan et al.（2004）
绿色创新	和产品、工艺相关的硬件和软件创新，包括节能、废物回收、绿色产品设计、企业环境管理的技术创新	Chen et al.（2006）
	绿色创新是那些能让环境明显受益的创新	Driessen and Hillebrand（2002：344）

资料来源：作者根据文献整理而成。

考虑到文献中经常把企业生态创新、绿色（技术）创新和环保（技术）创新这三个概念作为高生态效能的创新行为（Schiederig et al.，2012），我们从目标界定、内容范围、研发过程的环境影响评估基础、使用主体等方面对这三个概念之间的关系进行辨析，见表4.2。三大概念辨析的好处在于：一方面让我们更为清楚地理解企业生态创新的内涵，另一方面也清晰地划定了生态创新的外延。

表4.2　生态创新与环保创新、绿色创新的对比

比较维度	生态创新	环保（技术）创新	绿色（技术）创新
目标界定	经济和环保目标	环保目标	环保目标
内容范围	技术创新和非技术创新	技术创新	技术创新
研发过程	强调环境影响的产品生命周期评估（LCA）	未明确强调LCA	未明确强调LCA
使用主体	西方学者和政策制定者	西方学者和政策制定者	国内学者和政策制定者
被引用最多的英文文献	Rennings（2000）	Brunnermeier and Cohen（2003）	Noci and Verganti（1999）
最早的中文文献	不详	不详	吕燕 等（1994）
中文综述	杨燕和邵云飞（2011）	戴鸿轶和柳卸林（2009）	张钢和张小军（2011）

资料来源：作者根据文献整理而成。

4.3　生态创新的特征

我们将从目标、内容、过程、结果等角度讨论企业生态创新的特征，以进一步明晰生态创新的内涵。

4.3.1　目标具有二元性

生态创新的目标具有"二元性"。生态创新追求企业与环境的"双赢"，同时兼顾企业经济目标和环保目标（Andersen，2008；Fussler and James，1996；Pereira and Vence，2012），因为企业是生态圈的重要组成部分，生态创新遵循的既不是人类中心主义也不是环境中心主义的逻辑（Purser and Park，1995），而是一种折中的科学研究范式，力求在环境利益与人类利益之间达到平衡。具体体现在，与传统的企业社会责任相比，生态创新是一种战略性企业社会责任，强调社会责任与核心业务整合以为企业带来经济回报；与传统的创

新相比，生态创新将环境维度纳入创新价值的评价中，以实现可持续发展。

4.3.2 内容具有动态性和广泛性

生态创新的内容具有动态性和广泛性。生态创新是一个高度情境化的构念，其内容会随着时间和空间的变化而变化（杨燕和邵云飞，2011）。具体而言，一是生态创新的"生态"是指相对企业所嵌入制度情境中的其他替代方法具有更低的环境影响（Kemp and Pearson，2008），随着绿色化的内涵发生变化，生态创新的内容也会发生变化；二是生态创新的"新"是相对企业（Kemp and Pearson，2008）而不是整个行业，因此不同企业的生态创新涉及内容具有多样性和动态性；三是生态创新不仅包括产品、工艺等技术创新，还包括服务、管理、制度等非技术创新（OECD，2009b）。

4.3.3 过程具有复杂性和系统性

生态创新的过程具有复杂性和系统性（De Marchi，2012）。由于生态创新涉及多元化的知识（Pujari，2006）且需要对产品整个生命周期进行环境影响评估（Kemp and Oltra，2011），因此其研发对外需要供应商、客户的参与和合作，对内需要跨职能（如研发部和社会责任部）的合作（Pujari，2006）。

4.3.4 结果具有双重正外部性

生态创新的结果具有"双重正外部性"——知识溢出和高生态效能（Jaffe et al.，2005；Rennings，2000），具有传统企业社会责任与创新所不具有的优点。与传统的企业社会责任相比，生态创新不仅强调了企业的环境责任，还给出了企业提升环保绩效以履行环境责任的方式——创新，因此会有知识溢出；与传统的创新相比，生态创新不单以经济绩效来衡量创新绩效，还将环保绩效纳入创新绩效的评价体系中（Hansen et al.，2009），这样经济行为对环境产生的负外部性会更低。

总之，生态创新是刻画具有高生态效能的创新的众多概念中最精确和最成熟的概念（Schiederig et al., 2012），其目标具有二元性——追求企业和环境的"双赢"，其内容具有动态性和广泛性——随着时间和空间的变化而变化，其过程具有系统性和复杂性，其结果具有"双重正外部性"。

4.4 企业生态创新的类型

企业生态创新的维度划分（见表4.3）主要有两种思路。

表4.3 生态创新的维度划分

划分依据	使用概念	分类	文献来源
形式和内容	生态创新	生态产品、工艺、组织和市场创新	OECD（2005）
		生态技术创新（产品和工艺创新）和非生态技术创新（组织、市场和制度创新）	OECD（2009a，2009b）
		生态产品、工艺、组织、市场和商业模式创新	Yang et al.（2012）
	环保创新	环保产品和工艺创新	Wagner（2007）
	绿色创新	绿色产品、工艺和管理创新	Chiou et al.（2011）
		绿色技术和管理创新	Qi et al.（2010）
强度	生态创新	突破式和渐进式生态创新	del Rio et al.（2010）
业务整合程度	绿色技术	末端治理技术、清洁工艺、绿色产品	杨发明和许庆瑞（1998）
	环境技术	附加型（即末端治理）、（产品或工艺）整合型环保技术	Hohmeyer and Koschel（1995），转引自 Rennings（2000）
	生态创新	附加型生态创新、整合型生态创新、产品替代型生态创新、生态宏观组织创新、生态技术范式创新	Andersen（2008）
		末端控制技术、整合型清洁生产技术、环保技术研发	Demirel and Kesidou（2011）
战略姿态	绿色创新	主动式和反应式绿色创新	Chen et al.（2012）

资料来源：作者根据文献整理而成。

第一种思路借鉴传统创新的维度划分方式：根据生态创新的形式分为生态产品创新、生态工艺创新、生态管理/组织创新、市场创新、商业模式创新（Chiou et al.，2011；Qi et al.，2010；Wagner，2007；Yang et al.，2012），或者生态技术创新和非生态技术创新（OECD，2009a，b），前者包括产品和工艺创新，后者包括市场、组织/管理、商业模式、制度等的创新；根据生态创新的强度分为突破式生态创新和渐进式生态创新（del Rio et al.，2010）。

第二种根据生态创新的独特性对其进行细分，比如根据生态创新与企业核心业务的整合程度及生态效能提升潜力，Demirel和Kesidou（2011）将生态创新分为末端污染控制技术、整合清洁生产技术、环保技术研发；而Andersen（2008）将生态创新分为附加型（即末端治理）生态创新、整合型生态创新、产品替代型生态创新、生态组织创新、生态技术范式创新；根据生态创新的战略姿态分为主动式和反应式绿色创新（Chen et al.，2012）。

4.5　企业生态创新的测量

现有研究主要从投入和产出两个视角来测量生态创新（OECD，2009b）。表4.4列出了这两种方式的指标以及优缺点。而从数据收集的方式来看，主要包括量表测量和精确变量代理测量。量表测量通常以问卷的形式收集数据，优点是可以直接测量生态创新行为本身，缺点在于量表测量基于被调查者的感知，难以完全消除共同方法偏差的问题。生态创新常用代理测量变量包括绿色专利、环保投入、自愿性环保认证（ISO14001）等。国内早期的实证研究主要采用量表的方式测量，最近5年的实证研究中采用绿色专利进行测量已成为较为常见方式。

表4.4　生态创新的测量方式比较

测量方式	主要指标	优点	缺点
投入	研发费用 研发人员数量 其他研发费用	数据相对容易获取	一般只能获取正式的研发活动和技术创新信息
直接产出	创新的数量 新产品销售 创新行为描述	能测量到实际的创新情况 数据具有及时性 相对容易对数据进行汇编 能测量到创新的程度	需要识别足够的信息源 很难识别组织和工艺创新 创新的相对价值很难衡量
间接产出	专利数 科技成果出版的数量和类型	明确给出了发明产出的指标 可以对技术进行分类 不同技术的细节与范围能关联	测量的是发明而非所有创新 可能会忽略末端处理技术 很难识别组织和工艺创新 专利的商业价值差别很大 没有通用和实用的环保创新分类
间接影响	资源效率和生产率的变化	产品价值与环境影响能关联 可以对数据进行多层次累积 可以描述环境影响的不同维度	很难覆盖整个价值链的环境影响 生态创新与生态效能之间不存在简单的因果关系

资料来源：OECD（2009b）。

4.6　本章小结

本研究聚集于企业生态创新，首先回顾了企业社会责任理论、环境管理理论和创新管理理论视角下企业生态创新的研究脉络，厘清了其理论定位，接着辨析了企业生态创新的内涵特征与外延，最后进一步梳理了生态创新的维度划分与测量，为企业生态创新过程及前因后果研究打下坚实的理论基础。

5 生态创新研究最新文献计量分析

本章我们对生态创新1998—2021年的文献进行了系统回顾，旨在呈现生态创新最新研究进展和趋势，为后续研究奠定更完整的基础。具体而言，我们采用了文献计量和叙述性相结合的文献综述方法，对Web of Science以及中国知网的相关文献进行了全面检索和分析。1998—2021年生态创新的研究主要特点如下：2008年之后生态创新的研究呈稳定增长趋势，2015年（国内为2017年）后生态创新的研究呈快速增长趋势。1998—2021年的研究焦点依然集中在生态创新的前因后果，还有一个突出特点是来自中国大陆的研究在国际期刊上的发文量显著增多，但被热点引用的论文较少。

5.1 引　　言

对以往研究进行综述是推进特定研究领域的重要工作之一（Zupic and Cater，2015）。随着生态创新研究的发展，出现了许多关注生态创新某一重要主题的文献综述。例如：Pereira和Vence（2012）对2006—2011年间发表的14篇以计量经济技术分析的有关生态创新影响因素的实证研究进行了综述，总结了生态创新的四大影响因素：企业结构特征因素（规模、年龄、产业）、商业逻辑（节约成本、市场拓展）、技术能力（研发能力、人力资源、网络合作）、企业环境管理/战略和市场创新［环境管理系统导入、生产和研发的环境标准、生命周期评估（life cycle assessment，LCA）、废物处理与回收系统、生态标签、绿色产品的市场研究、信息沟通］。del Brío和Junquera（2003）回顾了中小企业（SMEs）生态创新的影响因素。Srivastava（2007）

综述了绿色供应链管理的三大问题（重要性、绿色设计和绿色经营）和研究方法。Molina-Azorin等（2009）回顾了32个有关环境管理/绩效与财务绩效关系的研究，得出环境管理与财务绩效的关系是混合的，但正相关占多数。Kemp和Pontoglio（2011）从研究方法的角度综述了规制对生态创新的影响。Sarkis等（2011）则回顾了研究绿色供应链管理的组织理论视角，并展望了创新扩散理论、路径依赖理论、网络嵌入理论、结构理论和代理理论等组织理论运用于绿色供应链研究的前景。Schiederig等（2012）对生态创新的概念进行了澄清，并回顾了生态创新研究的文献期刊来源情况。

国内学者相关综述方面：张钢和张小军（2011）总结了四大学科（环境经济学、创新经济学、战略管理和产业组织学）中生态创新的研究成果。杨燕和邵云飞（2011）对生态创新的内涵、过程、前因和后果进行了评述。而沈灏等（2010）对绿色管理的过程、前因后果和研究情境进行了综述。彭雪蓉等（2014）、彭雪蓉和黄学（2013）与彭雪蓉（2014）对生态创新的基础理论、前因和后果进行了系统评述。

尽管已存在上述针对生态创新某一具体议题的相关综述，但因综述方法和焦点选择的偏差和分散，导致现有综述存在以下不足：一是缺乏从定量和定性分析整合的视角进行综述，难以克服定量分析缺乏创造性思考和定性分析缺乏足够的理性证据支持的不足；二是缺乏高文献覆盖的综述，仅关注某一个研究分支或仅基于部分期刊的综述，难以捕捉到以往研究的全貌；三是缺乏一个整合的框架以为未来研究提供更概化的综述基础。

有鉴于此，本研究将以Web of Science核心数据库和中国知网作为文献来源，采用文献计量分析软件CiteSpace和手工编码对以往研究进行定量和内容分析，并结合定性的创造性思维，构建生态创新的整体研究框架，以为研究者尤其是国内研究者提供洞见。

5.2　研究方法

定性的结构化叙述性（narrative）文献综述法和定量的元分析法（meta-analysis）是学者们常用的两种传统文献综述法（Schmidt，2008）。定性叙述性文献综述受制于研究者的主观偏见而通常缺乏严密性（Tranfield et al.，2003），元分析的核心思想是对以往实证研究结果"求平均"而无法用于非实证研究的综述。以科学图谱为特色的文献计量分析法弥补了上述两种传统综述方法的不足。文献计量学（bibliometrics）一词是指对出现在出版物和使用文件中的文献进行数学和统计分析（Diodato and Gellatly，2013）。文献计量分析法采用定量方法来描述、评估和跟踪已发表的研究（Zupic and Cater，2015：430）。这种方法具有引入系统的、透明的和可重现的综述过程的潜能，从而提高了综述质量（Zupic and Cater，2015：430）。

CiteSpace是用于在文献计量研究中分析共引网络的最受欢迎的软件工具之一（Cui et al.，2018）。CiteSpace着眼于分析科学文献中蕴含的潜在知识，通过可视化的手段如关键词共现分析、聚类分析、参考文献共被引等对科学知识的结构、规律和分布情况进行呈现（李杰和陈超美，2016）。本书以CiteSpace 5.7.R5版本为分析工具对Web of Science和中国知网（CNKI）数据库中获取的生态创新文献进行文献计量分析，构建相应的知识图谱，以了解生态创新领域的研究热点和趋势，并对未来的研究趋势进行展望。

本书选取了Web of Science（WOS）数据库核心合集中的Social Sciences Citation Index（SSCI，社会科学引文索引）收录的期刊论文作为文献计量分析的数据来源。我们以"eco-innovation""green innovation""environmental innovation"等关键词进行"主题"（检索关键词出现在论文标题、关键词和摘要中）检索，并限定文献类型为article和review，限定领域为management和business，再去重、筛选和整合，最终得到611篇［SCI（Science Citation Index，科学引文索引）和SSCI收录期刊未限定研究领域的结果为6 070篇，最早发文时间为1972年；限定研究领域初始结果为748篇］以生态创新为主题的期刊论文，其最早发文时间2012年。检索日期为2021年6月10日。我们以相似的中文关键词在中国知网［限定CSSCI（Chinese Social Sciences Citation Index，中文社会科学引文索引）和CSCD（Chinese Science Citation Database，中国科学引文数据库）期刊论文］重复上述文献收集步骤，得到717篇（初始结果为864篇），检索日期为2021年6月28日。本书采用CiteSpace软件对中英文献进行了计量分析，梳理了生态创新的最新研究进展。

5.3 文献分布描述

5.3.1 文献时间分布

图5.1呈现了1972年迄今生态创新及相关主题研究SSCI/SCI收录论文年发文量变化趋势，可分为以下四个阶段：①1972—1993年的探索期，文献年发文量不足20篇，且无明显增长趋势，尚处于探索阶段；②1994—2007年的平稳期，文献年发文量较之第一阶段有所增加，但年发文量仍不足100篇，且期间无明显增长趋势；③2008—2014年的稳步增长期，年发文量突破100篇，且年发文量呈稳步增长趋势，到2014年年发文量接近300篇；④2015年至今的快速激增期，2015年年发文量突破300篇，之后保持快速持续增长势头，生态创新及相关主题成为研究热点。

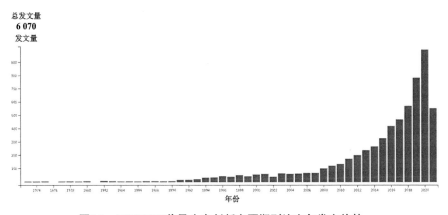

图5.1 SSCI/SCI收录生态创新主题期刊论文年发文趋势

注：检索结果为6 070篇论文；检索关键词（topic）："eco-innovation*""ecological innovation*""green innovation*""green product innovation*""green process innovation*""green technolog*""environmental innovation*""environmental technolog*""environmental management innovation*""environmental organizational innovation*"

图5.2是中国知网检索生态创新相关研究发文趋势图，由图可知，国内生态创新相关主题研究总体呈上升趋势，2008年之前，年均发文量不足10篇，尚处于起步阶段；2008年至2017年（发文量为51篇），发文量稳步增加增长；2017年之后，国内生态创新研究年发文量快速激增，2019年发文量超过100篇，反映了学界对近年来我国绿色发展战略的积极响应。

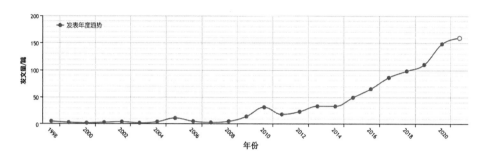

图5.2　CSSCI/CSCD收录生态创新主题期刊论文发文趋势

注：文献总数：864篇；检索关键词（篇名）：生态创新、绿色创新、环保创新、绿色技术、环保技术；研究领域：哲学与人文科学，社会科学Ⅰ辑和Ⅱ辑，经济与管理科学。

5.3.2　文献期刊分布

通过对文献的期刊来源统计得到生态创新及相关主题研究SSCI/SCI收录期刊分布和SSCI收录"管理学"期刊分布，分别如表5.1和表5.2所示。由表5.1可以看出，*Journal of Cleaner Production*在生态创新领域的发文量位列第一，占该领域文献总量的8.72%，且其为环境科学类国际权威期刊。其次为*Sustainability*，发文量为312篇，占比5.14%。

表5.1　生态创新主题SSCI/SCI收录发文量前25的期刊

序	期刊名称	数量	占比
1	*Journal of Cleaner Production*	529	8.72%
2	*Sustainability*	312	5.14%
3	*Business Strategy and the Environment*	141	2.32%
4	*Environmental Science and Pollution Research*	87	1.43%
5	*Technological Forecasting and Social Change*	86	1.42%

续表

序	期刊名称	数量	占比
6	*Ecological Economics*	70	1.15%
7	*Energy Policy*	62	1.02%
8	*International Journal of Environmental Research and Public Health*	57	0.94%
9	*Science of The Total Environment*	56	0.92%
10	*Environmental Science Technology*	49	0.81%
11	*Journal of Environmental Management*	47	0.77%
12	*Renewable Sustainable Energy Reviews*	44	0.73%
13	*Corporate Social Responsibility and Environmental Management*	42	0.69%
14	*Research Policy*	42	0.69%
15	*Resources Conservation and Recycling*	40	0.66%
16	*Abstracts of Papers of the American Chemical Society*	39	0.64%
17	*Energy Economics*	29	0.48%
18	*Clean Technologies and Environmental Policy*	28	0.46%
19	*Environmental Engineering and Management Journal*	28	0.46%
20	*Journal of Hazardous Materials*	27	0.45%
21	*Sustainable Development*	27	0.45%
22	*Journal of Business Ethics*	26	0.43%
23	*Chemosphere*	25	0.41%
24	*Energies*	25	0.41%
25	*Environmental Resource Economics*	25	0.41%

注：检索结果为6 070篇论文；检索关键词（topic）："eco-innovation*" "ecological innovation*" "green innovation*" "green product innovation*" "green process innovation*" "green technolog*" "environmental innovation*" "environmental technolog*" "environmental management innovation*" "environmental organizational innovation*"

表5.2 生态创新主题SSCI管理学领域发文量前25的期刊

序	期刊名称	数量	占比
1	*Business Strategy and the Environment*	141	18.85%
2	*Technological Forecasting and Social Change*	86	11.50%
3	*Corporate Social Responsibility and Environmental Management*	42	5.62%
4	*Research Policy*	42	5.62%
5	*Journal of Business Ethics*	26	3.48%
6	*Industry and Innovation*	25	3.34%
7	*Technology Analysis & Strategic Management*	17	2.27%
8	*International Journal of Technology Management*	16	2.14%
9	*Journal of Environmental Economics and Management*	14	1.87%
10	*European Journal of Innovation Management*	12	1.60%
11	*Journal of Business Research*	12	1.60%
12	*European Journal of Operational Research*	11	1.47%
13	*International Journal of Operations Production Management*	10	1.34%
14	*Small Business Economics*	10	1.34%
15	*Innovation：Organization & Management*	9	1.20%
16	*Journal of Manufacturing Technology Management*	9	1.20%
17	*R & D Management*	9	1.20%
18	*Technovation*	9	1.20%
19	*Management Decision*	8	1.07%
20	*Journal of Engineering and Technology Management*	7	0.94%
21	*Journal of Product Innovation Management*	7	0.94%
22	*Organization & Environment*	7	0.94%
23	*IEEE Transactions on Engineering Management*	6	0.80%
24	*Industrial Marketing Management*	6	0.80%
25	*Supply Chain Management：An International Journal*	6	0.80%

注：检索文献748篇；检索关键词（topic）："eco-innovation*" "ecological innovation*" "green innovation*" "green product innovation*" "green process innovation*" "green technolog*" "environmental innovation*" "environmental technolog*" "environmental management innovation*" "environmental organizational innovation*"

由表5.2可知，在管理学领域，生态创新及相关主题载文量最高的期刊为*Business Strategy and the Environment*，发文量为141篇，占比18.85%。排在第二位的是*Technological Forecasting and Social Change*，发文量为86篇，占比11.50%。*Corporate Social Responsibility and Environmental Management*、*Research Polic*、*Journal of Business Ethics*和*Industry and Innovation*发文量在20篇以上。

5.3.3　高引文献分析

某一研究领域的高被引文献有助于我们了解该领域现有研究的知识基础。通过对生态创新相关主题文献的被引频次进行统计，我们得到表5.3所示的生态创新主题排名前30的高引文献信息。首先，由表可知，Markard等（2012）发表于*Research Policy*的"Sustainability transitions：An emerging field of research and its prospects"被引频次最高，总被引1 167次，年均被引116.7次，文章对以可持续为导向的创新和技术研究领域的540篇期刊论文进行综述，构建了这一领域的知识轮廓，并对管理学、社会学、经济地理学等学科领域相关主题的6篇代表性文献进行综合分析，借以为未来研究奠定坚实的基础。

其次，Vachon和Klassen（2006）发表的论文"Extending green practices across the supply chain—The impact of upstream and downstream integration"总被引频次位居第二。这篇论文考察了绿色供应链实践的前因，实证结果显示主要供应商和主要客户的技术整合是绿色供应链实践的重要预测因素。此外，Klassen和Whybark（1999）关于环境技术对制造企业绩效影响的研究和Horbach（2008）基于德国情境对环境创新的前因研究总被引频次均超过600次，被引频次分别列为第三和第四。

表5.3 生态创新主题排名前30的高引文献

序	论文名	作者	期刊	出版年	总被引	年均被引
1	Sustainability transitions: An emerging field of research and its prospects	Markard Jochen; Raven Rob; Truffer Bernhard	*Research Policy*	2012	1 167	116.7
2	Extending green practices across the supply chain—The impact of upstream and downstream integration	Vachon Stephan; Klassen Robert D	*International Journal of Operations & Production Management*	2006	696	43.5
3	The impact of environmental technologies on manufacturing performance	Klassen RD; Whybark DC	*Academy of Management Journal*	1999	647	28.13
4	Determinants of environmental innovation—New evidence from German panel data sources	Horbach Jens	*Research Policy*	2008	629	44.93
5	The influence of green innovation performance on corporate advantage in Taiwan	Chen Yu-Shan; Lai Shyh-Bao; Wen Chao-Tung	*Journal of Business Ethics*	2006	585	36.56
6	Determinants of environmental innovation in US manufacturing industries	Brunnermeier S B; Cohen M A	*Journal of Environmental Economics and Management*	2003	580	30.53
7	Environmental innovation and R&D cooperation: Empirical evidence from Spanish manufacturing firms	De Marchi Valentina	*Research Policy*	2012	462	46.2
8	The driver of green innovation and green image—Green core competence	Chen Yu-Shan	*Journal of Business Ethics*	2008	462	33

续表

序	论文名	作者	期刊	出版年	总被引	年均被引
9	Mainstreaming green product innovation: Why and how companies integrate environmental sustainability	Dangelico Rosa Maria; Pujari Devashish	Journal of Business Ethics	2010	433	36.08
10	Sustainable supply chain management and inter-organizational resources: A literature review	Gold Stefan; Seuring, Stefan; Beske Philip	Corporate Social Responsibility and Environmental Management	2010	409	34.08
11	Suppliers and environmental innovation—The automotive paint process	Geffen C A; Rothenberg S	International Journal of Operations & Production Management	2000	348	15.82
12	Necessity as the mother of green inventions: Institutional pressures and environmental innovations	Berrone Pascual; Fosfuri andrea; Gelabert Liliana; Gomez-Mejia Luis R	Strategic Management Journal	2013	340	37.78
13	Sustainability-oriented innovation: A systematic review	Adams Richard; Jeanrenaud Sally; Bessant John; Denyer David; Overy Patrick	International Journal of Management Reviews	2016	332	55.33
14	Eco-innovation and new product development: understanding the influences on market performance	Pujari D	Technovation	2006	332	20.75
15	A meta-analysis of environmentally sustainable supply chain management practices and firm performance	Golicic Susan L; Smith Carlo D	Journal of Supply Chain Management	2013	304	33.78

续表

序	论文名	作者	期刊	出版年	总被引	年均被引
16	On the drivers of eco-innovations: Empirical evidence from the UK	Kesidou Effie; Demirel Pelin	*Research Policy*	2012	302	30.2
17	Environmental policy, innovation and performance: New insights on the porter hypothesis	Lanoie Paul; Laurent-Lucchetti Jeremy; Johnstone Nick; Ambec Stefan	*Journal of Economics & Management Strategy*	2011	280	25.45
18	Use the supply relationship to develop lean and green suppliers	Simpson DE; Power D F	*Supply Chain Management-An International Journal*	2005	279	16.41
19	Green innovation in technology and innovation management - an exploratory literature review	Schiederig Tim; Tietze Frank; Herstatt Cornelius	*R & D Management*	2012	274	27.4
20	The influence of corporate environmental ethics on competitive advantage: The mediation role of green innovation	Chang Ching-Hsun	*Journal of Business Ethics*	2011	266	24.18
21	From green to sustainability: Information technology and an integrated sustainability framework	Dao Viet; Langella Ian; Carbo Jerry	*Journal of Strategic Information Systems*	2011	236	21.45
22	Destination and enterprise management for a tourism future	Dwyer Larry; Edwards Deborah; Mistilis Nina; Roman Carolina; Scott Noel	*Tourism Management*	2009	231	17.77

续表

序	论文名	作者	期刊	出版年	总被引	年均被引
23	Green and competitive? An empirical test of the mediating role of environmental innovation strategy	Eiadat Yousef; Kelly Aidan; Roche Frank; Eyadat Hussein	*Journal of World Business*	2008	228	16.29
24	The positive effect of green intellectual capital on competitive advantages of firms	Chen Yu-Shan	*Journal of Business Ethics*	2008	210	15
25	On the relationship between environmental management, environmental innovation and patenting: Evidence from German manufacturing firms	Wagner Marcus	*Research Policy*	2007	204	13.6
26	Environmental management in operations: The selection of environmental technologies	Klassen R D; Whybark D C	*Decision Sciences*	1999	191	8.3
27	A review of the literature on environmental innovation management in SMEs: implications for public policies	del Brio J A; Junquera B	*Technovation*	2003	190	10
28	Adopting sustainable innovation: what makes consumers sign up to green electricity?	Ozaki Ritsuko	*Business Strategy and The Environment*	2011	188	17.09
29	Sectoral systems of environmental innovation: An application to the French automotive industry	Oltra Vanessa; Jean Maider Saint	*Technological Forecasting and Social Change*	2009	185	14.23
30	Managing 'green' product innovation in small firms	Noci G; Verganti R	*R & D Management*	1999	174	7.57

5.4　生态创新热点趋势分析

我们利用CiteSpace软件中的关键词（node type）共现分析提取文章标题、作者所列关键词及摘要中的关键词和仅提取作者所列关键词分别构建CiteSpace识别关键词共现网络和作者关键词共现网络。高频关键词可以反映生态创新领域的研究热点，为了确定研究热点的发展演变，我们将关键词置于如图5.4至图5.6所示的聚类时间线图谱中。节点之间的连线代表关键词之间的共现关系，连线的粗细代表它们之间共现关系的强度，颜色代表两个关键词共现的时间；图中横轴与右侧聚类标签一一对应，并与上方时间标签对应形成时区（李杰和陈超美，2016），反映不同时段的研究焦点，因而可以据此推断生态创新领域的研究热点。

5.4.1　文献共词共现分析

利用CiteSpace对生态创新文献数据（WOS）进行共词共现分析得到频次前15的CiteSpace识别关键词和作者关键词，如表5.4所示。除"eco-innovation""green innovation""environmental innovation"等检索词外，出现频次超过140的CiteSpace识别关键词和超过15的作者关键词为"performance""management""sustainability""environmental regulation""sustainable development"和"environmental performance"。

我们利用中国知网数据库的可视化分析功能对生态创新及相关主题的文献检索结果进行分析，得到如图5.3所示的关键词频次图。由图可知，除检索词"绿色创新""绿色技术"和"生态创新"外，出现频次占比超过6%的3个关键词依次为"绿色技术创新""环境规制"和"绿色创新效率"。由文献的共词分析可以看出，生态创新领域的研究较多地集中在关于企业绩效和环境规制方面的探讨。

表5.4 生态创新研究频次前15的关键词（WOS）

序	CiteSpace识别关键词	频次	作者关键词	频次
1	eco-innovation	289	eco-innovation	181
2	green innovation	195	green innovation	154
3	performance	184	environmental innovation	77
4	environmental innovation	162	sustainability	33
5	management	142	environmental regulation	32
6	determinant	138	sustainable development	23
7	impact	136	environmental performance	18
8	research and development	104	innovation	17
9	empirical evidence	103	China	14
10	technology	89	environmental policy	12
11	sustainability	85	SMEs	11
12	strategy	77	green innovation efficiency	9
13	product innovation	72	circular economy	9
14	policy	67	competitive advantage	7
15	firm	62	Porter Hypothesis	7

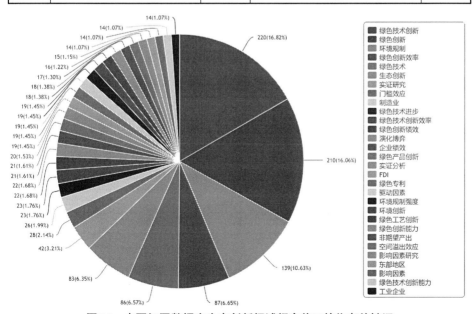

图5.3 中国知网数据库生态创新领域频次前30的作者关键词

5.4.2　生态创新研究热点

图5.4和图5.5分别为国外生态创新研究作者关键词共现图谱和CiteSpace识别关键词共现图谱，这些关键词通过聚类分析后分别形成了图中所示的聚类。由图中可以看出，2019年之后，国外生态创新研究更多地关注环境规制、绿色创新的环境绩效、弹性（resiliance）、反弹效应（rebound effect）、可再生能源消费和自愿环境项目。

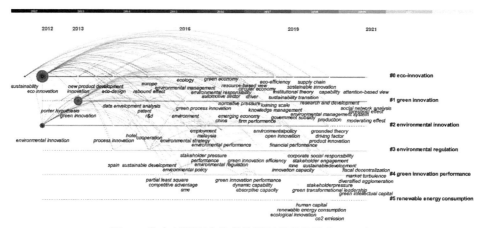

图5.4　生态创新研究作者关键词共现分析（WOS）

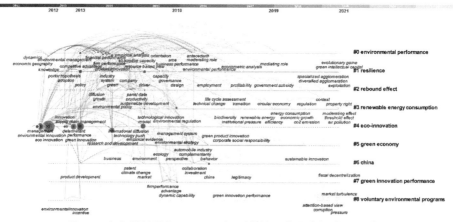

图5.5　生态创新研究CiteSpace识别关键词共现分析（WOS）

图5.6为国内生态创新研究关键词共现聚类时间图谱。由图5.6可知，2019年之后，国内生态创新更多关注绿色创新效率、绿色技术创新及绿色产品需求。

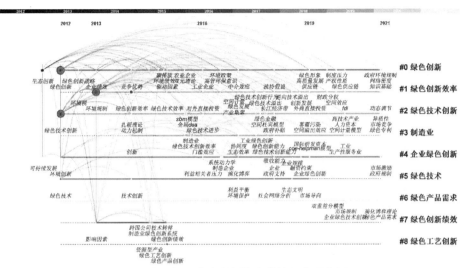

图5.6 中国知网生态创新作者关键词共现分析

综上可知，生态创新的研究热点主要集中在关于环境规制、绿色产品需求、环境绩效等生态创新前因后果的研究，及能源消费等相关主题的探讨。

5.5 本章小结

本研究基于Web of Science核心数据库和中国知网期刊CSSCI数据库，运用文献计量软件CiteSpace对1998—2021年以生态创新为主题的文献进行了计量分析。2008年之后生态创新的研究稳定增多，2015年后生态创新的研究呈快速增长趋势。生态创新的研究主题依然以前因后果研究为主，我们对相关实证研究进行了编码分析，构建了企业生态创新前因后果研究的整体框架，见图5.7。

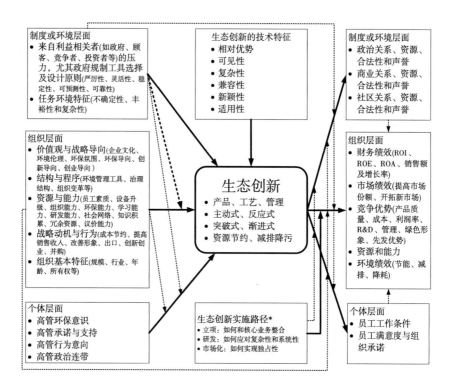

图5.7　企业生态创新多层次前因与后果研究框架

注：*及虚线箭头表示现有实证研究相对较少。

现有文献主要从以下三大视角来讨论企业生态创新的前因后果：第一，制度及环境层面：来自制度理论（DiMaggio and Powell，1983；Meyer and Rowan，1977；Zucker，1977）的解释。制度理论关注制度同构（isomorphism）如何形塑组织行为等问题，其基本假设是组织希望获得社会认同（合法性），因此，组织行为会朝着社会期望的方向趋同（DiMaggio and Powell，1983）。运用制度理论分析企业生态创新前因与后果的基本逻辑是"制度合法性压力→生态创新→合法性和外部资源获取→企业绩效"（彭雪蓉，2014）。制度理论分析生态创新前因与后果往往忽视制度代理人的能动作用，即以往研究多采用制度结构观而对制度战略观重视不够。

第二，组织层面：来自资源基础观（RBV）（Barney，1991）的解释。RBV的核心思想是持续竞争优势和高绩效源于要素市场不完全，即在一定时间内组织间存在不可流动的异质性资源和能力，这些资源和能力具有价值性、稀缺性、不可模仿性和不可替代性等特征（Barney，1991）。因此，依据RBV分析企业生态创新前因与后果的基本逻辑是"资源与能力→企业生态创新→资源与能力→绩效"（Hart，1995；Sharma and Vredenburg，1998）。但是，生态创新结果的双重外部性（Jaffe et al.，2005；Rennings，2000）、研发过程的高复杂性和系统性（De Marchi，2012）使其在获得企业资源支持方面不具优先权，拥有资源和能力的企业不一定会进行企业生态创新。而RBV在解释生态创新对组织绩效的作用机理方面，资源和能力的构建机制难以解释生态创新对短期组织绩效的贡献，因为资源和能力的构建需要一个时间过程。

第三，个体层面：来自高阶理论（Hambrick，2007；Hambrick and Mason，1984）的解释。高阶理论认为，企业高管（主要指决策者或决策团队）的价值观、经历和个性等（即高管认知）会极大地影响他们对环境的感知和解读，进而影响他们的决策和组织绩效（Hambrick and Mason，1984）。现有文献主要运用高阶理论解释企业生态创新的前因，包括高管环保意识等预测变量。高阶理论强调高管的人口统计特征和心理特征对企业行为和绩效的影响，经常忽略高管的社会关系属性（Shipilov and Danis，2006）。少量研究运用高阶理论解释生态创新的后果，比如生态创新会影响员工和高管的满意度和组织承诺等。

现有文献存在的研究缺口与未来研究方向展望：

第一，反映转型经济特征的研究不足。以往有关企业生态创新前因后果的研究多基于欧美发达国家（彭雪蓉和黄学，2013），而生态创新是一个高度情境化的构念（Oltra et al.，2010），以发达国家为研究情境的结论难以解释转型背景下企业生态创新行为。转型经济体的市场机制不完善，法律不健全，正式法律机构执行能力差（Khanna and Palepu，1997），企业面临的环境不确定性较高，企业更倾向于使用社会网络或连带进行市场交易（Peng and Heath，1996；Pfeffer and Salancik，1978）。企业社会连带在转型经济体中是正式制度的一种替代，是企业克服环境不确定性的重要手段。

第二，前因后果研究视角有待丰富和整合。制度理论多采用了结构观，是一种企业行为过度社会化（Granovetter，1985；Heugens and Lander，2009）的观点，忽视了企业在制度化过程中的能动作用；RBV是一种静态的理论研究视角，在此基础上发展起来的动态能力理论、吸收能力理论有助于我们更好地理解处于动态变化的转型期的企业生态创新行为；高阶理论，正如前文所说往往忽视情境嵌入（如制度嵌入、网络嵌入与生态嵌入）对高管认知的影响（Shipilov and Danis，2006），这正是情境嵌入理论所关注的内容。

第三，对生态创新过程研究重视不够。对于生态创新动态过程的研究多停留在理论层面上（杨燕和邵云飞，2011）。少数几个案例研究（Yang et al.，2012；杨燕 等，2013；张海燕和邵云飞，2012）主要从组织学习、创新网络及创新三螺旋等理论角度分析生态创新过程中企业与外部利益相关者的互动及学习过程，缺乏明确地从生态创新特征视角去研究生态创新的过程；同时，以往研究多基于案例研究，没有进一步在案例研究的基础上逻辑演绎提出生态创新的"通用路径"以及通用路径有效使用的情境条件。

中 篇

如何让企业为生态创新买单? 企业生态创新决策机制研究

企业是环境问题的重要来源(Starik and Marcus, 2000)。要降低工业污染和排放实现可持续发展,关键在于推动企业生态创新(Zubeltzu-Jaka et al., 2018)。因此,研究生态创新扩散的影响因素和企业生态创新决策机制具有重要的理论与现实意义(del Brío and Junquera, 2003; Gohoungodji et al., 2020; Hojnik and Ruzzier, 2016; Oduro et al., 2021; Pacheco et al., 2018; Takalo et al., 2021)。战略参照点是组织决策的重要依据(Fiegenbaum et al., 1996)。企业生态创新本质上是参与一场合法性竞赛,因为提升环保合法性是企业开展生态创新的首要目的(Bortree, 2009; Li et al., 2017; 解学梅和朱琪玮, 2021; 彭雪蓉和魏江, 2015)。同行企业间不仅争夺资源,还竞争合法性(Carroll and Hannan, 1989)。合法性的参照体系包括规制、规范、文化认知和行业合法性等制度结构和行业结构(Zimmerman and Zeitz, 2002),这些结构参照点为企业行为决策提供了预期外部激励。除了外部环境结构参照点外,我们还应考虑内部认知、能力等参照点的影响,这是因为企业是基于认知建构的世界进行决策,而能力会影响决策的自裁度(Hambrick, 2007; Hambrick and Mason, 1984)。Kaplan(2008)认为企业战略行为取决于认知、能力和激励三大因素,因此,本篇将整合结构(结构提供激励)、认知、能力三大视角,全面揭示复杂情境下的企业生态创新决策机制。

本篇共5章，主要内容安排如下：首先，我们系统评述了企业生态创新决策影响因素的实证研究，为后续研究企业生态创新决策机制奠定翔实的文献基础；接着，我们通过一个纵向案例研究，揭示了在面向绿色发展的制度架构转型过程中，基于反应逻辑的企业生态创新决策遵从"合群→合规→合规合群耦合"的动态演化路径。然后，我们对案例研究的结论进行了逻辑演绎，并以重污染制造企业的面板数据实证考察了合规和合群压力（双重社会制度嵌入）在不同阶段独立和联合影响企业生态创新决策的异质性，并识别了三大重要的权变因素——政府补贴、行业生态创新排名和高管环保意识。最后，我们的研究逻辑从反应（制度选择）转向前摄（企业适应），以问卷收集的制造企业数据考察了高管双重环保意识对企业生态创新决策的影响，以及其与企业外部资源获取能力（基于社会商业和政治网络嵌入）的交互对企业生态创新决策的影响。在此基础上，我们进一步考察了生态嵌入对高管双重环保意识发展的积极作用，以及其对企业生态创新的直接和间接效应，从而完整地揭示了社会（制度/网络）嵌入和生态嵌入对企业生态创新决策的影响机制。

6 企业生态创新决策影响因素研究评述

本章旨在通过梳理有关企业生态创新前因研究的实证结果，分析和归纳企业生态创新决策的影响因素，并揭示这些影响因素作用于企业生态创新的内在理论逻辑。本研究构建了企业生态创新决策影响因素多层次研究框架，系统回顾了制度/环境层、组织层、个体层及多层次研究的企业生态创新决策影响因素，并识别了现有研究存在的研究缺口以及未来研究方向，为我们探讨复杂环境下企业生态创新决策机制奠定了全面系统的文献基础。

6.1 引　　言

企业是生态创新的主体（董颖和石磊，2010），要实现可持续发展，关键在于推动企业生态创新。尽管生态创新对社会的价值毋庸置疑，但对企业而言，生态创新未必是应对环境挑战的最佳选择，因为生态创新相比其他环境措施具有更高的风险，需要更多的财务承诺、更长的投资回收期（Ahuja et al.，2008），研发过程更具复杂性和系统性（De Marchi，2012），内容具有动态性和多样性（OECD，2009b；杨燕和邵云飞，2011）。因此，如何驱动企业生态创新成为环境管理研究领域的重要议题（Zubeltzu-Jaka et al.，2018）。现有文献主要运用制度理论、资源基础观、高阶理论等从环境、组织和个体三个层次来研究企业生态创新的影响因素（Buijtendijk et al.，2018；Peng and Liu，2016）（见表6.1）。

表6.1 企业生态创新的影响因素实证研究汇总

层次	类别	具体预测变量
环境/外部结构	利益相关者压力（负向激励）	（政府）规制压力（Arfaoui, 2018; Berrone et al., 2013; Borghesi et al., 2015; Cai and Li, 2018; Choi and Yi, 2018; Huang et al., 2009; Liao, 2018a, c, d; Liao et al., 2018; Roddis, 2018; Sanni, 2018; Triguero et al., 2015; Yang and Yang, 2015; You et al., 2019; 李青原和肖泽华, 2020; 李怡娜和叶飞, 2011）、规制严厉性（Frondel et al., 2008）、设计特征（杨洪涛等, 2018）、中央环保督察（李依 等, 2021）、碳排放规制（廖文龙 等, 2020; 杨光勇和计国君, 2021）、环境权益交易市场（齐绍洲 等, 2018）、排污费制度（李婉红, 2015）
		（顾客）规范压力（Berrone et al., 2013; Choi and Yi, 2018; Liao, 2018d）、顾客/市场压力（Cai and Li, 2018; Huang et al., 2009; Liao et al., 2018; Sanni, 2018; Shou et al., 2018）、顾客需求（Kesidou and Demirel, 2012）、海外客户（Frondel et al., 2008; Qi et al., 2013）
		（同行）模仿压力（Liao, 2018d）、竞争压力（Cai and Li, 2018）、自愿型环境规制（任胜钢 等, 2018）
		内部利益相关者（Huang et al., 2009）、舆论压力（李大元 等, 2018）
	利益相关者支持（正向激励）	政府补贴（Cainelli and Mazzanti, 2013; Liu et al., 2020; Triguero et al., 2015; 李青原和肖泽华, 2020; 田红娜和刘思琦, 2021; 王旭和王非, 2019）、绿色信贷（王馨和王营, 2021）
		供应商合作（Aboelmaged, 2018; Roddis, 2018; Shou et al., 2018）、绿色供应链（Wu, 2013）
		绿色市场需求（Triguero et al., 2015）
		社会连带（Martinez-Perez et al., 2015）、（产学研）合作（Cainelli and Mazzanti, 2013; Huang et al., 2016; Li-Ying et al., 2018; Triguero et al., 2015）

层次	类别	具体预测变量
组织	价值与战略导向（认知）	道德价值观（Liao et al., 2018）、企业文化（Liao, 2018b）、CSR（Jimenez-Parra et al., 2018）、企业环保主义（Chang and Sam, 2015）、组织忘却（朱雪春和张伟, 2021） 战略导向：创新与创业导向（Aragón-Correa et al., 2008; Uhlaner et al., 2012）、环保导向（Aboelmaged, 2018）、市场导向（Liao, 2018e）、自利动机（Liao et al., 2018）、成本节约（Chassagnon and Haned, 2015; Frondel et al., 2007）、前摄型环保战略（Kuo et al., 2021; Roxas, 2022）
	结构与程序（影响认知和能力）	公司治理：女性董事比例和董事会性别多样化（Horbach and Jacob, 2018; Liao et al., 2019）、反收购法（Amore and Bennedsen, 2016）、所有权结构（Amore and Bennedsen, 2016）；HR结构（女性员工比例）（Horbach and Jacob, 2018）；环境管理系统EMS（Frondel et al., 2007; Horbach, 2008; Huang et al., 2016; Inoue et al., 2013; Wagner, 2009; Ziegler and Nogareda, 2009）
		开放度：国际化程度（Hojnik et al., 2018）、多区域市场或国际化（Horbach, 2008）、出口（Choi and Yi, 2018）、OFDI（韩先锋 等, 2020）
	资源与能力	内部：组织冗余（Hsiao et al., 2018; Lee and Rhee, 2007; Sharma, 2000）、技术能力（Horbach, 2008; Triguero et al., 2015）、动态能力（Zhou et al., 2018）、资源和能力（del Rio et al., 2016a）、运营条件（Choi and Yi, 2018）、知识积累（Ho et al., 2009）或知识基（于飞 等, 2021b）、HR（Ho et al., 2009）、组织效率（Razumova et al., 2015）、组织支持（Ho et al., 2009）、员工质量（Song et al., 2018）、内外知识（Marzucchi and Montresor, 2017）、信息和知识流（Lee et al., 2006）、环保绩效（Ghisetti and Quatraro, 2013）、绿色R&D（Cainelli and Mazzanti, 2013; Lee and Min, 2015）、绿色风险资本（Zhang et al., 2015）
		外部：外部资源获取（Peng and Liu, 2016）、外部知识获取（Liao, 2018d; Martinez-Perez et al., 2015）、知识搜索（Ghisetti et al., 2015; 王娟茹 等; 朱雪春和张伟, 2021）、知识转移（Razumova et al., 2015）、（行业）技术（Sanni, 2018）、外部技术合作（Triguero et al., 2015）、网络密度（于飞 等, 2021a）
	组织基本特征	行业（Ghisetti and Quatraro, 2013; Horbach, 2008; Woo et al., 2014）、规模（Borghesi et al., 2015; Qi et al., 2013; Woo et al., 2014）、所有权：家族企业行业地位（吕斐斐 等, 2020）

续表

层次	类别	具体预测变量
个体	认知	高管环保意识（Bansal and Roth, 2000; Gadenne et al., 2009; Peng and Liu, 2016; 陈泽文和陈丹, 2019）；管理者诠释（Zhou et al., 2018）、员工环保意识（Frondel et al., 2008）
	注意力配置	注意力配置（于飞 等, 2021a）
	态度	高管承诺与支持（Eiadat et al., 2008; Ho et al., 2009; Qi et al., 2010; Weng and Lin, 2011）；高管行为意向（Cordano and Frieze, 2000; Uhlaner et al., 2012）、员工参与（Aragón-Correa et al., 2013）
	心理特征	CEO自大（Arena et al., 2018）、CEO调节定向（regulatory focus）（Liao and Long, 2018）
	人口特征	高管政治资本（Lin et al., 2014）
调节/交互/模型	同层次内	环境×环境：环境规制×财政去中央化和政治竞争（You et al., 2019）；绿色供应链整合（内部、供应商、客户）×环境不确定性（技术和市场）（Wu, 2013） 组织×组织：环保披露×机构投资者比例/所有权（不显著）-EI（Yin and Wang, 2018）；女性董事×所有权（Liao et al., 2019）；市场导向×环保态度（Liao, 2018e）；知识搜索（广度和深度）×吸收能力（R&D和社会整合机制）（Ghisetti et al., 2015） 个体×个体：管理者诠释×社会地位（Zhou et al., 2018）
	环境×组织	环境（IV）×组织（M）：制度压力（规制/规范）×污染相对严重性/组织资源（组织冗余和资产专用性）（Berrone et al., 2013）； 利益相关者压力（内部、市场、规制）×企业类型（是否为家族企业）（Huang et al., 2009） ；组织（IV）×环境（M）：公司治理（反收购法）×所有权（机构投资者）/国家污染治理成本/能源投入依赖行业（Amore and Bennedsen, 2016）
	环境×个体	环境（IV）×组织（IV）：外部资源获取×高管环保意识（交互）（Peng and Liu, 2016）
	个体×组织	个体（IV）×组织（M）：CEO调节定向（预防/进取）×冗余资本（Liao and Long, 2018）
	三个层次交互	行业可见性×创新能力×高管认知（彭雪蓉和刘洋, 2015a）、CEO自大×组织荣誉/环境不确定性（Arena et al., 2018）

层次	类别	具体预测变量
中介模型	结构-资源-EI	组织间合作-知识分享-EI（Ryszko, 2016）、制度压力-知识获取-EI（Liao, 2018d）、桥资本-探索性知识-EI（Martinez-Perez et al., 2015）
	结构/能力-认知-EI	制度压力-高管环保意识-EI、规制/市场-自利动机/价值观-EI（Liao et al., 2018）、动态能力-管理者诠释-EI（Zhou et al., 2018）
生态创新（EI）前因研究综述（del Brío and Junquera, 2003; Diaz-Garcia et al., 2015; Ghisetti and Pontoni, 2015; He et al., 2018; Hojnik and Ruzzier, 2016; Kemp and Pontoglio, 2011; Pacheco et al., 2018; Pereira and Vence, 2012; Reid and Miedzinski, 2008; Zubeltzu-Jaka et al., 2018; 彭雪蓉和黄学, 2013; 沈灏 等, 2010; 杨燕和邵云飞, 2011）		

资料来源：作者根据文献梳理绘制而成。

6.2 企业生态创新决策影响因素

6.2.1 环境层次影响因素

环境层面的研究指出来自外部利益相关者（如政府、顾客、竞争者等）的制度合法性压力（Berrone et al., 2013; Kemp and Pontoglio, 2011; Li et al., 2017; Murillo-Luna et al., 2008; Qi et al., 2010; 孟科学 等, 2018; 彭雪蓉和魏江, 2015）是企业生态创新的重要驱动因素（表6.2列出了规制对企业生态创新影响的早期实证研究）。来自利益相关的制度合法性（组织行为/价值观与所处环境的公认制度体系的一致性）压力通常分为规制压力、规范压力和模仿压力（DiMaggio and Powell, 1983; Scott, 2005）。规制压力通常来自政府，规范压力多来自顾客，模仿压力多来自竞争对手（Li and Ding, 2013; 彭雪蓉和魏江, 2015）。合法性理论是生态创新环境层前因分析的主导理论，包括结构观（或制度观）和战略观（或代理观）（Heugens and Lander, 2009; Suchman, 1995）。现有文献主要从合法性结构观视角来解释企业生态创新的影响因素，强调来自利益相关者的制度合法性压力对企业生态创新的同构作用（Berrone et al., 2013; Li et al., 2018）。近年来一些研究开始从合法性战略观视角探讨企业如何利用外部利益相关者的资源激励与支持，如政府采购与补贴（Kawai et al.，2018；Liu et al.，2020；Peng and Liu，2016）、绿色供应链（Cheng，2020）等，以服务于企业生态创新。

表6.2　规制对企业生态创新影响的早期实证研究

研究者	样本	主要结论
Kammerer（2009）	德国电器产业的三个行业的95家企业	规制的严厉性对绿色产品创新及其创新范围（0.01水平）和新颖性（0.1水平）的正向影响显著
Horbach et al.（2012）	2009年德国CIS数据（2 952家企业）和电话调查（1 294家企业）	法规、规范和政府补助对节能降耗减排（工艺创新）和产品创新的影响；采用虚拟变量对环境创新测量
Frondel et al.（2008）	德国制造业899家企业	企业感知的规制严厉性对污染防治和EMS的影响
Horbach（2008）	德国MIP数据库+IER数据库	相对其他创新，遵守规制（虚拟变量）对环境创新有显著影响
Rennings and Rammer（2011）	德国MIP数据库和电话调查	环境规制驱动的产品创新和工艺创新在新产品销售和节约成本方面，与其他产品具有同等的成功。但是，发现不同规制驱动的创新对企业绩效的影响是不一样的
Cleff and Rennings（1999）	德国MIP数据库	市场拉动（战略市场期望）-绿色产品创新；规制-绿色工艺创新
Rehfeld et al.（2007）	德国制造业371家企业	欧盟整合产品政策（integrated product policy，如环境管理体系认证、废弃物处理措施）与环境产品创新正向显著相关
Weng and Lin（2011）	中国广东244家SMEs	规制（政府和协会）对绿色创新有正向显著影响
Qi et al.（2010）	中国建筑行业123家承包商为样本	规制对环境技术创新和管理创新实践有显著正向影响

研究者	样本	主要结论
Zeng et al.（2011）	中国北方（北京、天津和河北）制造业的104家SMEs	政府奖励对高污染企业的污染防治有显著正向影响，而政府管制和政府支持对企业污染防治没有显著影响
Chen et al.（2012）	中国台湾省178家制造企业	规制与反应式绿色创新显著正相关，与主动式绿色创新正相关不显著
Kesidou and Demirel（2012）	英国制造业1 566家企业	规制对低创新和高创新企业的环保创新更有影响力，对中度创新的企业影响不显著
Demirel and Kesidou（2011）	英国制造业289家企业2年的数据	规制与末端技术和生态R&D正相关，对综合清洁生产技术影响不显著。规制往往激发企业遵守最低的标准，而CSR可能会影响更多
del Río González（2005）	西班牙纸浆和造纸业的46家企业	规制要求是企业采用清洁技术位居第二位的原因，第一原因是提升企业形象
Eiadat et al.（2008）	约旦化工业119家企业	规制与企业环境创新战略显著负相关（可能原因在于环境创新战略没有分类，而实际测量到的更多是积极的环境创新战略）
Frondel et al.（2007）	OECD的7成员国制造企业（4 186个观察值）	环境规制（规制的严厉性和规制标准）对EOP具有正向显著影响，而对综合清洁生产技术正向影响不显著

资料来源：作者根据文献整理而成。

6.2.2　组织层次影响因素

组织层面研究强调组织的资源与能力（如冗余资源、互补性资产、知识、技术能力、动态能力、人力资本、政治资本等）（Demirel and Kesidou，2011；Horbach，2008；Horbach et al.，2012；Hsiao et al.，2018；Johnston and Linton，2000；Lee and Rhee，2007；Lin et al.，2014；Sharma，2000）、价值观或认知取向（如战略导向、CSR、道德价值观、企业文化等）（Aboelmaged，2018；Aragón-Correa et al.，2008；Chassagnon and Haned，2015；Frondel et al.，2007；Liao，2018e；Uhlaner et al.，2012）、结构与程序（如环保管理系统、公司治理、员工结构等）（Amore and Bennedsen，

2016；Frondel et al.，2007；Horbach，2008；Horbach and Jacob，2018；Huang et al.，2016；Inoue et al.，2013；Liao et al.，2019；Wagner，2009；Ziegler and Nogareda，2009）、战略与行为（如出口、前摄型环保战略）（Choi and Yi，2018；Hojnik et al.，2018；Horbach，2008）及组织基本特征（如规模、行业、所有权等）（Borghesi et al.，2015；Ghisetti and Quatraro，2013；Horbach，2008；Pereira and Vence，2012；Qi et al.，2013；Woo et al.，2014；彭雪蓉和刘洋，2015a）是生态创新的重要影响因素。生态创新组织层影响因素研究依据的主导理论是资源基础观（Barney，1991；Barney et al.，2001；Wemerfelt，1984），其分析的核心逻辑是：拥有异质性资源和能力的企业可以做其他企业没条件做的事——生态创新（Berrone et al.，2013；Horbach et al.，2012）。

6.2.3　个体层次影响因素

个体层面的研究则认为高管的态度（如高管的承诺与支持）（Eiadat et al.，2008；Ho et al.，2009；Qi et al.，2010；Weng and Lin，2011；李怡娜和叶飞，2013）、行为意向（Cordano and Frieze，2000；Uhlaner et al.，2012）、认知和价值观（如高管环保意识、管理者诠释）（Bansal and Roth，2000；Gadenne et al.，2009；Peng and Liu，2016；Zhou et al.，2018；彭雪蓉和刘洋，2015a；徐建中 等，2017）、性格或人格特征（如CEO的自大和调节定向）（Arena et al.，2018；Liao and Long，2018）和人口特征（如性别）（Horbach and Jacob，2018；Liao et al.，2019）是生态创新的预测变量，采用的主导理论是战略认知理论（包括高阶理论等）、计划行为理论。依据高阶理论（upper echelons theory）（Hambrick，2007；Hambrick and Mason，1984）的分析逻辑是高管人口和心理特征决定高管认知，进而影响高管环境扫描、环境解读和战略决策（如生态创新）（Kaplan，2008；Sharma，2000；Thomas et al.，1993）。依据计划行为理论（Ajzen，1991）的分析逻辑为个体行为意向是企业生态创新最直接的决定因素，而行为意向又取决于个体的态度、主观规范（规制压力）和行为控制感，本质强调对环保行为实施的成本-收益分析（Steg and Vlek，2009）。此外，零星研究关注员工参与（Aragón-Correa et al.，2013）和员工环保意识（Frondel et al.，2008）对企业生态创新的影响。

6.2.4 多层次影响因素研究

（1）同层次及跨层次预测变量之间调节或交互效应研究。首先，跨层次预测变量之间调节/交互效应研究，包括环境层与组织/个体层预测变量之间的相互调节效应（Berrone et al.，2013；De Marchi，2012；Huang et al.，2009；Liao and Long，2018；Liao et al.，2019；Liu et al.，2020；彭雪蓉和魏江，2015）、组织层与个体层预测变量之间的相互调节效应（Arena et al.，2018；Liao and Long，2018；Liao et al.，2019），以及三层次预测变量交互效应研究（彭雪蓉和刘洋，2015a）。例如，Berrone et al.（2013）发表在*Strategic Management Journal*（SMJ）上的论文最具典型性和影响力，该论文以美国高污染上市公司面板数据考察了制度压力（规制压力和规范压力）对企业环保创新的影响以及企业资源（污染相对严重性/环保合法性缺失程度、组织冗余和资产专用性）的调节作用。其次，同层次内调节变量的识别（Liao，2018e；Yin and Wang，2018；You et al.，2019；Zhou et al.，2018），近年来呈现快速增长的趋势。

（2）跨层次预测变量之间中介关系研究相对较少，主要遵从"结构→资源/认知→行为"的理论逻辑，考察制度压力三大维度（规制、规范、模仿）如何通过影响企业资源（包括补贴、知识等）或认知从而影响企业生态创新行为（Liao，2018d；Liao et al.，2018；Martinez-Perez et al.，2015），分析的理论视角主要是制度理论和资源基础观或高阶理论的整合。一个例外是Zhang和Zhu（2019）的研究，考察了"结构（规制压力和顾客压力）→组织学习（探索式学习和利用式学习）→行为（绿色产品和工艺创新）"的理论逻辑。

6.3 影响因素研究存在的缺口

第一，环境层次研究多关注来自单一场域中（如某国）的来自利益相关者的正式制度合法性压力对企业生态创新的影响，难以解释嵌入在多种制度环境中的跨国公司（MNEs）生态创新行为的触发机制。一些例外考察了国际化程度对企业生态创新或主动环保战略的影响（Aguilera-Caracuel et al., 2012; Choi and Yi, 2018; del Rio et al., 2011; Hojnik et al., 2018; Horbach, 2008）或将企业出口水平纳入控制变量（De Marchi, 2012; Ghisetti et al., 2015; 彭雪蓉和刘洋, 2015a），主要采用出口水平（海外销售收入比）来测量国际化。这些少数例外研究采用的理论视角主要为组织知识学习观或知识基础观，认为国际化可以帮助企业获得生态创新所需要的知识和技能，但并未强调国际化对组织道德发展（焦点行动者从负向合法性竞赛转向正向合法性竞赛）的影响进而影响生态创新行为。同时，环境层次的研究多基于合法性结构观，是一种过度社会化的视角，忽视了组织代理人在制度压力影响企业生态创新这一过程中的能动作用（合法性战略观）（Suchman, 1995），例如组织学习。此外，以往环境层次研究多采用绝对合法性搜索（规制和规范压力）和正向合法性竞赛（正向模仿压力）来解释制度压力影响企业生态创新的作用机制，而忽视了在转型经济背景下高制度底线弹性（Khanna and Palepu, 1997）产生的负向合法性竞赛机制（响应负向模仿压力的底线博弈）对企业生态创新的解释效力。

第二，组织层次研究往往忽视生态创新的"双重溢出"所带来的资源配置劣势，即企业拥有资源和能力不一定会进行生态创新，还需要高管对生态创新的认知偏好，而高管认知往往受到其所嵌入环境的影响（Hambrick, 2007; Hambrick and Mason, 1984; Whiteman and Cooper, 2000），并通过学习机制得以改变（Narayanan et al., 2011）。

第三，个体层次的研究虽然将注意力放在了生态创新决策主体上，但没有进一步探讨高管认知、高管态度与行为意向等前置影响因素，这可能是组织代理人——高管结构嵌入学习的结果（许晖 等，2013），这一观点得到了来自高管认知理论的支持（Narayanan et al.，2011）。此外，个体层次的研究对高管认知缺乏认知架构特征、情境化的分析，且对高管认知如何影响企业生态创新的过程避而不谈（Carpenter et al.，2004）。高阶理论的最新研究进展是考察高管特征影响企业行为和绩效的过程机制，以注意力基础观（attention-based view，ABV）（Ocasio，1997，2011；Ocasio et al.，2018）为代表，这一分支将高管认知过程的黑箱进一步具体化，探讨了组织在外在环境刺激下，如何配置注意力并做出响应行为。

第四，同一层次内和跨层次预测变量之间的调节、交互、中介关系研究近年来快速增多，但依然有限（尤其是中介模型）。调节/交互模型研究主要集中在环境和组织层次预测变量的相互调节效应研究及环境层次内和组织层次内预测变量之间的相互调节效应研究，而对个体与组织/环境层的预测变量之间相互调节以及个体层次内预测变量的相互调节效应关注不够。中介模型研究主要遵循"结构→资源/认知→行为"理论解释逻辑（Liao et al.，2018；Zhou et al.，2018），将环境层次和组织/个体层的预测变量进行了因果连接，但其逻辑的起点依然停留在同一场域的制度结构上，无法从根本上回答后发企业如何逃离制度惯性和认知惯性。来自国际商务的文献指出，国际嵌入有助于组织突破认知路径依赖（Zhang et al.，2018）、构建动态能力（Rivas，2012），积极促进组织的主动环保战略（Aguilera-Caracuel et al.，2012）和CSR行为（Zhang et al.，2018）。此外，以往中介模型研究对内在因果关系没有进行进一步的探讨：结构是如何帮助组织实现认知惯性突破以及认知作用生态创新的过程机制是什么，这为未来研究预留了空间。

6.4　本章小结

总的来说，现有研究存在四大不足：①缺乏对主导逻辑、关键影响因素的重要性比较研究。对企业生态创新而言，高管认知、外在激励、组织资源和能力，哪一方面的影响因素更为重要，现有文献没有做探讨。②影响因素触发生态创新的过程机制研究不足，如多重制度压力影响企业生态创新的具体路径到底是什么？现有文献鲜有涉及。③缺乏从理论融合而非理论拼接视角来研究生态创新的独特触发过程机制。现有研究缺乏对不同理论在解释生态创新前因时内在逻辑一致性和差异性的探讨，例如经验学习可以看成对相对合法性的学习，因为竞争优势实际是追求更高的相对合法性。④现有研究主要采用权变和静态的逻辑来探讨预测变量对生态创新的影响，而对架构逻辑和动态发展的考量不足。

7 合规还是合群？绿色发展背景下企业生态创新决策动态演化的纵向案例研究[①]

本章以诠释性纵向案例揭示了面向绿色发展的制度转型背景下企业参与合法性竞赛进行生态创新决策的动态演化过程。主要研究结论如下：第一，在面向绿色发展的制度转型背景下，案例企业生态创新决策参照点变迁主要经历了三个阶段：国家正式规制要求提升，但行业（执行）标准不明晰的"合群博弈"阶段（即主要依赖大多数同行相似反应形成的行业"潜规则"/非正式制度，以负向相对合法性竞赛为主）；国家严厉执法、行业标准明晰后的"合规守正"阶段（以正向绝对合法性竞赛为主）；正式规制（国家规制和行业标准）和非正式制度（大多数企业选择守正而非投机）耦合后的合群合规双向驱动阶段（正向相对合法性竞赛和正向绝对合法性竞赛并进）。第二，在不同阶段，案例企业生态创新的强度、内容和向心性（生态创新与企业核心业务的关联程度，及其对企业竞争优势和绩效的贡献程度）存在差异。在合群主导阶段，企业生态创新强度和中心化程度较低，内容集中在环保管理创新和零星的资源节约型产品和工艺创新；在合规阶段，企业生态创新的强度和中心化程度中等，核心内容为环境友好型工艺创新（如清洁生产）；在合规和合群耦合阶段，企业生态创新的中心化程度最高，内容焦点为战略性价值共创型生态创

---

① 本章理论背景基于作者已发表论文的理论部分：a. PENG X, LIANG Y, ZHU T, et al., 2025. Unlocking global horizons through outbound tourism: An institutional logics approach to driving outward FDI by tourism firms from emerging countries [J]. Tourism Management, 109: 105126. b. LIU Z, LI X, PENG X et al. , 2020. Green or nongreen innovation? Different strategic preferences among subsidized enterprises with different ownership types [J]. Journal of Cleaner Production, 245: 118786.

新。本研究有助于更好地理解绿色转型背景正式规制与行业非正式规制共演影响企业生态创新决策的动态过程。

7.1 引　言

改革开放以来，以效率为中心的市场经济、工业化让我国快速成为仅次于美国的第二大经济体（Garnaut et al.，2018），同时也带来了日益严重的环境污染问题（Garnaut et al.，2018；Wang et al.，2018；李青原和肖泽华，2020；张宁，2022）。如何同时兼顾效率与环境责任成为当前我国经济发展的新难题（解学梅和朱琪玮，2021；魏江 等，2014）。党的十八大（2012年）以来，促进经济社会发展全面绿色转型、推进经济高质量发展成为新时代中国特色社会主义的共识。2017年，习近平总书记在党的十九大报告中明确指出"我国经济已由高速增长阶段转向高质量发展阶段"，强调"建立健全绿色低碳循环发展的经济体系""大力度推进生态文明建设""推进绿色发展"，坚定实施"可持续发展战略"，并重申了五大新发展理念：创新、协调、绿色、开放、共享。2020年9月22日，习近平总书记在第75届联合国大会上提出中国二氧化碳排放力争于2030年前达到峰值，努力争取2060年前实现碳中和（即"碳达峰、碳中和"，"双碳"目标）。在此背景下，党中央、国务院近年来出台了系列高规格、高强度的环保规制和激励政策（如中央环保督察、环境保护税、绿色信贷）（Zhang et al.，2022；陈晓红 等，2020；谌仁俊 等，2019；吴育辉 等，2022），以推动我国经济发展方式的全面绿色转型。

理论上，要实现经济绿色转型和"双碳"目标，关键在于推动企业生态创新（Zubeltzu-Jaka et al.，2018），尤其是制造企业生态创新（解学梅和韩宇航，2022；解学梅和朱琪玮，2021）。从企业的角度来看，这意味着要进行生态创新投资决策，涉及资源分配过程中向绿色投资倾斜的程度（Papagiannakis et al.，2014）。与其他环保措施和一般创新相比，生态创新具有"双重正外部性"或"双重溢出"（研发过程中的知识溢出和技术采用阶段的环保溢出）（Jaffe et al.，2005；Rennings，2000），其降低了企业投资生态创新的回报激励（Rennings，2000），导致在无政府干预的自由市场下生态创新供给不足，即市场失灵（Jaffe et al.，2005；Rennings，2000）。生态创新很难像非生态创新技术一样自发扩散（Rennings，2000），规制干预（Porter and van der Linde，1995b；Rennings，2000）至关重要。Porter和van der Linde（1995b）认为，精心设计（如严厉而又具有弹性、持续性等）的环境规制可以诱发生态创新，这种创新既能提高企业环境绩效，又能提高基于动态竞争观的企业竞争优势，即实现企业和环境的双赢（win-win）。这一观点被称为"波特假说"（见综述：Ambec et al.，2013）。"波特假设"强调了从长期来看，有益于环境的生态创新是企业竞争优势和高绩效的重要来源。此后，大量实证研究探讨了不同环境规制对生态创新的影响（Ghisetti and Pontoni，2015；Kemp and Pontoglio，2011；Lima Silva Borsatto and Liboni Amui，2019；陈海汉和吕益群，2024；陈宇科 等，2022；郭俊杰 等，2024；贾建锋 等，2024；李青原和肖泽华，2020），但还存在一些重要的研究缺口。

第一，以往研究多关注静态和孤立的制度要素对生态创新的影响，而对动态情境下复杂制度架构的预测效力关注有限。这使得现有的研究无法回答处于制度转型中的企业，面临复杂制度环境如何做出生态创新决策。制度驱动企业生态创新的核心逻辑是合法性压力——企业嵌入在各种社会制度结构之中（Granovetter，1985），企业与社会之间存在隐性的社会契约（Chiu and Sharfman，2011），企业必须以社会期望的方式行使社会赋予的权力（即具有合法性）（Davis，1973；DiMaggio and Powell，1983；Suchman，1995）。制度包括正式制度和非正式制度（Peng，2003），前者决定了显性的绝对合法性参照点（合规标准：绝对合法性可以"正负"来衡量，高于规制标准为正向合法性，低于规制标准为负向合法性），后者决定了隐性的相对合法性参照点（合群标准：相对合法性可以"高低"来衡量，高相对合法性可能低于绝对合法性标准，源于大多数企业参与负向合法性竞赛）。正式制度（如规制、规范）转型可以一蹴而就，但非正式制度（如行业潜规则）变革却具有惯性（Peng，2003）。正式制度和非正式制度变革的不同步使得企业面临制度复杂性和不确定性，这种不确定性会影响企业生态创新战略响应的多样性（Peng，

2003）。在制度转型过程中，滞后的非正式制度（如"行业潜规则"）可能与不完善的正式制度博弈，其形成的制度弹性可能诱发企业参与负向合法性竞赛，对焦点企业生态创新产生消极影响（Peng，2003）：在信息不透明和执法不到位的情况下，企业可能倾向于环境污染而非生态创新，以获得成本优势（Khanna and Palepu，1997）。以往研究多基于正向合法性竞赛假设，认为企业都是积极向上挑战上限，会自然而然朝着正式规制期望的方向扩散生态创新以提升环境合法性（即制度同构）。对负向合法性竞赛的忽视不利于我们理解现实世界制度转型过程中的企业生态创新决策的演进过程。

第二，以往规制驱动生态创新的研究多为单一时间段或横截面的实证研究，这些研究本质上是基于方差理论（variance theory）而非过程型理论（process theory），导致我们对企业生态创新的决策过程知之甚少（Hojnik and Ruzzier，2016）。实证主义范式重点在于发现投入和产出之间是否存在系统的关系，而将实际的因果关系过程视为一个不可观察的"黑箱"（Maxwell，2004：4）。当滞后的行业非正式制度与转型的政府正式制度发生冲突时，单个企业如何做出响应？正式制度如何筛选微观企业以加快行业非正式制度的转型（环境选择）？微观企业如何主动适应制度转型以平衡短期利益与长期发展（个体适应）？基于实证主义范式的研究无法回答上述问题。共演文献指出：现有研究对"选择–适应"现象的单一主题解释已经达到了极限（Volberda and Lewin，2003）。共演视角具有潜力将微观和宏观层面的演进整合到一个统一框架内，融合多层次分析和权变效应，并带来新的见解、新的理论、新的实证方法和新的理解（Lewin and Volberda，1999：520）。

有鉴于此，本研究将采用纵向案例研究，探讨在面向绿色发展的制度转型背景下，企业生态创新决策的动态演化过程。本研究将重点回答以下几个问题。

第一，在面向绿色发展的制度转型过程中，正式制度和非正式制度转型的不同步是如何影响企业生态创新决策参照点的选择？先发企业通过生态创新遵从正式制度增加的成本可能让企业丧失市场竞争力，导致被市场"逆向"淘汰；企业遵从滞后的行业非正式制度可能面临已升级的正式规制处罚的风险，导致被政府环保治理淘汰。因此，在绿色转型过程中，企业需要平衡短期利益和长期发展，权衡参与负向合法性竞赛和正向合法性竞赛的利弊，通过不断调整生态创新战略以维持一个合理的高相对合法性，以适应复杂制度环境选择。

第二，在制度绿色转型过程中，正式制度转型如何应对非正式制度滞后引发的行业群体与正式制度博弈？正式规制如何演进以降低微观企业对正式制度转型感知的不确定性，从而改变微观企业对负向合法性竞赛为主的非正式制度（行业潜规则）的依赖，更多地参与正向合法性竞赛，最后扭转行业非正式制度，与正式制度对齐。

本研究将采用过程型理论，探讨企业在不同阶段的生态创新决策过程，揭示企业在面对复杂制度环境时的动态演化路径。特别是，本研究将关注企业在从负向合法性竞赛走向正向合法性竞赛的过程中，外部环境选择与企业战略适应共同促进企业生态创新从反应走向前摄，进而助力国家绿色发展。

7.2　理论背景

7.2.1　制度合法性理论

制度理论是诠释制度驱动企业生态创新的主导理论。新制度理论认为，组织必须按照政府、客户、投资者和员工等主要利益相关者的期望行事以获得和维持合法性，即制度同构效应（isomorphism）（DiMaggio and Powell，1983）与环境选择观。以往研究指出来自外部利益相关者（如政府、顾客、竞争者等）的制度合法性压力（Berrone et al.，2013；Kemp and Pontoglio，2011；Li et al.，2017；Murillo-Luna et al.，2008；Qi et al.，2010；孟科学 等，2018；彭雪蓉和魏江，2015）是企业生态创新的重要驱动因素。来自利益相关的制度合法性压力通常分为规制合法性压力、规范合法性压力和模仿压力/同辈合法性压力（DiMaggio and Powell，1983；Scott，2005）。规制合法性压力通常来自政府，规范合法性压力多来自顾客，模仿压力多来自竞争对手（Li and Ding，2013；彭雪蓉和魏江，2015）。企业生态创新本质上是参与一场合法性竞赛（彭雪蓉和魏江，2015；王旭和褚旭，2022）。

合法性是指"在某一包含标准、价值观、信仰和定义的社会建构体系中，组织行为是可取的、合适的或恰当的一个普遍感知或假设"（Suchman，1995：574）。根据利益分散与集中，合法性可以分为实用合法性（对评价者有利）和道德合法性（对整个社会更有利）（Bitektine，2011）。组织可以通过对具体的评价者直接有形的奖励来购买实用合法性（如为顾客提供环保产品以获取实用合法性）；而道德合法性取决于行为是否正确，其包含更广的文化规则，不遵守这些规制将降低组织本身以及在拥护者眼中的地位和一致性（Suchman，1995）。生态创新具有同时提高企业实用合法性（如节能降耗产品可以降低消费者的使用成本）和道德合法性（如生态创新可以提高企业环保绩效）的潜力（Fussler and James，1996；彭雪蓉和魏江，2015）。

根据对比基准，合法性可以分为相对合法性和绝对合法性，前者对标竞争对手合法性水平，后者对标某个公认制度（国家法律法规等）要求。本研究用"正/负"来衡量绝对合法性（环保绩效大于绝对合法性标准为正向合法性，小于绝对合法性标准为负向合法性），用高/低来衡量相对合法性（环保绩效低于大多数同行的表现为低相对合法性，高于大多数同行的表现为高相对合法性）。正负绝对环保合法性和高低相对环保合法性组合形成四种可能的环保合法性战略导向（见图7.1）：低负向环保合法性、高负向环保合法性、低正向环保合法性和高正向环保合法性。我们将这四种合法性战略导向分别命名为等待出局型（低负向环保合法性导向）、底线博弈型（高负向环保合法性导向）、遵从型（低正向环保合法性导向）和前摄型（高正向环保合法性导向）。前三种均为反向型，行动者不遵从或遵从最小的规制要求。

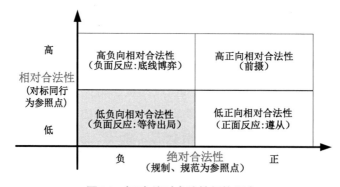

图7.1　相对-绝对合法性架构组合

相对–绝对合法性组合多样性为企业参与合法性竞赛提供了不同的参照点（Fiegenbaum et al.，1996）。从相对–绝对合法性的角度来看，合法性竞赛实际上是合格赛与选拔赛的合一。前者强调"合规"（与标准比较的绝对水平），后者强调"合群"（与同行比较的相对水平）（王旭和褚旭，2022）。就企业生态创新决策而言，早期研究多关注绝对合法性参照点（如正式规制、规范）对企业生态创新的影响（Berrone et al.，2013；Sanni，2018），近期研究对相对合法性参照点（如同行环保绩效水平）影响企业生态创新决策的关注不够，尤其缺乏基于正式制度的绝对合法性参照点和基于行业非正式制度的相对合法性参照点如何共同影响企业生态创新决策的系统研究。最近一些研究注意到生态创新的同群效应（Wang et al.，2022；Wu et al.，2023；王旭和褚旭，2022），但主要从"行为同群"而非"绩效同群"的角度进行讨论，而生态创新并非提升环保绩效的唯一手段，这种以行为对标的同群压力无法反映以环保合法性为焦点的环保绩效同群压力（Berrone et al.，2013）。此外，战略参照点理论（strategic reference point theory）指出焦点企业是根据自身水平与参照点的差距，而不是根据参照点绝对值水平进行决策（Fiegenbaum et al.，1996）。因此，我们有必要从焦点企业自身环保绩效水平与环保合法性（如政府规制、行业规范、同行水平）参照点的差距来探讨多重制度逻辑下企业生态创新的决策过程问题。

此外，以往研究多基于正向合法性竞赛的假设——企业均在绝对合法性标准以上"对标先进、竞相追赶"（正面典型模仿）。然而，在绿色市场未建立、规制不健全和信息不透明的情况下（面向绿色发展的制度转型早期），路径依赖和成本领先对企业盈利和生存的绝对意义可能导致负向合法性竞赛（反面典型模仿/底线博弈）盛行和正向合法性竞赛（正面典型模仿）动力不足的现实困境——不少企业甚至优秀的企业出现不遵从规制或选择性遵从规制的现象（"好公司干坏事"）（Mishina et al.，2010；柯劲婧 等，2023）。从相对绝对合法性的理论视角来看，具有高相对合法性不一定意味着具有正绝对合法性，可能是高正向合法性，也可能是高负向相对合法性，前者是挑战上限（race to the top），通过做"好人中的好人"建立好声誉（Deephouse and

Carter，2005）；而后者是挑战下限（race to the bottom），通过做"坏人中那个次坏的人"赢得底线博弈的高额回报（Zhang et al.，2022）

7.2.2 制度逻辑理论

制度逻辑理论与新制度理论存在联系与区别。制度（合法性）理论包括结构观（或制度观）和战略观（或代理观）（Heugens and Lander，2009；Suchman，1995）。早期一些研究主要从合法性结构观视角来解释企业生态创新的影响因素，强调来自利益相关者的制度合法性压力对企业生态创新的同构作用（Cleff and Rennings，1999；Frondel et al.，2007；Horbach，2008）；后期的研究融入了合法性战略观，强调了企业在制度响应过程中的主观能动性和异质性（Berrone et al.，2013；Zhang et al.，2022；郭俊杰 等，2024；王珍愚 等，2021）。

制度（合法性）结构观和战略观在制度逻辑理论中得到了整合。制度逻辑是"物质实践、假设、价值观、信念和规则等社会建构的历史模式，个体通过这些模式产生和再产生其物质生活、组织时间和空间，并为其社会现实赋予意义（the socially constructed，historical pattern of material practices，assumptions，values，beliefs，and rules by which individuals produce and reproduce their material subsistence，organize time and space，and provide meaning to their social reality）"（Thornton and Ocasio，1999：804）。制度逻辑视角是一种制度元理论（metatheory），它将个体和组织纳入了制度系统中（新制度理论结构观主要强调外部环境对社会行动者的同构作用，而对行动者的主观能动性关注有限），可以同时解释行动者行为的同质性（在制度同构下行为趋同）和异质性［制度代理人/行动者的部分能动性或自主性（partial autonomy）］（Thornton et al.，2012：15）。因此，制度逻辑视角提供了一种新的方法，通过跨层次（社会、场域、组织和个体）的分析过程，将宏观结构、文化和微观代理人整合在一起，从而解释制度如何促进和限制行动（Thornton et al.，2012：13-14）。当个人和组织认同某个特定制度化的集体身份时（这个集体身份可能基于群体、组织、职业、行业或人群），这个集体的制度逻辑会影响他们的行为，并为他们提供行动和决策的规则和惯例（Thornton and Ocasio，2008）。

与个体主义的理性决策理论（战略观）和宏观结构视角不同，制度逻辑理论认为每个制度秩序（如家庭、市场、职业、宗教、国家）都有一个主导逻辑，这个主导逻辑影响其组织原则，并为社会行动者提供了动机语言和身份认同感（Thornton and Ocasio，2008：101），以及诠释和发展现有逻辑的动力和动机（Thornton et al.，2012：77）。主导逻辑使行动者关注组织及其环境的特定特征（如市场竞争和企业层级结构），同时也塑造了可用的组织解决方案和举措（如高管继任、并购、组织变革）（Thornton et al.，2012：81）。制度逻辑不是静态的、不受变革影响的结构（Thornton et al.，2012：77）。一种主导逻辑即使被另一种主导逻辑取代，原有逻辑也可能继续存在，即使其主导地位已经减弱（Thornton and Ocasio，1999）。要从理论上确定哪些逻辑可能具有主导性和变革性，哪些逻辑可能具有竞争性或互补性和稳定性，一种方法是比较不同制度秩序中合法性来源的后果，以及这些后果对权力如何行使的影响（Thornton et al.，2012：64）。

Besharov和Smith（2014）指出在复杂制度环境中，组织嵌入了多种制度逻辑，不同制度逻辑之间的关系在不同组织中呈现出异质性而非同质性，这种异质性一定程度上反映了组织利用制度逻辑的能动性。Besharov和Smith（2014）根据不同制度逻辑的兼容性和中心性，将制度逻辑多元性类型分为主导型、对齐性、疏离性和竞争性（见图7.2），其代表着不同制度逻辑之间的冲突逐渐增加。兼容性是指不同制度逻辑背后目标一致性及对组织行为的强化；而中心性为多种逻辑在多大程度上被视为对组织运作同等有效和相关。当多种逻辑是组织核心运行的特征时，则意味着中心性较高；当单一逻辑指导核心运作，而其他逻辑体现在与组织运作无直接联系的外围活动中时，中心性较低（Besharov and Smith，2014）。

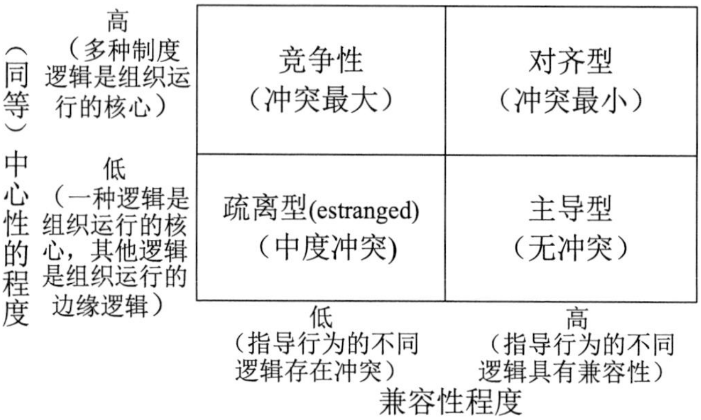

高 （多种制度 逻辑是组织运 行的核心）	竞争性 （冲突最大）	对齐型 （冲突最小）
低 （一种逻辑是 组织运行的核 心，其他逻辑 是组织运行的 边缘逻辑）	疏离型(estranged) （中度冲突）	主导型 （无冲突）

（同等）中心性的程度

低
（指导行为的不同
逻辑存在冲突）　高
（指导行为的不同
逻辑具有兼容性）

兼容性程度

图7.2　组织中的制度逻辑多重性的类型

来源：Besharov and Smith（2014：371）。

本研究关注两种制度逻辑：市场/经济逻辑和非市场/社会逻辑（Greenwood et al.，2010；Yan et al.，2019）。市场逻辑是市场力量塑造，强调利润和效率的最大化（Landerer，2013；Thornton et al.，2012）。非市场逻辑（如政府逻辑、社区逻辑等）超越纯粹自利，关注环保、社会整体福利和公平等（Greenwood et al.，2010；Yan et al.，2019），具体到本研究则主要为政府逻辑或政治逻辑。结合合法性分类，不难发现市场逻辑主要追求实用合法性，而非市场逻辑则主要追求道德合法性或社会合法性。不同制度逻辑的兼容性更多依赖于结果或目标的一致性，而非手段的一致性，因为实现结果的手段具有多样性（Besharov and Smith，2014）。换句话说，如果企业某种战略（手段）能同时获得实用（经济）合法性和（社会）道德合法性，那么其可以让市场逻辑与非市场逻辑兼容。

7.2.3　不同生态创新对企业绩效贡献的差异

根据不同的分类标准，生态创新可以分成不同的类型。为了便于测量，我们将生态创新分为生态管理创新、生态工艺创新与生态产品创新（Cheng and Shiu，2012）。生态管理创新主要指组织实施新型生态创新管理的能力和承诺，如污染防治方案、环境管理和审计制度（Cheng and Shiu，2012；

Kemp，2010），生态创新管理不能直接降低环境影响，但可以促进生态产品和工艺创新（Cheng and Shiu，2012）。生态工艺创新主要侧重于引入制造工艺，以减少对环境的影响；生态产品创新包括改进现有产品或引进新产品，以减少其对环境的影响（如节约资源、降低能耗和污染排放）（Cheng and Shiu，2012；Peng and Liu，2016）。生态创新致力于同时提升环境绩效和创新绩效（Fussler and James，1996；彭雪蓉等，2014）：前者反映其高生态效能的特点，主要是能源和资源节约和减排，而后者反映了其创新属性（Lee and Min，2015），强调引入一种利于环境的新生产组合（Schumpeter，1934）。生态创新的三种类型对环境绩效和创新绩效的贡献存在差异（Peng and Liu，2016）。

首先，三种生态创新对环境绩效的贡献存在差异。从长期来看，我们认为生态工艺创新和生态产品创新可以对环境绩效做出实质性贡献，而生态管理创新对环境绩效的（间接）贡献取决于环保管理制度是否得到落实（Aravind and Christmann，2011），以及其能否促进生态产品、工艺创新（Cheng and Shiu，2012）。生态工艺创新可以减少排放和污染、节约能源，而生态产品创新可以使产品在整个产品生命周期内资源消耗更少、更节能、更容易回收，从而直接、有效地提升企业环境绩效。

其次，三种生态创新对创新绩效（通常以财务经济绩效进行衡量）的贡献存在差异。我们认为生态产品创新带来的创新绩效最高（例如专利、绿色新产品销售收入），其次是生态工艺创新（例如提高能源效率）。生态管理创新（例如，收集和共享环境信息、倡导生态工艺和产品创新、提高绿色研发支出比例等）不能直接改善企业的环境和经济表现（Cheng and Shiu，2012）。事实上，大多数制造企业实施的生态管理创新举措很可能是"橱窗装饰"（window-dressing）（Buysse and Verbeke，2003）。当然，我们不否认生态管理创新在促进生态工艺和生态产品创新方面的潜力，其可以通过改善企业环境合法性和声誉为焦点企业带来象征性的好处（Aravind and Christmann，2011；Bansal and Hunter，2003），最终对企业财务绩效利好。

最后，三种类型的生态创新可见性存在差异，进而会影响它们对环保绩效和经济绩效的贡献。生态管理创新（例如ISO 14001认证和引入环境管理系统）和生态产品创新很容易被利益相关者察觉。也就是说，生态管理和生态产品创新比生态工艺创新具有更高的可见度。根据资源依赖理论，企业行为可见性越高，其越可能从外部利益相关者处获得合法性和资源（Chiu and Sharfman，2011）。从短期来看，生态管理和生态产品创新在获得环境合法性和来自外部利益相关者的资源方面比生态工艺创新具有优势（Aravind and Christmann，2011；Bansal and Hunter，2003）。考虑到三类生态创新的风险、投入与产出，生态管理创新往往是希望提高环境合法性的企业首选。

7.3 研究方法

本研究采用纵向案例研究方法。案例研究多回答"How"和"Why"的问题（Yin，2009），能更细致地展示过程及因果机制，具有更高的内部结论效度。纵向案例研究可以对案例进行更深入的分析，并捕捉到研究现象的动态变化过程（Capaldo，2007），从而帮助我们更好地理解在绿色转型背景下企业生态创新的动态演化过程。

7.3.1 案例选择

基于理论抽样（theoretical sampling）的原则（Eisenhardt，1989），我们选择了二次电源行业的N企业作为案例研究的对象。首先，N企业的生态创新水平在行业处于领先地位，且生态创新的内容在时间上呈现动态变化，具有典型性（Eisenhardt，1989）；其次，N企业是环保部门公布的重点排污单位，面向绿色发展的制度转型对企业环保和生态创新决策至关重要；最后，N企业是二次电源行业上市较早的领先企业，可获得的公开信息较多。N企业主要信息见表7.1。

表7.1 N企业基本概况一览表

所属新证监会行业	电气机械和器材制造业（行业代码：C38）		
核心产品和业务	铅酸电池、锂电池、电池回收；产品主要用于工业和电力储能		
市场占有率	国内6.5%+、Top 5；海外市场覆盖国家超过150个		
成立时间	1994年	上市时间	2010年
所有权性质	民营	总部所在地	浙江杭州
总资产（2023年底）	182亿元	净资产	53亿（占29%）
营业收入（2023年底）	147亿元	海外销售收入	22亿（占15%）
员工人数（2023年底）	5 161	技术人员	568（占11%）
申请专利数（2001—2023年）	2 350项	识别的绿色专利	985项（占42%）
是否为环境保护部门公布的重点排污单位	是	首次入选工信部"绿色制造"批次	第二批（2017年）
"绿色制造"认证覆盖类型	6款产品入选国家绿色设计产品名单，3个子公司入选国家绿色工厂名单，2个子公司入选国家绿色供应链管理企业名单		

注：国家绿色制造包括国家绿色工厂、绿色设计产品、绿色工业园区和绿色供应链管理企业。环境保护部门公布的重点排污单位包括上市公司及其子公司。

7.3.1.1 案例企业发展历程

N企业创立于1994年9月，是南都集团的核心子公司之一，2010年4月在深交所创业板上市。N企业早期产品主要为铅酸蓄电池，产品主要用于工业储能——通信运营商和数据中心的后备电源。上市前N企业在通信后备电池市场国内市占率排名第三，海外市占率在国内企业中排名第一。公司是早期布局锂电池和电力储能的企业之一，但早期的业务规模较小。2001年，N企业与他方共同出资成立上海南都瑞宝能源科技有限公司（简称"上海锂电"），涉足锂离子电池产业。但上海锂电业绩不佳，连续亏损，历经四次股权转让。2008年12月，N企业的子公司杭州南都电池有限公司收购上海锂电的有效经营资产（后"上海锂电"注销），并在此基础上成立了锂电事业部。2010年，公司设立杭州南都动力科技有限公司（简称"南都动力"，该锂离子电池生产基地于2012年4月开工建设，将公司锂电产能扩大了10倍，但2013—2014年锂电业务处于亏损状态）；同年，公司投建了国内第一个储能示范项目"东福山岛风光柴储能电站"，进入电力储能产业。2011年借行业环保专项整治的契机收购两家企业，进军两轮车低速动力电池产业。2015年通过收购安徽华铂再生资源科技有限公司进入再生铅的行业——市场化废旧铅酸电池的回收再利用，形成铅酸电池"原材料→产品应用→运营服务→资源再生→原材料"产业闭环。2017年，公司设立安徽南都华铂新材料科技有限公司，开展锂电回收及新材料业务，打通锂电产业链；2021年9月首期锂离子电池回收项目投入试生产。此外，2016年12月，公司成立浙江南都能源互联网运营有限公司（2022年更名为浙江南都能源科技有限公司），加速发展电力储能业务。2016年和2017年公司先后参股长春孔辉汽车科技股份有限公司、北京智行鸿远汽车有限公司，布局新能源汽车车用动力电池领域。2021年，公司出让部分股权剥离低速动力电池业务（民用储能）并回流资金，以聚焦工业储能和电力储能业务全产业链。企业发展的关键事件见表7.2。

表7.2　N企业发展的关键事件

时间	关键事件	涉及业务范围
1994年9月	公司前身杭州南都电源有限公司正式成立，主要从事铅酸电池生产（1996年3月，第一批阀控密封电池生产线投产）	铅酸电池
2001年10月	公司在上海注册成立上海南都瑞宝能源科技有限公司（后更名为上海南都能源科技有限公司，简称"上海锂电"），涉足锂离子电池产业	锂电池
2005年11月	公司第一家海外分公司"Narada Asia Pacific Pte. Ltd"在新加坡注册成立	国际化
2006年7月	杭州南都能源科技有限公司（临安南都）成立，铅酸电池为主要产品（2014年被注销，资产并入上市公司）	铅酸电池
2007年7月	杭州南都电池有限公司（临平南都）注册成立，业务为铅酸电池生产，2011年环保专项治理停产恢复后，仅生产锂电池（2014年被注销，生产线并入南都动力）	锂电池
2008年12月	公司的子公司杭州南都电池有限公司收购了上海锂电的经营性资产，并以此为基础成立了锂电事业部	锂电池
2010年4月	在深交所创业板成功上市，股票代码为300068	上市

续表

时间	关键事件	涉及业务范围
2010年11月	杭州南都动力科技有限公司（南都动力）设立，生产锂电池，将锂电池产能扩大10倍，2016年产能又扩大了3倍	锂电池
2010年11月	为中国第一个规模化实际应用储能项目——浙江东福山新能源项目独家提供储能电池，进军电力储能行业	电力储能
2011年9月	收购安徽省界首市南都华宇电源有限公司（动力铅酸电池生产）、浙江长兴南都电源有限公司（动力铅酸电池销售），进入动力电池领域	低速动力电池
2014年1月	武汉南都新能源科技有限公司注册成立，主要生产大容量铅酸电池	铅酸电池
2015年6月	收购安徽华铂再生资源科技有限公司（2017年7月完成资产重组，成为全资子公司），主要业务为废旧铅酸电池的回收，形成铅电产业闭环	废旧铅酸电池回收
2016年8月	参股长春孔辉汽车科技股份有限公司，以此增强公司在新能源汽车系统集成领域的能力	新能源汽车动力电池
2016年12月	成立浙江南都能源互联网运营有限公司［后更名为浙江南都能源互联网有限公司（2020—2022年）、浙江南都能源科技有限公司（2022年—）］，从事储能系统生产，加速发展新型电力储能业务	电力储能
2017年1月	收购北京智行鸿远汽车有限公司股权，成为其第一大股东，布局新能源车用动力电池业务	新能源汽车动力电池
2017年11月	安徽南都华铂新材料科技有限公司注册成立，开展锂电回收及新材料业务，打通锂电产业链（2021年9月首期锂离子电池回收项目投入试生产）	废旧锂电池回收
2018年9月	浙江南都鸿芯动力科技有限公司设立，从事锂电池生产（2024年子公司安徽华铂再生资源科技有限公司划入该公司）	锂电池生产及回收
2021年12月	出售安徽界首市南都华宇电源有限公司（"华宇"）和浙江长兴南都电源有限公司各70%股权给雅迪集团，2022年把华宇剩余30%股权转让给雅迪，剥离低速动力电池业务	剥离低速动力电池业务

资料来源：根据年报、企业发展历程、浙商证券研究报告整理而成。

7.3.1.2 案例企业环保风险

（1）铅酸蓄电池污染风险：铅酸蓄电池行业的污染主要源自两方面：一是来自生产环节，二是来自回收环节。在生产环节，铅酸蓄电池在生产过程中主要产生的污染物为铅烟、铅尘及含铅废水，其排放情况与企业采取的环保措施有极大关系。从技术上来讲，铅酸蓄电池生产的环保治理并不难，只要规范设置相关环保设施，遵守环保制度，严格按环保治理工艺流程进行操作，完全可以实现污染物的安全达标排放（IPO2010）。

与生产环节相比，废旧铅酸蓄电池的回收处理是目前更大的污染原因。我国再生铅行业（铅酸电池原材料）主要采用的是火法冶炼，能耗大，不环保；而在国外主要采用湿法冶炼，整套设备自动化程度非常高，没有污染，但其设备价格高，运行成本也非常高，在没有足够的原料的情况下（低规模经济），很难支撑运行成本（IPO2010）。而在废旧铅酸电池的回收环节，早年在相关法律法规不健全、行业标准缺乏的情况下，可谓乱象横生，大量缺乏铅回收资质的企业涌入这个行业，导致废旧电池回收过程中的铅污染。近年来，相关法律法规和行业标准日趋完善，如生态环境部出台的《废铅蓄电池处理污染控制技术规范》（HJ 519—2020 代替HJ 519—2009）、《废铅蓄电池危险废物经营单位审查和许可指南（试行）》（公告［2020］第30号）等，规范废铅蓄电池危险废物经营许可证审批和证后监管工作，铅蓄电池收集、贮存、运输、利用和处置过程的污染控制，提高了废铅蓄电池污染防治水平。

（2）锂电池污染风险：锂电池生产过程中会产生大量的废水和废气，其中含有有害的化学物质，如氨气、氢氟酸、氮氧化物等，可能对环境和人类健康造成危害。此外，锂电池回收和处理也可能对环境造成污染，特别是如果回收和处理不当，可能会导致有害物质的泄漏和污染。

相比于铅酸电池，锂电池具有更小的环境污染风险，原因在于：第一，铅酸电池中使用的铅和酸，对环境和人体健康的影响更大。铅在环境中难以降解，积累到一定程度后会对水源、土壤和植被造成严重污染。酸性电解液会导致土壤和地下水酸化，损害植物生长和生态系统平衡。第二，锂电池中使用的材料相对更环保，但是在生产和处理过程中也会产生废水、废气和废物。如果处理不当，可能会对环境造成污染。第三，锂电池有较长的使用寿命，相对于铅酸电池更少需要更换和处理，因此对环境影响更小。第四，在回收和处理方面，铅酸电池的处理更加复杂和耗时，同时也会产生更多的有害废物。而锂电池的处理相对更加简单，同时产生的有毒废物也更少。

7.3.2 数据收集

多渠道收集数据可以进行三角验证，以确保数据的效度（Yin，2009）。本案例研究主要通过以下几个渠道进行数据收集：①企业调研：调研包括现场考察、与管理人员现场和电话访谈等，以此获得内部档案资料和一手资料。②企业公开披露的资料，包括企业年报、CSR报告、环境报告、企业公告、企业官网信息、公众号信息等。③专业科研数据库：如CSMAR、CNRDS等，主要获得企业专利、政府补贴、财务数据等。④背景材料：根据企业所在的行业和调研过程中访谈对象提及的背景信息，对可能影响案例企业的背景材料进行了收集，包括全国人民代表大会常务委员会（下文简称为人大会）工作报告、政府工作报告、相关法律法规、行业规范、重大环保事件等。我们对收集的数据进行了分类编码（见表7.3），以便于案例分析引证。

表7.3　案例数据收集情况一览表

数据类型	数据内容描述	编码
访谈记录	实地调研访谈6次，电话访谈2次，访谈对象包括现任和前任高管、技术研发人员、社会责任部管理人员等	FT
档案材料	招股说明书（2010年，1份）	IPO
	企业年报（2010—2023年，共14份）	AR
	CSR报告（2009—2023年，缺2011年和2013年，共13份）	CSR
	其他公开材料（如投资者关系活动记录、公司研究报告、CSMAR等数据库获得的信息、新闻报道等）	PD
	内部非公开材料	NPD

数据类型	数据内容描述	编码
背景材料	全国人大会工作报告	NPCR
	政府工作报告	GR
	有关环保的法规、规划、政策和重大事件（新闻报道为主）	REG
	政府有关部门颁布的行业规范和发布的行业重大环保事件	NORM
	行业研究报告、同行年报	PAR
	同行招股说明书	PIPO

注：后文的案例分析使用到的材料，我们会在编码后面加上年份。比如"FT2010"表示引证材料是来自2010年的访谈资料。

7.3.3　数据分析

为了更为真实地反映案例企业的真实故事，借鉴以往纵向案例研究的做法（Marginson，2002；Schulze and Brusoni，2022；Stonig et al.，2022），在数据分析时我们做了以下努力。

（1）绿色关键事件的识别。案例分析旨在解开错综复杂事件（events）间的因果关联（Maxwell，2004），对于绿色关键事件的识别是本案例分析的第一步。具体而言：我们查阅了企业招股说明书和年报的关键事件、企业官网关于企业发展历程的介绍、证券分析师对上市公司的系统分析报告，确定了企业发展历程的关键事件，尤其是与生态创新相关的关键事件（见表7.2）。在此基础上，我们以关键人物（如首席执行官、研发人员、环保管理人员）访谈的方式向企业方确认了我们识别的关键事件是否符合企业发展的实际，以及促成这些关键事件发生的情境因素（contexts）（Maxwell，2004；Stonig et al.，2022），包括国家环保相关法律、法规、政策、行业规范和关键事件等。

（2）关键阶段和事件因果关系及动态演化过程的识别。第一，根据关键事件分析和访谈，我们确定了企业绿色转型的关键阶段，以捕捉企业生态创新决策的动态过程。第二，为了识别事件因果关系，我们对收集的材料进行了主题编码。围绕研究主题（制度转型、合法性参照点、生态创新决策等），我们设置了初始编码主题，再根据数据编码过程中涌现的新主题对初始主题进行了修正。在主题编码的基础上，我们对编码主题之间的因果关系进行了编码，以识别主题之间的联系和构建理论（Eisenhardt，1989；Gioia and Pitre，1990）。这是一个数据与理论反复迭代的过程，以确保构建的理论与数据高度切合（Eisenhardt，1989）。

（3）分析结果可视化。我们用图构建了案例企业生态创决策的动态演化过程，并将我们的研究发现与企业人员进行了交流，以确保研究发现能准确地反映企业的真实情况。

7.4   案例发现

根据环保规制环境变化以及企业关键事件等，我们将案例企业生态创新决策的演化过程划分为三个阶段：合群博弈阶段（2002—2010年）、合规守正阶段（2011—2014年）和合规合群耦合阶段（2015年至今）。我们围绕制度环境（包括正式和非正式制度环境）、合法性参照点、生态创新决策等对每个阶段进行分析，以揭示正式制度和行业非正式制度共演下企业生态创新战略决策的动态变化。

7.4.1   合群博弈阶段（2002—2010年）

7.4.1.1   制度转型与合法性竞赛特征：相对合法性竞赛对绝对合法性对齐的抑制

（1）环境问题凸显与正式制度转型：绝对/正向合法性底线上升。

改革开放以来，工业化、城镇化在带动经济快速增长的同时，也造成了日益严重的环保污染问题（Garnaut et al.，2018；Wang et al.，2018；李青原和肖泽华，2020；张宁，2022）。具体到案例企业所在的铅酸电池行业，2000年后，全国多个铅蓄电池生产地相继爆发"血铅超标"污染事件。案例企业所在的浙江省发生了多起血铅超标事件（见表7.4）。

表7.4 案例企业所在浙江省铅酸电池企业"血铅超标"重大事件

时间	血铅超标事件	环境专项治理
2004年5月	浙江湖州长兴县蓄电池企业违规排污导致超500儿童血铅超标	到2005年11月底，全县蓄电池企业175家减少了125家，仅剩50家
2011年3月	浙江台州路桥区铅酸电池企业周边村民查出168人血铅超标（共658人进行了体检），其中儿童53名	21家铅酸蓄电池生产企业全部停产，106家电镀企业关停20余家，淘汰手工电镀生产线30条，关停熔炼企业500多家
2011年4—5月	浙江湖州德清县海久公司（铅酸蓄电池生产企业）导致332名职工和周边村民血铅超标（共体检2 152人），其中儿童99人	起因是企业违法违规生产，职工卫生防护措施不当，县、镇政府未实现防护距离内居民搬迁承诺，地方政府及相关部门监管及应对不力。国家环境保护部决定对湖州市实施全面区域限批，取消湖州市德清县生态示范区资格

资料来源：作者根据公开信息整理而成。

为了应对环境污染问题，我国环保相关法律体系不断完善，环境规制理念大致经历了"经济发展优先生态保护"（1949—2001年）、"在保护中发展、在发展中保护"（2002—2011年）到"生态优先"三个阶段（2012年至今）（张小筠和刘戒骄，2019）。从中央和地方政府工作报告提及环保相关的词频数，也可以发现政府对环保的重视度提升（见图7.3）：1995年之后，中央政府工作报告提及环保词频明显增多，2007年（党的十七大召开年份）高达59次，而案例企业所在的浙江省政府工作报告（2002—2024）提及环保相关词频多数年份明显高于中央政府工作报告提及次数，一定程度上说明浙江省政府在贯彻落实中央环保精神方面比较到位。

图7.3 中央和浙江省政府工作报告中提及环保相关词频数

注：环保相关词频包括环境保护、环保、污染、能耗、减排、排污、生态、绿色、低碳、空气、化学需氧、二氧化硫、二氧化碳、PM_{10}、$PM_{2.5}$等；2008金融危机前后、2020—2022新冠疫情三年，可能导致环保相关词频要低于正常预期。

　　2002—2010年期间，党中央先后提出了"科学发展观"（2003年）、"建设生态文明"（2007年）等重要思想，这一时期我国环境规制理念由过去"重经济增长、轻环境保护"向两者并重转变（张小筠和刘戒骄，2019），旨在推动经济发展绿色转型。国家层面的环保法律法规和政策在这一时期逐步建立和完善，如《中华人民共和国清洁生产促进法》（2002年；2012年修订）、《中共人民共和国环境影响评价法》（2002年）、《废电池污染防治技术政策》（环发〔2003〕163号；企业招股说明书有提及；2016年进行了修订）、《排污费征收使用管理条例》（2003年；1982年2月5日国务院发布的《征收排污费暂行办法》和1988年7月28日国务院发布的《污染源治理专项基金有偿使用暂行办法》同时废止）、《中华人民共和国固体废物污染环境防治法》（2004年）、《危险废物经营许可证管理办法》（2004年）、《中华人民共和国工业产品生产许可证管理条例》（2005年；企业年报有提及；《中华人民共和国工业产品生产许可证管理条例实施办法》于2014年4月颁布）、《中华人民共和国可再生能源法》（2005年；2009年修订）、《节能减排综合性工作方案》（2007年）、《环境信息公开办法（试行）》（2007年）、《中华人民共和国循环经济促进法》（2008年颁布，2018年进行了修订）、《关于加强重金属污染防治工作的指导意见》（国办发〔2009〕61号）、《电池行业重金属污染综合预防方案（征求意见稿）》（2010年工信部组织编制，焦点关注电池绿色生产和回收技术；企业年报有提及）。但是，这一阶段法律法规和政策的实施细则尚缺乏，尤其是针对不同行业的落地方案未出台，且更多关注回收环节的污染和资源再利用，而对生产环节的环保法律法规和政策关注有限，从而在一定程度上影响了规制在铅酸电池生产企业层面的落地。

除了强制性的环保规制外，和可持续发展相关的产业规划也对企业环保战略和举措具有引领作用。比如这一时期，案例企业在招股说明书和年报中提及的规划有《关于加快培育和发展战略性新兴产业的决定》（国发〔2010〕32号）、《关于推进第三代移动通信网络建设的意见》（工信部联通〔2010〕106号）、《电动汽车科技发展"十二五"专项规划》（国科发计〔2012〕195号；2010年年报提及）等。这些规划主要对企业生态产品创新（特别是资源节约型）和业务布局的方向有引导作用，而对环境友好型的工艺创新的影响有限。因此，相关产业规划不作为本阶段重点讨论的内容。

（2）国内行业非正式制度转型滞后：负向合法性竞赛盛行。

正式规制（国家法律法规）的转型可以一蹴而就，但非正式制度（地方执法弹性和行业潜规则）的转型却具有惯性和滞后性（Peng，2003），从而导致绿色转型的早期会出现非正式制度与正式制度博弈的现象。具体表现如下。

第一，地方政府与中央政府的博弈。在中国垂直（中央到省、市、区/县、乡等地方政府）和属地管辖并存的环境治理制度下（Wang et al.，2018），中央政府制定环境政策，而这些政策的实施落地主要由地方政府负责。在这种情况下，地方政府充当中央政府管理地方企业的代理人。因此，当代理人缺乏足够监管时，就会出现委托代理问题（Wang et al.，2018）——地方政府违背中央政府意愿，采取机会主义行为，如与地方企业合谋、有选择地实施环境政策等。地方政府这种机会主义行为的根本原因是以经济为中心的地方官员传统考核制度的惯性效应（Wang et al.，2018）。1978年改革开放后的很长一段时间里，经济增长（如GDP总量和GDP增长率）是考核地方官员政绩的主要指标。相关实证研究表明：地方GDP增长率与地方官员的晋升正相关（Chen et al., 2005）。因此，当环境目标与经济目标发生冲突时，若无强有力的地方政府监管机制和环保绩效考核机制，叠加环保规制实施细则尚不健全等现实，地方政府实施环境治理的动力不足。党的十六大（2002年）以来，中央政府非常重视环境保护，但地方政府仍然依赖过去的增长模式（即经济发展优先于环境保护），与中央政府的环保步伐不一致（Child et al., 2007）。早期地方政府重经济、环境执法不到位的现象，可以在浙江省最大的铅蓄电池生产地——长兴县环保整治中找到印证：

> "由于蓄电池业对当地（浙江长兴县）经济的重要影响，其治理也显得困难重重。事实上，在接到附近群众的（儿童铅中毒）投诉后，去年（2003年）11月6日，长兴县环保局对天力公司（国内最大的铅酸蓄电池生产商——浙江天能电源有限公司2003年收购的一家小厂）下达了处罚决定书，责令该公司立即停产，并处罚款48 000元。后者提出，如果进行处罚的话，可能会影响到天能公司的上市，因此要求处罚暂缓。据记者了解，处罚至今仍未执行。"（PD2004："蓄电池之乡"长兴：500儿童铅中毒事件调查）

第二，企业与政府的博弈。在中国环境治理的背景下，企业往往面临着来自地方政府和中央政府不一致的环境压力（Liu et al., 2020；Wang et al., 2018），而企业能够应对这种多重压力的资源有限。因此，企业不得不根据利益相关者诉求的相对权力性、合法性和紧迫性来评估哪些利益相关者的期望（例如地方或中央的期望）应优先得到满足（Mitchell et al., 1997）。对于企业来说，逐利是一种本能，这种本能与早期经济发展优先的多数地方政府的首要目标是一致的。因此，在无中央政府直接干预或长效监管的情况下，优先满足地方政府的期望（以效率优先）是更为理性的选择。另外，当低层级的地方政府感受高强度的上级政府环境治理压力时，会将这种环境压力转嫁给辖区地方企业。在这种情况下，政府环境规制可能会面临来自高分散、高竞争行业的企业集体讨价还价（Zhang et al.，2022）。原因有二。

一是"低小散"企业或作坊①没有财力投入环保，更不可能引进高端技术和人才。面对高压的环保规制，企业往往会铤而走险，与环境执法博弈——公开遵从，但私下违规排放等。数据显示：在2011年前，全国铅酸电池生产企业有2 000多家（2011年环保专项行动关停超过80%）②，大量中小企业（手工作坊）为节约成本对必配环保设备投入不足。2003年的一篇新闻报道写道："长兴县被调查的102家蓄电池企业中，仅27%的极板生产企业环保设施基本完善，组装企业环保设施基本没有配套，几近全行业污染。废酸水不经处理直接排放在土地上，铅尘酸雾不经净化在四处蔓延，一片片土地悄无声息地被污染。孩子铅中毒，庄稼铅超标，地下水被污染，整个的村子被迫买水喝。"2004年，浙江启动首轮"811"③生态环保三年行动，长兴县自查发现，当地仅一家铅蓄电池生产企业符合环保标准。2004年浙江自上而下进行环保整治，长兴县地方政府在环境执法过程中客观上也困难重重，甚至迫于现实压力而做出了妥协，以应对企业的群体博弈。相关佐证如下：

> "当时我们面临的问题确实很复杂（湖州市环保局副局长徐兆辉回忆），特别是对'低、小、散'电池厂的整治和关停，引发了一些矛盾和纠纷，当时甚至有业主威胁执法人员：'你们要再来关厂，我就从楼上跳下去。'长兴县环保局党组成员俞文杰说，当时一个蓄电池能赚十多块钱，各个小电池厂效益都很好。'有的在晚上摸着黑、偷偷生产，有的干脆全天生产。'"（PD2008：从175家到16家：一个电池之都的转型路）

> "一些小企业要是上了相关的环保配套设施，就没利可图了，

---

① "低小散"企业是指产业层次低、产品档次低、产出水平低、税收贡献低，生产规模小且缺乏节能减排等配套设施，空间布局散乱，不符合产业政策的落后生产设备、工艺等产能，达不到安全生产、环境保护、节能降耗等法律法规要求以及其他违法生产的企业（作坊）。

② 全国2 000余家铅酸蓄电池企业80%被关停。https://www.antpedia.com/news/29/n-181329.html。

③ "8"指的是浙江省八大水系；"11"既是指全省11个设区市，也指当年省政府划定的区域性、结构性污染特别突出的11个省级环保重点监管区。

更多的厂为了省下这一部分环保投入，宁可选择污染大地。环保局也曾多次进行大力整治和处理，在最近的一次调查中，他们对90多家企业提出了各种不同程度的处罚和整治意见，然而，'上有政策，下有对策'，蓄电池企业的各种对策令他们瞠目。有些蓄电池厂打一枪换一个地方。这个地方被查了，就搬到新的地方，建厂房是很容易的事，可留下的烂摊子却没人收拾。有些厂能拖则拖，交点罚款了事。环保部门责令企业停产，可还有70天的调节期才能上诉法院强制执行，那就等着吧。"（PD2018）

二是大企业是地方经济的重要贡献者，涉及利益相关者众多（如地方就业），当出现环保问题时，地方政府可能会"网开一面"，这种制度底线弹性给了大企业博弈的空间和信号提示（前文天能的例子可以作为佐证）。

在此大环境下，案例企业环保方面也未能独善其身。这一阶段公开资料显示，案例企业的子公司临平南都2007年因废水进入雨水系统被国家环保局（非地方政府）罚款（IPO2010）。究其背后的原因：一方面源于电池行业相关法律法规不健全，企业无法可依以及地方政府执法不严；另一方面，可能更多源于国内同行"负向合法性竞赛"的压力，领先企业坚守底线的曲高和寡、难以为继，否则在市场竞争中因环保投入带来的成本劣势被逆向淘汰。

（3）海外市场逻辑嵌入：正向合法性竞赛学习

2004年国内电池生产量为280亿只，出口各种电池221亿只，约占电池生产总量的79%。而对欧盟、北美的出口量均占到20%左右。这一阶段N企业产品在国内外销售比例分别占70%和30%（见图7.4），因此环保参照对象除了国内的同行外，还有国外的规制和同行。N企业2001年进入海外市场，2003年开始实施海外销售战略，2005年11月，第一家海外分公司在新加坡注册成立。在海外市场，N企业在通信后备电池市场的竞争者主要有美国的EnerSys（艾诺斯，1999年成立）、Exide Technologies（埃克塞德科技集团，1888年成立）、C&D Technologies（西恩迪技术，1906年成立）等几家国际性大企业，这些企业拥有资金、技术、环保等方面的优势，占据了海外主要市场份额（IPO2010）。这些海外领先的竞争对手为N企业提供了更高的环保参照标准。

图7.4 2007—2023年N企业海外销售收入及占营收的比重变化

此外，N企业进入海外市场，需要达到海外市场准入标准（见表7.5），如通过环保相关的认证，且面临外来者劣势，这些为N企业提出了更高的环保参照标准。例如，调研中，访谈对象多次提到欧盟《关于在电子电气设备禁止使用某些有害物质指令》（ROHS指令），"要求投放于市场的新电子和电气设备不得包含铅"（IPO2010）。欧盟环保ROHS指令"迫使国内电池出口商必须寻找新技术、新材料，而这必然要增加企业生产成本压力。"（PD2006：镉含量限制压缩至0.002%，电池企业艰难转型应对欧盟环保指令）

表7.5 海外通信行业准入政策

	海外市场	通信行业准入政策
1	欧洲市场	需要符合《关于在电子电气设备禁止使用某些有害物质指令》（ROHS指令）
2	美国	获准进入美国电信市场销售需要取得NEBS（Network Equipment-Building System）认证。该认证需要产品通过各种极端使用环境下安全性能的测试
3	印度	国有电信运营商BSNL要求电池供应商取得印度电信工程中心TEC（Telecommunication Engineering Center）认证，该认证需要供应商在印度本土拥有生产装配线。私营电信运营商采购不受TEC认证的限制

续表

	海外市场	通信行业准入政策
4	巴西	进入巴西电信市场需要取得ANATEL（Agência Nacional de Telecomunicações）认证，该认证需历时一年多，通过各项测试方可取得
5	俄罗斯	取得GOST及Hygienic认证
6	尼日利亚	需要取得SONCAP（Standards Organization of Nigeria Conformity Assessment Program）认证。SONCAP是为了保护人身安全，其认可的标准在注重性能的同时更加注重安全要求

资料来源：企业招股说明书；注：N企业IPO时除印度TEC认证外，其余准入资格均取得。

还有，海外绿色市场需求也有别于国内市场，多位访谈对象提到海外客户，尤其是大客户，除了看重产品的性价比外，还注重企业的环保（不仅是节能环保还有环境污染问题）和社会责任表现，比如生产过程中的职业安全和健康问题、绿色供应链管理等。

7.4.1.2 合法性战略导向与生态创新决策

这一阶段（2002—2010年）尽管国家正式制度已开始转型促进绿色发展，但具体到行业层面的实施细则标准未建立。这种情况下，大多数同行企业的表现成为焦点企业应对制度不确定性的重要参照点，即"合群"参与相对合法性竞赛成为维持竞争优势的首选。本阶段国内同行环保规制响应逻辑表现为负向合法性竞赛——大多数企业环保不达标，与不确定的正式制度博弈。鉴于N企业是上市公司（2010年上市）、产品出口海外面临更高的环境规制，国内的客户也是大客户，且环保成本可以在一定程度上通过产品溢价转嫁给高环保导向的用户，N企业环保绩效的参照点要高于行业中位数水平，向行业龙头企业（位于同省的天能、超威，以及他省的哈尔滨光宇、江苏双登、深圳的艾诺斯（中国）华达等）看齐。但这一阶段N企业和行业龙头企业（如天能）均有环保违规现象，其合法性竞赛参照点本质上为高负向合法性导向。

值得注意的是，尽管海外市场行业（环保）规制更明确，海外竞争对手环保水平和海外绿色市场成熟度明显高于以中国为代表的新兴经济体，但由于N企业主要采用"出口"的方式进入海外市场，海外市场正式国家规制和非正式的行业规制对总部和工厂位于国内的N企业的影响非常有限，集中体现在满足海外市场准入的各种环境管理认证方面（即生态管理创新）。

（1）生态创新的强度：较低。

在第一阶段（2002—2010），案例企业共申请专利56项，其中绿色专利为21项，占比37.5%；从年均申请专利数来看，第一阶段年均申请专利数为6项，其中年均绿色专利申请数为2项（见表7.6）。第一阶段，总体上专利申请的数量较少。

表7.6 不同阶段案例企业专利申请数

阶段	申请总数			年均申请数	
	所有专利	绿色专利（Max）	绿色专利占比	所有专利	绿色专利（Max）
2002—2010年	56	21	37.5%	6	2
2011—2014年	90	42	46.7%	23	11
2015—2023年	2191	920	42.0%	243	102

数据来源：根据CSMAR、国家知识产权局等信息整理筛选所得。绿色专利是根据绿色专利IPC分类号匹配以及专利信息关键词内容分析识别的绿色专利取最大值（见图7.5）。具体过程见图7.5下的说明。

图7.5 2001—2023年N企业申请专利和绿色专利情况

数据来源：由作者专利检索和分析所得。我们在CSMAR获取N企业历年所有子公司和联营公司信息，然后根据N企业及子公司信息在国家知识产权局（https://pss-system.cponline.cnipa.gov.cn/conventionalSearch）手工下载了N企业申请的所有专利信息，包括专利的申请年份、专利名称、摘要、专利IPC分类号、专利申请企业等。在此基础上，我们采用了两种方式来筛选绿色专利，第一种根据绿色专利分类号，用N企业的专利IPC分类号进行匹配，以获得绿色专利；第二种用环保相关的关键词在专利名称和摘要中进行关键词匹配，以获得绿色专利。注：我们的数据某些年份大于企业年份披露的值，原因是我们纳入当年并购企业的专利申请数，以更好地反映企业战略调整所带来的创新变化。

（2）生态创新的内容：管理+EOP+产品+工艺。

N企业这一阶段生态创新集中在生态管理创新（如环境认证、绿色人力资源管理、绿色供应链管理、环保组织创新等）、末端治理［end of pipe（EOP）treatment］、资源节约型产品创新（包括渐进式和突破式）和工艺创新等方面（相关证据见表7.7、表7.8和表7.9）。

表7.7　2011—2014年N企业生态创新决策内容及典型证据

生态创新类型	典型引证
生态管理创新	环保投入：公司在十多年发展过程中不断加大环保投入，强化环保管理力度，持续做好节能减排工作，现已累计投入环保资金近四千万元并仍在持续投入。（CSR2010） 截至2009年末，环保设备及工程投入累计为3 403.45万元，其中临平南都1 491.99万元，临安南都1 911.46万元。临平南都的环保设施投入达915.99万元，其中废水处理设施641.33万元，铅尘处理设施49.01万元，铅烟处理设施49.40万元，酸雾处理设备153.40万元。2007—2009年临平南都环保投入主要包括配件购买、设施维护、耗材购买、人工费用、折旧等。（IPO2010） 环保组织创新+初级产品生命周期评估管理（life cycle assessments，LCA）：成立铅回收事业部，2009年10月至2010年6月委托铅回收企业共回收废旧电池中铅1000t，在节约原材料资源的同时维护了环境的安全。（CSR2009） 环保管理体系（EMS）导入：公司1998年通过挪威船级社DNV公司的ISO9001质量体系认证，2000年公司在行业内率先通过挪威船级社DNV公司的ISO14001环境体系认证；同时，公司重视与环保相关的职业健康工作，2007年9月通过OHSAS18001职业安全卫生管理体系审核，2007年11月导入IECQQC080000危害物质过程管理体系，2008年通过SA8000社会责任认证，通过了杭州市清洁生产和循环经济的验收。（IPO2010；案例企业CSR和环保相关的认证见表7.8） 绿色HRM：公司开展绿意葱茏映南都绿化认养活动，每位员工自发在企业的绿化园地认养一棵树，树立环保意识，为环境的改善尽一份力。（CSR2010） 绿色供应链管理：公司加强对供应链的管理，提升供应商环保意识，推进环保管理工作，推动供应链更加绿色环保。（CSR2010）

续表

生态创新类型	典型引证
初级末端治理（EOP）	公司设置高性能环保设备，包括除尘器、高效除尘器、烟尘净化器、玻璃钢酸雾净化塔，确保废气达标排放。其中：超高效除尘器的处理效率高达99.97%以上；湿式铅烟净化器处理效率达到99.5%以上。公司采用行业领先的污水处理系统，包括多级隔油池、斜板沉淀池、箱式压滤机、锰砂过滤、活性炭吸附等等，保证出水pH稳定，确保废水达标排放。同时，为了节约自来水，公司于2011年新建中水回用系统，可回收80%的水进行重复利用。（CSR2010） 投入巨资的净化处理器、污水处理等环保设备技术先进，水质经环保处理后各项指标均达到《污水综合排放标准（GB 8978—1996）要求，达到《城市污水再生利用　城市杂用水水质标准》（GB/T18920—2020）标准，加大了水循环再利用。（CSR2010） 废酸回收：目前废酸设备处理量为6t/d，实际运行过程中废硫酸回收率均可达到80%以上，金属离子截留率达到88%以上。（CSR2010）
资源节约型生态产品创新	渐进式资源节约产品创新："节约成本的产品企业一直在做，追求更高的比容量、循环寿命和更低的耗材"（FT2023），N企业四代电池差别比较见表7.9。 突破式资源节约产品创新：①高温型节能环保电池：公司成功自主研制出在35~40℃的高温环境下正常工作的节能环保电池，使基站中电池的工作环境提高10℃，大幅降低基站空调能耗，满足客户节能减排的需求。（AR2010）；②cooler产品：公司积极响应国家低碳、环保要求，从材料、外包设备出发，为客户提供节能、环保、低碳的集成设备，于2009年开发cooler产品，有效降低用电量。（CSR2010）
资源节约型工艺创新	新型板栅成型工艺：该技术是目前国际上最节能、环保的铅酸蓄电池技术之一，是传统阀控密封蓄电池工艺和技术的革新。该技术通过铅连续轧带、冲扩、连续涂板来完成电池极板的制作，可取代现有的浇铸板栅。采用本技术生产的板栅以重量轻、可连续生产而闻名于世，板栅合金重量较现有浇铸板栅轻30%以上；大幅减少了铅烟尘的排放，车间环境非常整洁；提高了极板的制造精度，大大降低了用铅量。（IPO2010） 阀控密封电池高温快速固化工艺：本技术使极板固化时间从原来的24h缩短至6h以内，干燥时间从36h缩短至12h以内，从而达到大幅缩短生产周期、提高生产效率的目的；同时采用这种方式，极板能均匀生成4碱式硫酸铅，有助于大幅提高电池的使用寿命，并能大量降低能源消耗（IPO2010）。2009年该项目对企业利润贡献812万元（NPD2010）。 针对充放电机负载、风机负载、电阻加热负载及电动机负载和各类办公负载以及相应产生的电网谐波，采用无源滤波补偿技术、变频技术、PID控制技术等取得了显著的设备节能效果。（CSR2010）

表7.8 N企业社会责任和环保相关的主要认证

序	时间	认证内容
1	2000年7月	通过了ISO14001环境管理体系认证
2	2004年9月	通过了清洁生产审核
3	2006年12月	导入QC080000无有害物质过程管理体系
4	2006年12月	通过了OHSAS18001职业健康安全管理体系认证
5	2006年12月	通过了循环经济审核
6	2009年2月	通过了SA8000社会责任管理体系认证
7	2010年7月	推行EICC电子行业商业道德管理体系标准
8	2011年7月	导入ISO14064温室气体量化和报告指南
9	2017年11月	通过了ISO50001能源管理体系认证
10	2018年1月	通过了QC080000无有害物质过程管理体系认证
11	2018年8月	导入ISO22301业务连续性管理体系
12	2020年9月	通过了ISO45001职业健康安全管理体系认证

资料来源：企业社会责任报告。

表7.9 N企业四代电池比较

比较指标	一代电池	二代电池	三代电池	四代电池
推出年份	1996年	1999年	2003年	2008年
关键技术	引进技术消化吸收成功	提高极柱密封可靠性、循环寿命，解决负极汇流排腐蚀的问题	保证二代产品性能基础上，降低成本、提高比能量	降低成本并提高比能量和循环寿命
重量比能量	28.2	25.9	26.5	31.4
体积比能量	68.3	56.5	67.2	78.3
密封结构	漏液	密封可靠	密封可靠	密封可靠
工艺技术	熟极板化成污染大	污染较小	污染较小	污染较小
循环寿命	30～50次	60～100次	60～100次	100～200次
设计成本	以1A表示	1.05A	1.02A	0.9A

资料来源：案例企业提供（NPD）；注：重量比能量又称为"质量能量密度"，是指电池的能量与其重量之比。

（3）生态创新的特征：低向心性。

第一阶段企业生态创新的向心性（centrality：生态创新和核心业务的关联程度或生态创新对企业竞争优势或经济绩效贡献的程度）较低（初级向心性），对企业绩效的贡献主要包括资源节约导向的机会型生态产品和工艺创新。企业生态创新初级向心性的主要特征是以资源节约为主要驱动力，企业对生态产品和工艺的开发缺乏战略性，主要依赖零星大客户市场需求拉动以及一些机会型的研发合作推动。

7.4.2　合规守正阶段（2011—2014年）

7.4.2.1　制度转型与合法性竞赛特征：绝对合法性同构对相对合法性竞赛的优化

（1）环保问题升级、专项整治与市场竞争环境优化。

2004年湖州长兴"500儿童血铅超标事件"引发地方政府对当地铅酸电池行业的环保专项整治，行业集中度和企业环保水平都有所提高，但环保违规并没有得到根本上的遏制，由铅酸电池企业引发的"血铅超标"事件在2011年再次大规模频发。例如，2011年3月，浙江台州路桥铅酸电池企业周边出现168人血铅超标；随后，浙江湖州德清县铅酸电池企业周边村民和职工体验发现超过300人血铅超标。接连发生的重大环保事故引起党中央和社会舆论的高度关注。针对德清血铅事件，国家环境保护部决定对湖州市实施全面区域限批，取消湖州市德清县生态示范区资格，并于2011年5月20日印发了《关于暂停浙江省湖州市建设项目环境影响评价审批的通知》（环办函〔2011〕584号），暂停受理、审批湖州市除单纯污染防治和循环经济项目外的所有建设项目环境影响评价文件（后于2011年11月1日解除）。同时，责成浙江省尽快依法追究地方政府主要领导人责任，及肇事企业有关责任人法律责任。随后，浙江省环保厅派出10个检查组对全省登记在册的所有273家蓄电池企业进行了地毯式排查，对于达不到相关要求的企业，立即责令企业停产整治。全省当时涉及213家蓄电池企业停产整治，包括案例企业在内。

除了浙江省外，全国其他地方"血铅超标"事件也频出。2011年国家对铅酸电池行业开展整顿，八成企业关停。原1 930家生产企业中，取缔关闭583家、停产整治405家、停产610家，而在生产企业252家、在建企业80家，未被关停的企业不足两成（PD2014，世纪证券《铅酸电池大户、锂电池崭露头角》）。

本轮专项整治过程中，N企业也未能独善其身。2011年5月17日，N企业位于浙江的两大铅酸电池生产基地（南都能源和南都电池）停产。在专项整治过程中，N企业积极进行自查和整改，增配自动生产设备、自动监测设备，完善应急管理制度，2011年6月22日经现场验收后于6月24日率先复产。南都电池因无法满足500m的卫生防护距离要求在2011年行业整治后不再生产铅酸电池，仅作为锂电池的生产基地，其锂电池的设计产能为120MW·h（AR2001）。

2012年1月，N企业在投资者关系活动的业绩说明会指出：2011年铅酸蓄电池行业整治导致80%左右的小厂关停。对于行业龙头企业来说，行业整治虽然会造成企业效益受损，从长期而言，却为提高行业集中度和大厂竞争力创造了条件，更有利于企业发展。2011年一些大厂采取整合的方式，大量收购和吞并小厂，大厂的产能也扩大了。经过整治，企业总的数量会下降，不规范的中小企业会越来越少，行业也有望健康发展（PD201201，投资者关系活动记录表）。

值得注意的是，N企业抓住环保整治的机遇，2011年9月，以2.4亿元收购安徽省界首市华宇电源有限公司51%股权及浙江长兴五峰电源有限公司80%股权，进入动力电池领域，使公司具备了年产1 440万套极板及800万只电动自行车用动力电池的生产能力。此外，2011年12月，N企业以1.2亿元增资并控股成都国舰新能源股份有限公司51%股权，该公司以电池极板、动力电池和储能电池的生产、销售为主要业务，该公司年产新能源电瓶车专用铅酸蓄电池近千万只。上述收购优化了公司产能布局，可以满足未来动力和储能电池不断增长的市场需求，推动了公司的战略转型升级（AR2011、2015）。

（2）国家法律法规完善：强化绝对合法性底线。

面对日益严峻的环境污染形势，为了跳出环境治理"整治-反弹-再整治-

再反弹"的怪圈，遏制"散乱污"企业死灰复燃的现象，自2012年党的十八大召开以来，环境问题得到了党中央的空前重视，我国环保治理迈向更高层次（张小筠和刘戒骄，2019），经济绿色转型有力推进。党的十八大以来，在习近平生态文明思想指引下，我国生态文明建设发生历史性、转折性、全局性变化，美丽中国建设迈出重大步伐。党的十八大报告提出"必须更加自觉地把全面协调可持续作为深入贯彻落实科学发展观的基本要求，全面落实经济建设、政治建设、文化建设、社会建设、生态文明建设五位一体总体布局""建设生态文明，是关系人民福祉、关乎民族未来的长远大计。面对资源约束趋紧、环境污染严重、生态系统退化的严峻形势，必须树立尊重自然、顺应自然、保护自然的生态文明理念，把生态文明建设放在突出地位，融入经济建设、政治建设、文化建设、社会建设各方面和全过程，努力建设美丽中国，实现中华民族永续发展。"

2013年，习近平总书记提出，中国经济发展进入"新常态"，强调要从原来的要素驱动、投资驱动转为创新驱动，注重经济、环境、社会发展的平衡（AR2014），绿色发展成为必然趋势。在此背景下，这一时期国家环保相关法律法规和政策进一步完善，比如国家修订了《中华人民共和国清洁生产促进法》（2012年修订）、《中华人民共和国固体废物污染环境防治法》（2013年修订）、《中华人民共和国环境保护法》（2014年第十二届全国人大常委会第八次会议修订通过，被称为史上最严厉的环境保护法）（张小筠和刘戒骄，2019）。

（3）行业准入与生产规范具化：消除绝对合法性标准的不确定性。

为更好地贯彻环保相关法律法规，针对电池行业的环保规制和政策实施细则在这一时期开始逐步建立（见表7.10），如《铅蓄电池行业准入条件》（工信部公告2012年第18号）和《铅蓄电池行业准入公告管理暂行办法》（工信部联消费〔2012〕569号）。

表7.10 电池行业相关的法律法规和政策

时间	颁布机构	法律法规和政策
1989年12月	全国人大常委会	《中华人民共和国环境保护法》（2014年修订）
1995年10月	全国人大常委会	《中华人民共和国固体废物污染环境防治法》（2013年、2015年和2016年三次修正，2004年和2020年两次修订）
2001年10月	全国人大常委会	《中华人民共和国职业病防治法》（2011年、2016年—2018年四次修订）*
2002年12月	全国人大常委会	《中华人民共和国清洁生产促进法》（2012年修订）
2003年10月	国家环保总局	《废电池污染防治技术政策》（2016年修订）
2005年5月	国务院	《中华人民共和国工业产品生产许可证管理条例》
2010年11月	工信部	《电池行业重金属污染综合预防方案（征求意见稿）》
2012年4月	国家安全生产监督管理总局	《工作场所职业卫生监督管理规定》（2020年卫健委修订）*
2012年5月	工信部、环保部	《铅蓄电池行业准入条件》
2012年11月	环保部	《铅酸蓄电池生产及再生污染防治技术政策》（征求意见稿）
2012年11月	工信部、环保部	《铅蓄电池行业准入公告管理暂行办法》
2013年2月	卫生部	《职业病诊断与鉴定管理办法》（2021年修订）*
2013年3月	工信部等五部委	《关于促进铅酸蓄电池和再生铅产业规范发展的意见》
2013年3月	工信部	《2013年工业节能与绿色发展专项行动实施方案》
2015年3月	工信部	《汽车动力蓄电池行业规范条件》
2015年8月	工信部	《锂离子电池行业规范条件》和《锂离子电池行业规范公告管理暂行办法》（2018年、2021年和2024年进行了修订）
2015年12月	工信部	《铅蓄电池行业规范条件》和《铅蓄电池行业规范管理办法》
2016年11月	工信部	《汽车动力电池行业规范条件（2017年）》（征求意见稿）
2016年12月	工信部	《再生铅行业规范条件》

续表

时间	颁布机构	法律法规和政策
2016年12月	环保部	《铅蓄电池再生及生产污染防治技术政策》、修订《废电池污染防治技术政策》
2018年1月	工信部等七部门	《新能源汽车动力蓄电池回收利用管理暂行办法》
2018年2月	工信部等七部门	《新能源汽车动力蓄电池回收利用试点实施方案》
2018年7月	工信部	《新能源汽车动力蓄电池回收利用溯源管理暂行规定》
2019年12月	工信部	《新能源汽车废旧动力蓄电池综合利用行业规范条件》
2021年8月	工信部等六部门	《新能源汽车动力蓄电池梯次利用管理办法》

资料来源：案例企业和同行（如天能）的招股说明书和年报；*案例企业年报未提及。

①面向污染防治的铅酸电池行业准入条件、生产和技术等相关规制和政策。2011年国家对铅酸蓄电池行业实施了力度空前的环保整治，取缔关闭了大批环保和工艺技术落后的铅酸蓄电池企业。2012年5月，"为促进我国铅蓄电池行业结构调整和产业升级，规范行业投资行为，防止低水平重复建设，保护生态环境，提高资源综合利用效率，依据国家有关法律、法规和产业政策"，工信部与环境保护部共同制定了《铅蓄电池行业准入条件》，对铅蓄电池企业的生产能力、生产设备和工艺（如自动化生产设备）、环境保护、职业卫生与安全生产、节能与回收利用等提出了准入条件，提高了环保合法性的标准，缓解了那些因高环保成本所产生的企业成本劣势。随后，2012年11月，为贯彻实施《铅蓄电池行业准入条件》，进一步加强和改善铅蓄电池行业管理工作，促进行业结构调整、淘汰落后和产业升级，工信部、环境保护部共同研究制定了《铅蓄电池行业准入公告管理暂行办法》。同月，为贯彻《中华人民共和国环境保护法》《中华人民共和国清洁生产促进法》《中华人民共和国循环经济促进法》《中华人民共和国固体废物污染环境防治法》等法律法规，环保部制定《铅酸蓄电池生产及再生污染防治技术政策》（征求意见稿）（环办函〔2012〕1271号）。

②上市公司环保核查和环保信息披露要求。2003年，为督促重污染行业上市企业认真执行国家环境保护法律、法规和政策，避免上市企业因环境污染

问题带来投资风险，调控社会募集资金投资方向，根据中国证券监督管理委员会对上市公司环境保护核查的相关规定，国家环保总局制定了《关于对申请上市的企业和申请再融资的上市企业进行环境保护核查的规定》（环发〔2003〕101号），原《关于做好上市公司环保情况核查工作的通知》（环发〔2001〕156号）同时作废。这意味着2003年后上市的企业面临更严苛的环保审核。

2011年10月，为贯彻《中华人民共和国环境保护法》、《中华人民共和国清洁生产促进法》和《环境信息公开办法（试行）》，保护环境，提高企业环境管理水平，规范企业信息公开行为，国家环境保护部制定了《企业环境报告书编制导则（HJ 617—2011）》。标准规定了企业环境报告书的框架结构、编制原则、工作程序、编制内容和方法。2014年10月，环境保护部发布《关于改革调整上市环保核查工作制度的通知（2014）》（环发〔2014〕149号）。通知明确要"督促上市公司切实承担环境保护社会责任。上市公司作为公众公司，应当严格遵守各项环保法律法规，建立环境管理体系，完善环境管理制度，实施清洁生产，持续改进环境表现。上市公司应按照有关法律要求及时、完整、真实、准确地公开环境信息，并按《企业环境报告书编制导则》（HJ 617—2011）定期发布企业环境报告书"，以及"加大对企业环境监管信息公开力度。各级环保部门应参照国控重点污染源环境监管信息公开要求，加大对上市公司环境信息公开力度，方便公众查询和监督"。

N企业作为上市公司，可见性高，比同行企业面临更高的环保规制。

（4）行业规划与扶持政策：提高绝对合法性对齐的正向激励。

这一阶段除了强制性的行业规制规范是企业生态创新（特别是环境友好型生态创新）的参照点外，国家面向包括环保、新能源在内的新兴战略性产业的规划、扶持政策也是企业生态产品创新的重要参照点（见表7.11）。例如，N企业在年报中指出，"新能源、节能环保、新能源汽车、信息技术等产业已逐渐成为全球性的战略性新兴产业，我国政府也已明确重点扶植新一代移动通信、大数据、先进制造、新能源、新材料等新兴产业"（AR2014）。需要注意的是，尽管铅酸电池生产和回收过程中具有较高的环境污染风险，但其应用领域（如动力和储能领域）却有助于节能环保。

表7.11 国家面向战略性新兴产业的规划和扶持政策

时间	颁布机构	规划和政策名称
2012年	科技部	《电动汽车科技发展"十二五"专项规划》
2012年	工信部	《电子信息制造业"十二五"发展规划》
2012年	工信部	《新材料产业"十二五"发展规划》
2012年	国家能源局	《太阳能发电发展"十二五"规划》
2012年	国务院	《节能与新能源汽车产业发展规划（2012—2020年）》
2013年	国务院	《能源发展"十二五"规划》
2012年	国务院	《节能与新能源汽车产业发展规划》
2013年	国务院	《关于加快发展节能环保产业的意见》
2014年	国务院	《关于加快新能源汽车推广应用的指导意见》
2014年	国家能源局	《关于进一步落实分布式光伏发电有关政策的通知》
2014年	国务院	《能源发展战略行动计划（2014—2020年）》
2015年	科技部	《国家重点研发计划新能源汽车重点专项实施方案（征求意见稿）》*

资料来源：案例企业招股说明书和年报；战略性新兴产业包括新一代信息技术产业、高端装备制造产业、新材料产业、生物产业、新能源汽车产业、新能源产业、节能环保产业、数字创意产业、相关服务业等领域。案例企业早期是根据其产品使用领域（信息技术产业、新能源产品、新能源汽车产业）来与战略性新兴产业关联的。

从企业的角度，对政府扶持政策最直接的感知为收到政府的补贴、税收优惠等。补贴是政府常用的补偿企业正外部性行为（如环保）的激励手段（Liu et al.，2020；王永贵和李霞，2023；袁祎开 等，2024；张铂晨和赵树宽，2022）。第一阶段（2007—2010年）N企业共收到政府各类补贴3113万元（占总研发投入的16.2%），年均收到政府补贴778万元；第二阶段（2011—2014年）N企业收到政府各类补贴总计6 039万元（占总研发投入的15.8%），年均收到政府补贴1 510万元，约为第一阶段的2倍（见表7.12和图7.6）。

表7.12 N企业2007—2023年不同阶段收到政府补贴与研发投入情况

不同阶段	政府补贴/万元		研发费用/万元		政府补贴/研发费用比	
	合计	年均	合计	年均	合计	年均
2007—2010年	3 113	778	19 249	4 812	16.2%	15.1%
2011—2014年	6 039	1 510	38 273	9 568	15.8%	15.1%
2015—2023年	302 385	33 598	279 196	31 022	108.3%	114.2%
所有年份	311 537	18 326	336 719	19 807	92.5%	67.6%

资料来源：公司年报、招股说明书和CSMAR。

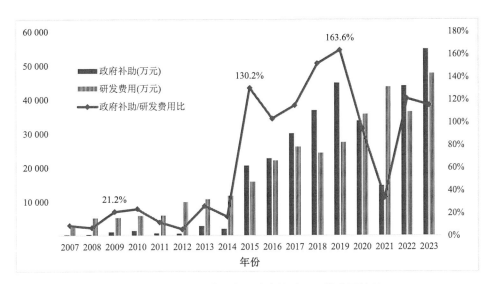

图7.6 2007—2023年N企业政府补贴、研发费用情况

资料来源：公司年报、招股说明书和CSMAR。

本阶段，案例企业收到和环保相关（N企业的产品可用于高环保的战略性新兴产业）的补贴典型引证如下：

"2012年1月，公司通过增资与股权转让的形式取得南都国舰51%股权，在确定股权收购价格时考虑了以下因素：根据成都市财政局、成都市经济和信息化委员会《关于下达2011年战略性新兴产业发展促进资金的通知》（成财建〔2011〕182号）、《关于下达2011年第二批战略性新兴产业发展促进资金的通知》（成财建〔2012〕108号），南都国舰预计将收到项目补助资金3 390万元。"（AR2012）

（5）国内初级绿色市场发展：正向合法性竞赛的市场激励初现。

这一时期，在绿色采购、绿色消费补贴等政府政策引导与支持下，国民环保意识得到了提升。环保意识的增强直接推动了绿色产品市场需求的快速增长。绿色消费逐渐成为新风尚，消费者在购买时更加注重产品的节能、环保标签。企业纷纷响应绿色市场需求，加大绿色产品的研发和生产力度。以下是N企业对国内绿色市场发展的感知佐证：

> "预计到2015年，我国循环经济产值将达到1.2万亿元，节能环保产业规模将达到4.5万亿元，占GDP的8%，节能潜力超过4亿t标准煤，可带动上万亿元投资。今后，节能环保作为我国长期发展的基本国策，将成为扩内需、稳增长的重要结合点，产业潜力巨大，各类有利于推进节能环保的政策力度将不断加大，并将加速实施。N企业始终致力于各类节能产品与技术的开发，以高温电池、铅炭电池等为代表的创新产品节能减排效果十分显著，在国家加力、加速推进节能环保的背景下，将迎来空前机遇，未来增长潜力巨大。"（AR2012）

7.4.2.2　合法性战略导向与生态创新决策

这一阶段，得益于中央政府对绿色发展的坚定决心和制度实施细则完善，地方政府有意识和无意识在环境治理方面的"地方保护主义"惯性渐渐被打破。2013年1月，习近平总书记发表重要讲话，强调"要防止和克服地方和部门保护主义、本位主义，决不允许上有政策、下有对策，决不允许有令不行、有禁不止，决不允许在贯彻执行中央决策部署上打折扣、做选择、搞变通。""各级党组织和领导干部要牢固树立大局观念和全局意识，正确处理保证中央政令畅通和立足实际创造性开展工作的关系，任何具有地方特点的工作部署都必须以贯彻中央精神为前提。"此阶段，企业外部环保合法性参照标准从同行竞相模仿形成的非正式制度（以应对正式制度转型早期的不确定性）转向明确、严厉的正式行业规制规范，以及培育绿色市场需求的行业规划，即企业合法性参照点从"合群主导"转向"合规主导"。企业合规优先典型引证如下：

> "环境保护已成为铅酸蓄电池行业的首要任务。……2011年国家对铅酸蓄电池行业实施了力度空前的环保整治，取缔关闭了大批环保和工艺技术落后的铅酸蓄电池企业。……《铅酸蓄电池行业准入条件》的即将推出将进一步提高行业准入门槛，加速行业优胜劣汰，有利于促进行业规范化发展，解决环境污染问题，同时也对现有企业的环保能力提出了更高要求。"（AR2011）

总的来说，2011年环保专项整治和行业环保规制、政策的具化，加剧了铅酸电池行业集中度和转型升级，环保负向合法性竞赛压力大大降低，越来越多的大企业意识到以环境污染追求短期效益的吸引力越来越低，包括案例企业在内的第一梯队的企业环保战略开始由消极响应转向积极遵从（负向合法性竞赛转向正向合法性竞赛），从"底线博弈"转向"顺势而为"。

（1）生态创新的强度：中等。

第二阶段（2011—2014年）案例企业共申请专利90项，其中绿色专利为42项，占比46.7%；从年均申请专利数来看，第二阶段年均申请专利数为23项，其中年均绿色专利申请数为11项，比第一阶段有了显著提高，但远低于第三阶段102项年均绿色专利（见表7.6），因此这一阶段生态创新的强度为中等。

（2）生态创新的新增内容：清洁生产+市场。

第一阶段，N企业在"合群主导"下追求较高的"实用合法性"和合宜的"道德合法性"——大多数企业的环保绩效不达标（主要参与负向合法性竞赛），以维持市场竞争的成本优势。第一阶段生态创新形式集中在低水平的生态管理创新、末端治理（EOP）、初级（零星）资源节约型产品创新、节能减排型工艺创新等方面，对满足海外市场准入的环保要求（以生态管理创新为主）和资源节约型的生态创新表现出较高的热情，而对仅具有减排降污的环保举措（如EOP）、清洁生产等则动力不足。

第二阶段，国家对铅酸电池行业进行了史上最大力度的整顿，并出台了行业准入条件。带来的结果是：一方面，大量"低小散"落后企业（这些落后企业以恶性的环保负向合法性竞赛为主）被淘汰，使得环保绝对合法性竞赛的主流方向从负向转向正向；另一方面，国家专项环保治理提高了整个行业的环保规制和风险意识，有助于企业打破负向合法性竞赛的惯性，促使在位企业参与正向合法性竞赛。因此，第二阶段在"合规守正"压力下，N企业生态创新的形式新增了自动化为主的清洁生产和环保市场创新（产品在新能源和节能环保领域的使用：通过并购，2011年进入动力领域，并扩大在电力储能领域的运用，2011—2014年储能产品营收年均增长为63%，N企业营收构成变化见表7.13），并强化末端治理、生态管理创新（提高生产基地防护距离）以及资源节约型产品和工艺创新（见表7.14）。

表7.13　N企业2010—2014年产品营收状况按照使用领域划分

年份	营收（按电池使用领域分）/万元				占主营业务收入比重			
	通信产品	动力产品	储能产品	其他	通信产品	动力产品	储能产品	其他
2010	140 630.37	0.00	2522.53	1 418.96	97.3%	0.0%	1.7%	1.0%
2011	125 364.26	34 319.96	5597.23	2 507.46	74.7%	20.5%	3.3%	1.5%
2012	157 219.36	141 884.39	8402.11	2 346.33	50.7%	45.8%	2.7%	0.8%
2013	164 951.51	167 989.70	13 924.09	2 367.08	47.2%	48.1%	4.0%	0.7%
2014	192 958.10	165 420.72	15 969.52	1 819.13	51.3%	44.0%	4.2%	0.5%

资料来源：根据年报数据整理而成。

表7.14　2011—2014年N企业生态创新决策内容及典型证据

生态创新形式	典型引证
清洁生产/环境友好型工艺创新（新增）	清洁生产的核心是"节能、降耗、减污、增效"。作为一种全新的发展战略，清洁生产改变了过去被动、滞后的污染控制手段，强调在污染发生之前就进行削减。这种方式不仅可以减小末端治理的负担，而且有效避免了末端治理的弊端，是控制环境污染的有效手段。N企业将清洁生产的理念贯穿到产品生命周期的全过程，尤其注重新技术新工艺的应用，注重产品生产和产品使用过程的绿色生产和绿色使用。各生产基地2年进行一轮清洁生产审核，注重持续不断地改进。由于南都在清洁生产上的不断努力，被评为国家清洁生产示范企业。（CSR2014）

生态创新形式	典型引证
节能减排/环保市场创新（新增）	"公司抓住环保整治的机遇，收购动力电池生产企业，进入动力电池领域，使公司进一步优化产品结构，拓宽市场需求面，为公司战略目标实现奠定了坚实基础。"（AR2012） "2011年9月，公司使用超募资金24 276万元，收购华宇电源51%股权和五峰电源80%股权，使公司具备了年产1 440万套极板及800万个电动自行车用动力电池的生产能力。"（AR2011）
强化生态管理创新	防护距离（强制）：2011年5月17日，南都电源旗下2家子公司南都能源科技和南都电池按照浙江省铅蓄电池行业专项整治要求停产。6月22日，临安市政府组织相关政府部门对南都能源科技进行现场验收，并于6月24日同意其恢复试生产。但南都电池因无法满足500m的卫生防护距离要求，已停止铅酸蓄电池的生产。（PD2011） 环境管理系统（EMS；强制）：工厂车间按照《工业企业设计卫生标准》（GBZ 1—2010和《中华人民共和国职业病防治法》）的要求进行合理布局，根据各工序的不同特点配置通风、排毒、除尘等职业卫生防护设施，改善员工工作环境，降低生产活动对作业环境的影响，有效地保护了员工的身心健康。（CSR2012） 绿色供应链管理：2014年公司继续推进可持续供应链建设，公司以安全有效供应为目标，着力于节约能源、开发新能源供应系统，建设负责任的、安全经济的、可持续发展的供应体系。 推进复合板替代实木包装箱，2014年实现实木材料零采购。地球资源是宝贵的，实木材料不再是"取之不尽，用之不竭"的资源，不加以保护，终有枯竭的一天。最近几年，公司一直实施复合板替换实木计划，2014年已经实现全部替换。 遵循公司新能源发展规划，开发新能源供应系统。服务于公司新的发展引擎，在电池管理、储能、防腐等方面与供应商进行了深入合作，从而向社会推出了更节能、更环保、更可靠的新能源产品系统。 签订供应商社会责任承诺书。南都的供应商社会责任承诺书，内容包括劳工标准、健康安全、劳工权益、环境保护和道德规范等。2011年以来，公司已推动所有在供供应商和新开发的供应商签署社会责任承诺书，以强化对供应商的社会责任要求。 客户参与供应链管理：公司的客户有很多是行业巨头，在供应链管理上有先进的方法和丰富的经验，把客户引到供应链管理中，通过客户视角，采用培训、审核等方式，推动供应商提升社会责任水平。（CSR2014）

续表

生态创新形式	典型引证
强化末端治理	2011年，在行业环保专项整治过程中，公司积极进行自查和整改，增配自动生产设备、自动监测设备，完善应急管理制度。2011年，公司中水回用系统投入使用，通过该系统可以大大提高水的利用率，减少废水排放量。此外，公司配备了先进的监测设备和在线监测系统，对厂区和厂界的水、气、土壤、噪声等进行全方位监测。（AR2012）
强化资源节约型产品创新	高温电池：N企业成功自主研制出在35～40℃的高温环境下正常工作的节能环保电池，可大幅降低基站空调能耗，满足客户节能减排的需求。该产品已通过Vodafone和中移动联合委托Intetek进行的测试，将在2011年投放市场（AR2010）。高温电池节能效果：空调能耗下降60%～80%，基站电能消耗节约25%，减少80%～100%的空调维护，以一个5kW的通信基站，配2组48V 500A·h计，平均每年节省用电50%，约6 385kW·h电，相当于减少CO_2排放5 168.5kg。（CSR2014） 启停电池：应用于汽车启停系统和微混系统，可大幅降低在红灯等待时的发动机空转急速运行，在城市工况下可节油5%～15%，部分符合大电流充放电运行（HRPSoC）循环寿命，一般为普通电池的2～3倍。（CSR2014） 高温型阀控式密封铅酸蓄电池：以中国电信安徽公司通信基站为例，采用高温型阀控式密封铅酸蓄电池代替普通铅酸电池后，该项目基站节约能量达到4 079.85kW·h，节能率为26.6%，节能效果非常显著；同时还可以免除50%的空调冷凝剂的使用，并减少二氧化碳、氮氧化合物等气体30%的排放，具有非常积极的环保意义。（CSR2014）
强化资源节约型工艺创新	公司加大了电动自行车动力电池新型环保合金的研究，且开始试验更加环保、低能耗的生产工艺。（AR2012）

（3）生态创新的特征：中度向心性。

N企业一直致力于提高电池的比容量、循环寿命等性能指标。这些性能可以降低能耗，并在客观上降低产品对环境的负面影响。但在第一个阶段，N企业并没有将上述电池性能提升和环保进行有意识的关联。到第二个阶段，在大客户和竞争对手的启发下，N企业开始有意识地将"节能降耗"与环保关联（N企业在年报中强调"2011年，公司将更加注重产品设计可实现的节能降耗、绿色环保目标"，AR2010），零星研发节能环保产品（如高温电池、铅炭电池、节能环保高温型阀控式密封铅酸蓄电池、环保型循环动力用阀控密封式铅酸蓄电池板栅合金材料）和环保工艺。

第一阶段环保向心性集中在企业持续改进电池性能的过程中客观上也贡献于节能减排，降低了对环境的影响；第二阶段环保向心性体现在企业有意识地追求环保和核心业务的整合，研发出了高温电池、启停电池等节能环保产品，其产品在使用过程中大大降低了对环境的影响。此外，N企业通过拓展电池的应用领域，从原有的后备电源领域，拓展到储能和动力电源领域，通过将产品运用领域拓展到新能源、环保产业领域，间接对节能环保产业做出了贡献（见表7.15）。

表7.15 N企业第二阶段生态创新的向心性（生态创新对财务绩效的贡献）

分类	典型引证
资源节约型产品创新	高温电池："高温电池技术研发支出153.53万元（AR2011）。2012—2014年高温电池的销售收入分别为1 077万元、2 369.49万元、7 264.30万元，其中国内销售收入分别为336万元、310.01万元、1 057.24万元；海外销售收入分别为741万元、2 059.48万元、6 207.06万元"（AR2012—2014）。
节能环保市场创新	N企业积极拓展产品的运用领域，从原有的后备电源，拓展到动力、储能用电池，这些新应用领域集中在国家倡导的新能源、环保领域。2011年，动力产品对营收贡献为21%，从2012年开始，营收比重超过40%；储能产品营收也稳步提高，2014年营收突破1.5亿元（详细数据见表7.13）。（AR2010—2014）

7.4.3 合规合群耦合阶段（2015年至今）

7.4.3.1 制度转型与合法性竞赛特征：绝对合法性竞赛与相对合法性竞赛的耦合

（1）正式规制执行加码：消除（环保）绝对合法性的底线弹性。

中央生态环境保护督察（中央环保督察）：2015年7月，中央全面深化改革领导小组第十四次会议审议通过了《环境保护督察方案（试行）》。此后，中央政府以中央环保督察小组的形式启动了对地方的环保督察。中央环保督察组成员实行任职回避、地域回避、公务回避，并根据任务需要进行轮岗交流。中央环保督察的目的主要是监督地方各级党委和政府（即省、市和区/县等）贯彻落实党中央和国务院的环保方针和决策。为了实现这一目标，中央环保督察组分批进驻地方，通过实地调查、问询当地官员以及接收群众举报等，督察地方政府、央企等环境治理不当行为。在督察期间，中央环保督察小组会收集当地企业和政府环境不当行为的信息，并将此类信息移交给当地政府。之后，中央环保督察小组会要求地方政府在限定时间内纠正已发现的环境问题。此外，督察结果也列入干部考核，地方官员会因环保治理不当行为而受到相应处罚。

第一轮中央环保督察包括五批，于2015年12月31日至2016年2月4日在河北省试点启动，随后在2016年至2018年覆盖中国大陆31个省（自治区、直辖市）。2018年完成第一轮督察并对20个省（自治区）开展"回头看"。第二轮中央环保督察于2019年启动，至2022年6月督察任务全面完成。中央环保督察小组在2017年8月11日—9月11日第一次进驻浙江。2020年9月1日—10月1日中央环保督察小组第二次进驻浙江。中央环保督察取得了显著的成效。例如，第一轮中央环保督察共受理群众举报案件13.5万多件，处罚2.9万家企业（罚款总额14.3亿元），立案侦查1 518起案件，拘留1 527人（Wang et al.，2021a）。2019年6月，中共中央办公厅、国务院办公厅印发《中央生态环境保护督察工作规定》，意味着中央环保督察转为常态化。

中央环保督察释放出一个强烈的信号——我国正从资源密集、粗放型的经济发展模式坚定不移地迈向绿色增长的高质量发展模式，这一发展趋势势不可挡、不可逆转（Jia and Chen，2019；Wang et al.，2021b）。以环境污染为代价的经济发展模式愈发难以为继，环境绩效在干部考核体系中的地位日益重要。在这样的背景下，一旦官员出现环境违法或监管不作为的情况，就会受到严厉的惩罚，比如被免职（Wang et al.，2021a）。反之，在环境治理方面表现出色的地方官员则会获得更多的晋升机会（Zhang et al.，2022）。

2017年党的十九大把"坚持人与自然和谐共生"作为新时代坚持和发展中国特色社会主义的基本方略之一，强调"必须树立和践行绿水青山就是金山银山的理念，坚持节约资源和保护环境的基本国策""加快生态文明体制改革""实行最严格的生态环境保护制度，形成绿色发展方式和生活方式，坚定走生产发展、生活富裕、生态良好的文明发展道路，建设美丽中国，为人民创造良好生产生活环境，为全球生态安全作出贡献"。

2016年，第十二届全国人大常委会第二十五次会议通过我国首部"绿色税法"——《中华人民共和国环境保护税法》（2018年1月1日起施行），2017

年国务院正式颁布《中华人民共和国环境保护税法实施条例》，以配套环境保护税法，完成了环保"费改税"的转变（环保税取代排污费征收制度）。2018年，第十三届全国人民代表大会第一次会议审议通过了《中华人民共和国宪法修正案》，生态文明被正式纳入宪法，体现了国家对生态环境的高度重视。2020年9月22日，国家主席习近平在第七十五届联合国大会上宣布，中国力争2030年前二氧化碳排放达到峰值，努力争取2060年前实现碳中和目标，即"双碳"目标。

（2）行业准入、生产和回收规范完善：明晰行业绝对合法性标准

环保规制行业实施细则完善：2014年后，工信部、环保部陆续发布了《锂离子电池行业规范条件》（2015年颁布，2018、2021和2024进行了修订）、《锂离子电池行业规范公告管理暂行办法》（2015年颁布，2018、2021和2024进行了修订）、《铅蓄电池行业规范条件》（2015）、《铅蓄电池行业规范管理办法》（2015）、《再生铅行业规范条件》（2016）、《危险废物经营许可证管理办法》（2004年颁布，2013年和2016年分别修订）、《铅蓄电池再生及生产污染防治技术政策》、《新能源汽车动力蓄电池回收利用管理暂行办法》、《新能源汽车动力蓄电池回收利用试点实施方案》、《新能源汽车动力蓄电池回收利用溯源管理暂行规定》、《新能源汽车废旧动力蓄电池综合利用行业规范条件》、《新能源汽车动力蓄电池梯次利用管理办法》等制度（见表7.10），对铅酸电池和锂电池生产及回收利用等各方面提出严格要求，特别是环境保护和资源循环利用，提高了行业准入条件和环保水平（AR2015—2021）。例如，《再生铅行业规范条件》规定废铅蓄电池预处理项目规模应在10万t/a以上，预处理-熔炼项目再生铅规模应在6万t/a以上，大大提高了再生铅行业准入门槛，行业集中度进一步提高（AR2021）。此外，根据国家财政部《关于对电池、涂料征收消费税的通知》（财税〔2015〕16号文）的规定，自2015年2月1日起对电池、涂料征收4%的消费税，其中铅蓄电池缓征一年，自2016年1月1日开始起征。征收消费税有利于进一步提高行业集中度，促进节能环保（AR2014）。

行业环保执法升级：2015年政府环保执法全面升级，使得非法再生铅供

给大幅收缩；2018年3月起，国家环保政策再次升级，各再生铅小型企业被责令减产、停产整顿，或进行技术升级、改造，并在技改后被要求重新接受评估，"三无"企业陆续被淘汰，铅回收逐渐向有牌照的大型企业聚集。随着小企业的退出，铅回收市场原料争夺有所缓解，持证规模企业的再生铅业务规模得以扩大，并弥补了小型企业再生铅产量减少的缺口，从而促进了规模型企业的再生铅产量上升（AR2019）。

（3）绿色产业发展规划和扶持政策加码：巩固正向合法性竞赛态势

和上一阶段行业规划及扶持政策不同的是，本阶段的扶持政策更加突出绿色发展、绿色制造、绿色消费，指导性更强，覆盖范围更广（见表7.16），是对以往强制性的环保规制的有力补充。2018年7月，国家发改委出台了《关于创新和完善促进绿色发展价格机制的意见》，提出到2025年，适应绿色发展要求的价格机制更加完善，并落实到全社会各方面各环节。2019年2月，国家发改委、工信部、自然资源部、生态环境部等七部门印发《绿色产业指导目录（2019年版）》（2024年修订形成《绿色低碳转型产业指导目录（2024年版）》。2021年7月，国家发改委印发《"十四五"循环经济发展规划》，提出"大力发展循环经济，推进资源节约集约利用，构建资源循环型产业体系和废旧物资循环利用体系"；同年11月，工信部印发《"十四五"工业绿色发展规划》，强调要"积极推行清洁生产改造，提升绿色低碳技术、绿色产品、服务供给能力，构建工业绿色低碳转型与工业赋能绿色发展相互促进、深度融合的现代化产业格局，支撑碳达峰碳中和目标任务如期实现"。

表7.16 2015年以来电池行业相关的主要国家产业规划与扶持政策

年份	颁布部门	产业规划与扶持政策
2015	财政部等四部委	《关于2016—2020年新能源汽车推广应用财政支持政策的通知》
2015	财政部、国家税务总局	《资源综合利用产品和劳务增值税优惠目录》

年份	颁布部门	产业规划与扶持政策
2015	国家能源局	《关于推进新能源微电网示范项目建设的指导意见》
2016	发改委、能源局、工信部	《关于推进"互联网+"智慧能源发展的指导意见》
2016	国家能源局	《关于促进电储能参与"三北"地区电力辅助服务补偿（市场）机制试点工作的通知》
2016	工信部	《有色金属工业"十三五"发展规划（2016—2020年）》
2016	财政部等四部委	《关于调整新能源汽车推广应用财政补贴政策的通知》
2016	发改委	《可再生能源发展"十三五"规划》
2016	国家发改委、能源局	《能源发展"十三五"规划》
2017	国家能源局	《关于印发2017年能源工作指导意见的通知》
2017	发改委等五部委	《关于促进储能技术与产业发展的指导意见》
2018	财政部等四部委	《关于调整完善新能源汽车推广应用财政补贴政策的通知》
2018	工信部、国资委	《关于深入推进网络提速降费加快培育经济发展新动能2018专项行动的实施意见》
2018	发改委	《关于创新和完善促进绿色发展价格机制的意见》
2018	工信部、发改委	《扩大和升级信息消费三年行动计划（2018—2020年）》
2019	发改委	《产业结构调整指导目录（2019年本）》（最早版本为2005年，最新版本为2024年本）
2019	发改委等四部委	《关于促进储能技术与产业发展的指导意见（2019—2020年行动计划）》
2019	发改委等七部委	《绿色产业指导目录（2019年版）》（2024年修订形成《绿色低碳转型产业指导目录（2024年版）》
2020	财政部等四部委	《关于调整完善新能源汽车推广应用财政补贴政策的通知》

续表

年份	颁布部门	产业规划与扶持政策
2021	发改委	《"十四五"循环经济发展规划》
2021	发改委、国家能源局	《关于加快推动新型储能发展的指导意见》
2021	工信部	《新型数据中心发展三年行动计划（2021—2023年）》
2021	工信部	《"十四五"工业绿色发展规划》

资料来源：根据年报数据整理。注：企业年报2015年开始还提及了财政部、国家税务总局于2008年和2011年分别颁布的《关于执行资源综合利用企业所得税优惠目录有关问题的通知》（财税〔2008〕47号）和《关于调整完善资源综合利用产品及劳务增值税政策的通知》（财税〔2011〕115号）中的税收优惠政策。

在此背景下，促进绿色发展的补贴政策和扶持政策也纷至沓来，如《关于执行资源综合利用企业所得税优惠目录有关问题的通知》（财税〔2008〕47号；企业年报2015年起开始提及）、《关于调整完善资源综合利用产品及劳务增值税政策的通知》（财税〔2011〕115号；企业年报2015年起开始提及）、《资源综合利用产品和劳务增值税优惠目录》的通知（财税〔2015〕78号）、《关于调整新能源汽车推广应用财政补贴政策的通知》（财建〔2016〕958号）、《关于调整完善新能源汽车推广应用财政补贴政策的通知》（财建〔2018〕18号；财建〔2020〕86号）。

在税收、补贴等扶持政策激励下，企业战略投资会更多向这些政策支持的环保领域倾斜。第三阶段（2015—2023年）N企业收到政府各类补贴总计30.23亿元，年均收到政府补贴为3.36亿元，约为第二阶段的22.25倍（见表7.12和图7.7），呈跨越式增长。N企业收到环保相关的政府税收优惠和补贴引证如下：

"3.根据财政部、国家税务总局《关于调整完善资源综合利用产品及劳务增值税政策的通知》（财税〔2011〕115号），子公司安徽华铂再生资源科技有限公司以废旧电池为原料生产的铅及合金铅享受增值税即征即退50%的政策。根据财政部、国家税务总局关于印发《资源综合利用产品和劳务增值税优惠目录》的通知（财税〔2015〕78号），自2015年7月1日起，子公司安徽华铂再生资源科技有限公司以废旧电池及其拆解物为原料生产的铅及合金铅享受增值税即征即退30%的政策。4.根据财政部、国家税务总局《关于执行资源综合利用企业所得税优惠目录有关问题的通知》（财税〔2008〕47号），子公司安徽华铂再生资源科技有限公司生产《目录》内符合国家或行业相关标准的产品取得的收入，在计算应纳税所得额时，减按90%计入当年收入总额。"（AR2015）

（4）国内大众绿色市场崛起：正向合法性竞赛的市场激励上升

绿色市场需求主要体现在两个方面：一是以利己为主导的绿色产品需求，消费者出于对使用成本、自身健康等因素的考量，更青睐能耗低、环境友好的绿色产品；二是以利他为主导的绿色环保责任需求，这类需求源于消费者对企业社会责任的关注，期望企业在生产经营过程中积极践行环保举措，推动可持续发展。

在市场需求的构成中，除了海外大客户对节能环保产品有着稳定且可观的需求外，国内大众绿色市场也开始蓬勃兴起。这一良好局面的形成，离不开国家对公民环保意识的持续培养和积极引导。与大客户和企业之间紧密的合作关系不同，大众市场与企业的联系相对松散。大众主要依靠产品自身的呈现以及媒体传播的信息，来了解企业在环保责任方面的表现。通常情况下，只有当企业出现重大环保违规事件，并在主流媒体上广泛曝光时，才会引起大众对企业环保违规问题的关注。

从案例企业所涉及的绿色市场细分领域来看，除了传统后备电源领域的铅蓄电池市场外，新能源产业的迅猛发展极大地带动了铅蓄电池和锂电池的市场需求。以新能源汽车行业为例，"2015年，我国新能源汽车产业经历了爆发式增长，全年销售达到37.90万辆，同比增长4倍，已成为全球电动汽车第一大国"（AR2015）。新能源汽车的快速普及，极大地推动了铅蓄电池和锂电池的市场需求。同时，"随着新能源进程持续推进，退役电池数量将会不断增加，锂电产业的高速发展和锂电回收市场的不断增大，锂资源回收再生成为电池产业链中必不可少的一部分，多方参与、竞争有序、创新引领、融合发展的电池回收利用格局正在逐步形成"（AR2023）。这不仅为新能源产业的可持续发展提供了有力保障，也为绿色市场的进一步拓展创造了新的机遇。

（5）国内市场竞争逻辑转变：正向合法性竞赛追赶

随着国家层面法律法规与政策体系的持续完善，以及电池细分行业准入条件、生产及回收规范相继出台，大多数同行企业的环保意识显著提升。企业行为从参与规制群体博弈转向积极响应。这意味着行业环保合法性竞赛的主流方向正逐步从负向合法性竞赛转变为正向合法性竞赛。在这一转变过程中，部分企业为获取更高的相对正向合法性，会采取更为积极的规制响应策略。这些企业不仅自身严格遵从规制，还力求在合规水平上超越竞争对手。

另外，政府针对包括环保产业在内的战略性新兴产业，出台了越来越多的扶持和激励政策。基于消费端的绿色市场开始得到发展，企业的环保收益意识开始不断提高——环保可以成为企业利润和竞争优势的重要来源（Peng et al.，2022；Yan et al.，2023a）。基于此，企业开始采取前摄性环保策略，开展全方位的生态创新。

在这一阶段，案例企业的环保收益意识显著提升，尽管在早期，案例企业也曾零星研发过一些环保产品，比如高温电池。我们认为，早期案例企业研发环保产品，更多是从一般市场需求的角度出发。高温电池满足了市场对实用合法性的需求，即能为消费者带来实质性的成本节省，而非出于提升道德合法性、满足消费者环保需求的目的进行产品研发。

而进入这一阶段后，案例企业意识到环保本身具备实用合法性，进而涉足循环经济领域，开展铅电池和锂电池的回收业务，并获得了可观的收益。从这个层面来看，我们判定企业在环保战略上真正迈入了前摄型阶段，合法性的参照点逐渐从外部转向内部，开始以公司战略引领环保决策，推进绿色转型与商业模式调整，形成了"原材料→电池制造→产品应用→运营服务→资源再生→原材料"的闭环。因此，在这一阶段，除了规制和规划外，循环经济绿色市场以及企业内部战略，成为企业环保道德合法性和实用合法性的重要参照点。

7.4.3.2　合法性战略导向与生态创新决策

这一阶段企业对行业准入标准、生产和回收标准进行了全面的学习和贯彻，在2022年之前的公司年报中，案例企业对《铅蓄电池行业准入条件》《锂离子电池行业规范条件》《再生铅行业规范条件》《新能源汽车废旧动力蓄电池综合利用行业规范条件》等行业标准反复提及，并做出积极的响应。

在此基础上，案例企业对行业相关的国家法律法规和政策进行了深入的学习，在2023年的企业年报中，案例提及电池行业相关的法律法规和政策超过20余部。也就是说，一般法律法规通过行业标准的形式传导给了企业，而企业反过来在执行具体的行业标准的过程中，对相关法律和法规条款有了更全面和具体的认识。以下为案例企业在最近年报中提及的法律法规和政策：

　　"公司及重点排污子公司在日常经营中严格遵守《中华人民共和国环境保护法》、《中华人民共和国环境影响评价法》、《中华人民共和国固体废物污染环境防治法》、《中华人民共和国大气污染防治法》、《中华人民共和国水污染防治法》、《中华人民共和国环境噪声污染防治法》、《中华人民共和国土壤污染防治法》、《中华人民共和国清洁生产促进法》、《中华人民共和国节约能源法》、《中华人民共和国循环经济促进法》、《中华人民共和国环境保护税法》、《建设项目环境保护管理条例》、《排污许可管理条例》、《危险废物转移管理办法》、《污水综合排放标准》（GB 8978—1996）、《大气污染物综合排放标准》（GB 16297—1996）、《工业企业厂界环境噪声排放标准》（GB 12348—2008）、《土壤环境质量建设用地土壤污染风险管控标准（试行）》（GB 36600—2018）、《电池工业污染物排放标准》（GB 30484—2013）、《再生铜、铝、铅、锌工业污染物排放标准》（GB 31574—2015）、《锅炉大气污染物排放标准》（GB-13271—2014）、《一般工业固体废物贮存、处置场污染控制标准》（GB 18599—2001）、《危险废物贮存污染控制标准》（GB 8599—2001）等环境保护相关国家及行业标准。"（AR 2023）

在环保规制日益严格和环保产业扶持政策不断出台的背景下，企业污染和环保的激励结构发生巨大改变：企业从事环境污染活动的风险回报率可能降低，而采取主动环境战略（如生态创新）的投入产出比则可能增加。这一变化使得企业环保风险意识和环保收益意识（Gadenne et al.，2009；Peng and Liu，2016；Yan et al.，2023a）显著提升，进而推动了案例企业的环保战略从反应型向前摄型转变，以"高正向合法性"作为生态创新决策的参照点。

一个重要佐证是案例企业战略的调整：坚持高质量发展，坚持"聚焦主业，实现产业一体化"，拓宽产品在战略性新兴产业领域的应用（如储能、数据中心），并进入废旧电池回收领域。这些举措优化了案例企业的商业模式，使环保本身成为企业业务增长和竞争优势的新来源。

（1）生态创新的强度：高

第三阶段（2015—2023年），N企业共申请专利2 191个（年均243个），其中绿色专利为920个（年均102个），绿色专利占比42%；年均申请专利和绿色专利是第二阶段的10倍，N企业生态创新强度有了质的飞跃。此外，案例企业多次入选工信部绿色制造名单，包括绿色工厂企业、绿色供应链企业和绿色产品设计（见表7.17）。

表7.17　案例企业入选工信部"绿色制造"名单明细

绿色制造类型	明细	入选批次、时间
绿色工厂企业	浙江南都电源动力股份有限公司	第二批（2017年）
	安徽华铂再生资源科技有限公司	第二批（2017年）
	界首市南都华宇电源有限公司	第二批（2017年）

绿色制造类型	明细	入选批次、时间
绿色供应链管理企业	浙江南都电源动力股份有限公司	第五批（2020年）
	安徽华铂再生资源科技有限公司	第六批（2021年）
	界首市南都华宇电源有限公司	第二批（2017年）
绿色设计产品	6-EVF-100型电动道路车辆用铅酸蓄电池	第四批（2019年）
	GFM-1000RC型铅炭蓄电池	第五批（2020年）
	6-GFM-180HR型高功率型阀控式密封铅酸蓄电池	第五批（2020年）
	12HTB200F型阀控式密封铅酸蓄电池	第六批（2021年）
	GFM-1000E型阀控式密封铅酸蓄电池	第六批（2021年）
	REXC-600型铅炭蓄电池	第六批（2021年）

资料来源：企业年报。

（2）生态创新的新增内容：商业模式

在前两个阶段，N企业的生态创新主要集中于生态管理创新、末端治理、资源节约型产品创新、节能减排型工艺创新、清洁生产以及环保市场创新。而到了这一阶段，N企业进一步拓展业务版图，进入资源再生领域，开展铅回收和锂电回收业务，实现了基于产品环境影响全周期评估的闭环管理。这一举措使得企业商业模式发生了显著变革，形成了基于价值共创的环保商业模式创新（降污减排的资源回收成为企业营收的重要来源）。相关印证材料如下：

"公司拥有支撑储能应用领域的电池材料、电池系统、电池回收等产业一体化关键核心技术优势及可持续研发能力，已形成锂电、铅电的'原材料—产品应用—运营服务—资源再生—原材料'全产业链闭环的一体化体系。公司销售遍及全球150余个国家和地区，已成为全球储能领域的领先者。"（AR2023）

基于价值共创的环保商业模式创新，更直接的证据体现在企业营收结构的变化上（见图7.7）。2015—2023年间，资源再生业务占N企业营收的平均比重为38.5%，2022年该业务的比重更高达58.6%。此外，N企业在这一阶段对原有业务产品和市场组合进行了结构调整。契合新能源产业发展方向、有助于环境资源节约的电力储能业务保持持续增长态势，年均占营业收入的比重为 6.6%。2023年，电力储能占营收比重首次突破10%，达到28.6%。截至2023年底，公司已累计通过260余项UL、IEC、GB、KC等全球储能领先标准安全认证认可，标志着公司储能系统获得全球领先的标准安全认证（AR2023）。

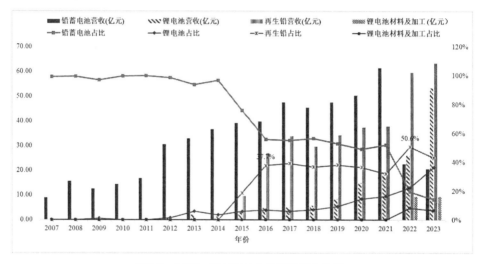

图7.7 2007—2023年N企业产品结构变化

从电池产品类型来看，这一阶段环境污染风险较高的铅酸电池业务比重显著下降，其占主营业务收入的比重从2014年的96.6%降至2023年的14.0%；而环境污染风险较低的锂电池业务比重显著上升，其占主营业务收入的比重从2014 年的3.4%增长到2023年的36.4%，比重扩大了10倍。

（3）生态创新的特征：高度向心性

这一时期，企业生态创新内容的最大不同在于，其向心性显著提升——基于资源再生的生态创新已成为案例企业的核心业务，2022年对企业总营收的贡献超过了50%，企业实现了将降低环境污染（回收电池）转化为企业营收来源。相关引证材料如下：

"公司持续完善回收利用体系，优化回收渠道，提升回收利用技术水平。随着公司业务规模及产能需求的不断扩大，为有效保证原材料供应和成本控制，公司相继完成锂电、铅电全产业链闭环与升级。回收项目采用行业领先的环保回收工艺和装备，实现全过程无害化处理，能耗低，产品附加值高，经济效益良好，回收率高。公司回收产业在全国具备完善的回收及销售网络，与国内重点客户建立了良好的长期合作关系，积累了广泛的资源，品牌认可度较高，行业地位突出。"（AR2023）

7.5　结果讨论与结论

7.5.1　路径演化：从反应到前摄

N企业的生态创新决策外部参照点遵循了"合群→合规→合规合群"的动态演化过程（见表7.18）。来自政府的正式规制为焦点企业生态创新提供了绝对合法性参照点（"合规"），而大多数同行生态创新水平（"行业潜规则"形成的非正式制度）则为焦点企业生态创新提供了相对合法性参照点（"合群"）。

在第一阶段，虽然我国出台了环保相关的法律法规，但缺乏详细的行业规范，且环保执法力度不足，致使基于相对合法性竞赛主导的"市场逻辑"成为生态创新决策的依据——企业具有高的相对合法性，但依然未达到制度规定的绝对合法性标准（即高负向合法性导向）。企业生态决策可供参考的外部参照点主要为海外市场环保准入条件、国内外大客户的环保要求，以及对标企业；国家环保相关法律法规对企业生态创新决策的影响非常有限，主要原因在于缺乏明确的行业规范以及恶性竞争环境的倒逼。此阶段企业生态创新的内容主要包括低投入的环保管理创新、初级末端治理、零星的资源节约型产品创新和工艺创新。

表7.18　N企业生态创新三阶段路径演化

分析要点	2002—2010年	2011—2014年	2015年至今
业务结构	铅酸电池，主要用于通信后备电源，占营收的100%（2009年除外），海外销售收入占30%（2007—2010年年均海外销售收入为3.8亿元），前五大客户占销售收入的比重为60%；锂电在2009年才产生实质性收益（锂电池2010年占营收比重仅为1%）。2010年进入电力储能领域	对电池运用领域进行了拓展，进入动力电池领域。2011—2014年铅酸电池和锂电池销售收入平均占总营收的比重为97.0%和2.7%；海外销售收入年均为6.9亿元，占总营收年均比重为23%；前五大客户销售收入占营收比重有所下降，平均占49%	开拓资源再生业务：废旧铅酸电池和锂电池的回收再利用。2015—2023年铅酸电池、锂电池和资源再生产品占营收的年均比重为47.7%、13.8%和38.5%；海外销售收入年均为12.2亿元，占总营收的年均比重下降为13%；前五名客户占销售收入的平均比重为46%，比上一阶段下降了3个百分点
外部合法性参照点	国内外主要竞争对手、进入海外市场环保准入条件、国家相关法规（合群主导）	新增：行业准入标准、环保产业规划和扶持政策（补贴、税收优惠等）、初级绿色市场（合规主导）	新增：行业生产和回收规范标准、中央环保督察、循环经济绿色市场（合规合群耦合）
制度转型与合法性竞赛特征	相对合法性竞赛对绝对合法性对齐的抑制	绝对合法性同构对相对合法性竞赛的优化	绝对合法性竞赛与相对合法性竞赛的耦合
合法性战略导向	高负向合法性（底线博弈型）	低正向合法性（反应型）	高正向合法性（前摄型）
生态创新强度（年均绿色专利申请数量）	2	11	102
生态创新内容	末端治理、资源节约型产品创新（电池更高比容量、循环寿命等）、自愿型生态管理创新（如绿色供应链管理、绿色HRM、EMS、LCA）、节能减排型工艺创新	新增内容：环境友好型工艺创新/清洁生产（自动化提升）、节能减排型市场创新（动力领域）；强化末端治理、资源节约型产品创新和强制型生态管理创新（防护距离达标）	新增内容：基于循环经济的商业模式创新；深化资源节约型产品创新、环保市场创新、生态管理创新（LCA）等
生态创新的向心性	低	中	高

在第二阶段，一个转折事件是2011年国家对铅酸电池行业空前严厉的环保专项治理行动。此后2012年，工信部、环保部接连发布了《铅蓄电池行业准入条件》和《铅蓄电池行业准入公告管理暂行办法》，此举提高了行业准入门槛，淘汰了大量"低散小"的环保严重不达标的企业。同时，这一阶段，国家出台了一系列大力发展节能环保产业的规划和扶持政策，引导企业绿色转型。在此背景下，"合规"（合乎法规、行规和合乎国家产业发展规划）成为企业生态创新决策的首要参照点——与环保绝对合法性对齐为战略导向（政治逻辑优先），重点关注清洁生产，强化末端治理和生态管理创新（防护距离），探索环境友好型产品创新（锂电）和环保市场创新（铅酸电池运用从通信后备电源向储能、动力领域拓展）。

第三阶段，一个关键转折点出现在 2015 年，政府对环保执法进行了全面升级——出台中央环保督察制度，以解决地方政府环保执法中的委托代理问题，并颁布了环保税等法律法规。此外，在行业层面，国家在这一阶段出台了铅酸电池、锂电池和再生铅的行业规范，这有利于企业更好地贯彻落实国家环保相关法律法规。与此同时，促进环保产业发展的政府规划和扶持政策也在有序推进与落实。再者，这一阶段国内新能源绿色消费市场迅速增长，为企业实施前摄型环保战略注入了信心，高正向合法性导向逐渐成为企业生态创新决策的重要参照点——企业不仅要遵守环保规制，还需在环保绩效表现上超越竞争对手。在此阶段，案例企业生态创新的内容，除了强化第二阶段的环保市场创新和清洁生产外，还涉足资源再生领域，开展铅回收和锂电回收业务，实现了产品生态周期的全闭环环保管理。环境友好型（而非仅仅是资源节约型）生态产品创新成为企业营收的重要来源，环保促使企业整个商业模式发生改变。

总的来说，在无规制干预或规制执行不到位的情况下，企业主要遵从市场逻辑（合群）进行生态创新的决策，"合群优先"可能致使环保违规行为出现。这种违规行为的出现不能简单地归结为企业主观的"底线博弈"，也可能是高弹性和高不确定的规制参照点引发的"负向合法性竞赛"盛行、"正向合法性竞赛"不足所致。而对处于行业环保领先地位的企业而言，总体上是希望行业门槛提升（尽管在短期也可能遭受一定的损失），促进行业整体上由"负向合法性竞赛"主导向"正向合法性竞赛"主导转变，以构建良好的行业竞争环境。除了国家层面建立各种环保法规和扶持政策，还需要针对各个行业的特征出台贯彻法律法规的行业标准和规范，同时辅以严厉的执法才能扭转行业合法性竞赛的主流方向，从无奈合群"挑战下限"转向从善如流"挑战上限"——守正创新，积极探索实现企业和环保双赢的生态创新方向。

7.5.2 制度转型与合法性竞赛战略调整

案例研究表明：面向绿色发展的制度转型包括以规制为代表的正式制度标准提高（非市场/社会逻辑中心性的凸显）和基于行业集体文化认知的非正式制度（市场/经济逻辑主导）的滞后跟进（Peng，2003）。绿色转型旨在让更多的企业参与正向合法性竞赛，以此推动经济实现绿色可持续发展。这就要求扭转合法性竞赛的主流方向。

我们的案例研究表明：合法性竞赛方向取决于焦点行动者对正式规制底线弹性的感知（绝对合法性对齐压力），而竞赛动力则取决于焦点行动者对相对合法性竞赛（同群模仿压力/非正式相对合法性压力）激烈程度的感知。当行动者感知正式制度底线弹性较高时，其越有可能通过操纵非正式制度进行投机，参与负向合法性竞赛；当行动者感知正式制度底线弹性较小时，其越可能采用正式制度提供的同构模板，参与正向合法性竞赛。

制度转型不仅意味着提高正式规制的底线门槛，更为关键的是降低规制的底线弹性（即减少非正式制度所能操纵的正式制度执行中的模糊地带），使得企业合法性竞赛主流方向从"负向合法性竞赛"向"正向合法性竞赛"转移，实现从"挑战下限"到"挑战上限"合法性战略姿态高位迁移，从而促进致力于提升正向合法性的企业生态创新行为，助力"双碳"目标的实现。在这个过程中，企业嵌入的制度逻辑也会发生变迁，从以市场逻辑为主导转向更好地协调市场逻辑和非市场逻辑。

7.5.3 理论贡献

第一，本研究揭示了绿色转型背景下企业生态创新决策的动态演化过程，丰富了生态创新决策过程及影响因素的研究。首先，本研究识别了企业生态创新决策的三阶段演化过程，即"合群博弈""合规守正"以及"合群合规耦合创造共享价值"，深化了对正式规制与行业非正式制度共演驱动企业生态创新的理解。其次，本研究阐明了在不同阶段下企业生态创新的强度、内容和向心性的差异。在合群主导阶段，企业生态创新强度和向心性最低，内容集中在环保管理创新和零星的资源节约型产品和工艺创新；在合规阶段，企业生态创新的强度和向心性中等，核心内容为环境友好型工艺创新（如清洁生产）；在合规和合群耦合阶段，企业生态创新的向心性最高，内容焦点为战略性价值共创型生态创新。本研究有助于更好地理解绿色转型背景正式规制与行业非正式规制共演影响企业生态创新决策的动态过程。

第二，本研究诠释了相对合法性和绝对合法性的关系，识别和构建了"负向合法性竞赛"的概念，贡献于合法性理论研究。企业生态创新本质上是参与一场环保合法性竞赛，因为"高生态效能"是生态创新有别于一般创新的关键特征。正式规制提供了比赛合格的绝对参照点（以正/负绝对合法性来衡量），而大多数同行表现水平（非正式制度）则提供了这场比赛获胜的相对参照点（以高/低相对合法性来衡量），因此合法性竞赛是合格赛和选拔赛合一的竞赛。合法性搜索的方向可能是"挑战上限"——参与正向合法性竞赛（当感知制度底线弹性很小时），也可能是"挑战下限"——参与负向合法性竞赛（当感知制度底线弹性很大时）。和以往研究多将合法性竞赛视为"正向合法性竞赛"的普遍假设不同，本研究识别了"负向合法性竞赛"，原因是高负向合法性（大多数同行水平<焦点企业环保水平<规制要求）也可以为企业带来竞争优势。"负向合法性竞赛"的提出，捕捉到了在制度不完善的转型经济背景下，行业群体博弈（建立非正式制度——"行业潜规则"）挑战正式制度底线的商业现象，是对以往"正向合法性竞赛"的重要补充。

面向绿色发展的制度转型包括以国家法规、行业规范为代表的正式制度标准提高和以行业"潜规则"为代表的非正式制度（其反映了对正式制度边界弹性的感知）的滞后跟进（Peng，2003）。制度转型可以提高组织规制规范底线意识和正面模仿竞争意识，使得组织合法性竞赛方向从"负向合法性竞赛"向"正向合法性竞赛"转移，实现从"挑战下限"到"挑战上限"合法性战略姿态高位迁移，从而促进本质上提升正向合法性的企业生态创新行为，助力"双碳"目标的实现。转型过程中滞后的非正式制度（群体博弈）与变革的正式制度可能产生冲突，导致正式制度同构效力被稀释，企业制度响应行为呈现异质性。"负向合法性竞赛"的提出，可以捕捉到在制度转型过程中，企业利用非正式制度挑战正式制度底线的商业现象，这恰恰是以往实证研究"规制与生态创新显著正相关"的普遍假设所忽视的。

7.5.4 实践与政策启示

第一，本研究可以为政府完善企业生态创新促进政策实现"双碳"目标提供理论指导。首先，政策制定者应重视非正式制度对正式制度（行业潜规则）执行效力的影响，逐步构建一个能促进高正向合法性竞赛并能有效抑制高负向合法性竞赛的良性商业竞争环境，让致力于前摄型生态创新的企业可以通过绿色市场交易获得双重溢出的补偿。其次，政策制定者应重视高环保底线意识和竞争意识，以及高生态创新绩效的企业先锋示范作用，推广领先企业生态创新的成功经验，从而促进落后企业开展生态创新。

第二，本研究可以为企业开展生态创新构建竞争优势提供指导。首先，领先企业要积极推动行业"正向合法性竞赛"主流化，一方面可以利用非正式制度（如联合抵制）减少"负向合法性竞赛"，提高合法性竞赛获胜标准高于合格标准；另一方面可以利用自身影响力参与绝对合法性标准制定，提高环保合法性合格标准。其次，生态创新落后企业可以采取战略联盟的方式，寻求生态创新认知突破，提高合法性战略目标和生态创新水平。

7.5.5 局限与展望

第一，案例研究结论的概化效度。本研究采用了纵向案例分析方法，尽管深入揭示了特定案例企业在绿色转型背景下的生态创新决策演化过程，但研究结果可能存在外部效度的局限性。不同产业、不同规模的企业在面对绿色转型时可能表现出不同的决策逻辑和演进路径，未来研究可以通过多案例比较或大样本实证分析来验证和扩展本研究的发现。

第二，调节变量的识别与大样本验证。本研究主要关注外部正式规制和行业非正式制度对企业生态创新决策的动态影响，但企业内部因素同样可能发挥关键调节作用。例如，企业治理结构、资源禀赋、数字化能力等内部因素可能影响企业在不同合法性竞赛阶段的生态创新模式选择。未来研究可进一步识别这些潜在调节变量，并采用大样本数据进行实证分析，以提高研究结论的稳健性和推广性。

第三，生态创新的独占性策略。本研究主要聚焦于合法性竞赛对企业生态创新行为的影响，但未深入探讨企业如何通过独占性策略（如专利布局、技术壁垒或品牌塑造）提升生态创新的绩效回报。随着绿色转型的深入，企业可能不再仅仅满足于规制合法性，而是寻求通过生态创新建立竞争优势。因此，未来研究可进一步探讨生态创新如何从合规合群驱动向竞争性差异化战略转变，以深化对绿色转型背景下企业竞争逻辑的理解。

8 合规还是合群？绿色发展背景下双重制度压力与企业生态创新决策的动态关系实证研究

本章整合制度理论和战略参照点理论对第7章案例研究的结论进行演绎，探讨了双重制度压力（基于正式制度的合规压力和基于行业非正式制度的合群压力）在不同阶段对企业生态创新的独立及交互影响，并识别了强化或弱化双重制度压力与生态创新之间关系的三大权变因素——政府补贴、生态创新排名和高管环保意识。政府补贴反映了企业外部政府资源获取能力（也是一种正向制度激励），生态创新排名反映了企业内在生态创新能力，而高管环保意识则体现的是企业战略认知。我们采用沪深两市A股的重污染制造企业2007—2019的面板数据对假设进行检验。数据结果显示：规制压力和同辈压力对企业生态创新的影响在时间上呈现动态异质性。早期规制压力对生态创新的促进作用不显著，后期规制压力对企业生态创新的积极作用开始显现；在不同时间段，同辈压力对企业生态创新均具有促进作用，且比规制压力对企业生态创新的影响更强。另外，规制压力和同辈压力对生态创新的协同促进效应仅在后期显著。此外，在所有时间段，当企业生态创新排名较高时，规制压力/同辈压力对生态创新的正向影响更显著；当企业获得政府补贴更多和高管环保意识更强时，仅规制压力对生态创新的积极影响更显著。

8.1 引　言

随着环境可持续性问题的日益突出，生态创新已成为企业减少环境影响并保持竞争优势的关键战略（Porter and van der Linde，1995a）。生态创新通常是那些能够减少环境影响的新产品、新工艺、新商业实践等的采用和开发（Kemp and Pearson，2008）。理解生态创新的前因不仅有助于推动生态创新扩散理论发展，还能够为致力于推动生态创新的政策制定者和管理者提供有益的实践指导，从而促进绿色发展（De Marchi，2012；Popp et al.，2011；Stafford et al.，2003）。

与其他环保措施和一般创新相比，生态/绿色创新具有"双重外部性"或"双重溢出"（研发过程中的知识溢出和技术采用阶段的环保溢出）（Jaffe et al.，2005；Rennings，2000），这种特性降低了企业投资生态创新的回报激励（Rennings，2000），导致生态创新供给不足，即市场失灵（Jaffe et al.，2005）。生态创新很难像非生态创新技术一样自发扩散（Rennings，2000）。为了解决这一市场失灵问题，Porter和van der Linde（1995b）认为，精心设计的环境规制可以诱发生态创新，这种创新将降低环境规制遵从的成本，并提高基于动态竞争观（长期来看）的企业竞争优势。这一观点被称为"波特假说"。

大量研究探讨了制度压力对生态创新的影响（Ghisetti and Pontoni，2015；Kemp and Pontoglio，2011；Lima Silva Borsatto and Liboni Amui，2019；郭俊杰 等，2024；齐绍洲 等，2018；杨艳芳和程翔，2021；姚星 等，2022），主要关注正式的监管框架（基于规制和规范的合规压力）（Berrone et al.，2013）和非正式的行业"潜规则"（基于群体文化认知的合群压力）（Wang et al.，2022；王旭和褚旭，2022）对生态创新的预测效力。然而，这些研究多采用静态和孤立的视角（Ambec et al.，2013；Hojnik and Ruzzier，2016），往往忽视了不同制度效力在时间上的动态异质性（杨艳芳和程翔，2021）及组合效力的复杂性（Delmas and Montes-Sancho，2011；Ghisetti and Rennings，2014；Lyon and Maxwell，2004），仅有少量例外（贾建锋 等，2024；吴建祖和范会玲，2021），难以解释高复杂和高不确定的制度转型过程中的生态创新触发机制。例如，制度转型中变化的合规压力和合群压力在不同阶段的独立和联合作用可能存在差异，但这一问题在现有文献中仍未得到充分探讨。具体而言，正式制度为企业生态创新提供了绝对合法性参照点（合规压力），行业非正式制度为企业生态创新提供了相对合法性参照点（合群压力）。制度转型不同阶段变化的正式规制和非正式规制的预测效力是否存在动态异质性，二者是否具有相互强化或替代效力，以及哪些关键组织因素会进一步放大或削弱双重制度压力对生态创新的影响，这些都值得更多深入探讨。来自管理学的文献指出企业战略不仅受到外部环境结构的影响，还取决于企业资源/能力和认知的约束（Kaplan，2008）。以往研究也表明企业资源能力禀赋和认知差异会带来制度同构效果的异质性（Berrone et al.，2013；彭雪蓉和魏江，2015）。

有鉴于此，本研究整合制度理论与战略参照点理论，探讨双重制度压力，即来自正式制度的合规压力和来自行业非正式制度的合群压力，在不同阶段对生态创新的独立及交互影响。此外，本研究还识别了制度压力与生态创新二者关系的三大权变因素：政府补贴、行业生态创新排名和高管环保意识，这些因素可能会强化或弱化双重制度压力对生态创新的影响。政府补贴反映了焦点企业获取的外部政府资源（也是正面激励制度在企业层面的具体体现）（李青原和肖泽华，2020），行业生态创新排名（以企业申请的绿色创新专利数在行业的排名来测量）则反映了焦点企业自身相对于竞争对手的生态创新能力，而高管环保意识则体现了焦点企业的战略认知（Peng and Liu，2016；Zhang et al.，2023）。

本研究采用2007年至2019年间沪深两市A股上市的重污染制造企业的面板数据，对提出的假设进行实证检验。研究结果表明，来自正式制度的规制压力和来自行业非正式制度的同辈压力对生态创新的独立和交互影响在时间上存在动态异质性。早期的规制压力对生态创新的促进作用并不显著，但在后期，其积极作用逐渐显现。相反，同辈压力在各个时间段均对生态创新具有促进作用，且其效力较规制压力更强。此外，规制和同辈压力对生态创新的协同效应仅在后期显著。还有，当企业生态创新排名较高时，规制及同辈压力对生态创新的正向影响更显著；当企业获得政府补贴更多和高管环保意识更强时，仅规制压力对生态创新的积极影响更显著。

本研究为现有文献做出了多方面贡献。首先，本研究有助于我们更为深入地理解多重度压力对生态创新影响的复杂性和动态异质性，特别是厘清规制和同辈压力驱动生态创新的机制差异和互补性，前者基于绝对合法性竞赛，后者基于相对合法性竞赛。其次，本研究识别出影响双重制度压力与生态创新二者关系的三大权变因素，并细致分析了制度力量如何与内外资源能力、战略认知交互作用，进而影响企业生态创新。

8.2 理论与假设

8.2.1 合规与合群：双重制度压力对企业生态创新的影响

生态创新的独特之处在于其可以提高焦点企业的环保绩效，进而提高焦点企业的环保合法性（Bortree，2009；Li et al.，2017）。同行企业间不仅争夺资源，还竞争合法性（Carroll and Hannan，1989）。合法性是组织制度理论的核心概念（Bitektine，2011），是指组织行为及其反映的社会价值观与所处环境的公认制度体系的一致性（Suchman，1995）。企业生态创新本质上是参与一场合法性竞赛。合法性的参照体系包括规制、规范、集体文化认知（如行业"潜规则"）等（Zimmerman and Zeitz，2002）。就企业生态创新决策而言，以往研究多关注绝对合法性参照点（如正式规制、规范）（Berrone et al.，2013；Sanni，2018），而对相对合法性参照点（如同行合法性水平）关注不够，尤其是没有系统分析绝对合法性参照点和相对合法性参照点如何共同影响企业生态创新决策。本研究关注正式规制与非正式行业合法性压力对企业生态创新的影响，我们将分别阐述它们在长期和短期对企业生态创新的直接效应以及比较效应或交互效应（概念框架见图8.1）。

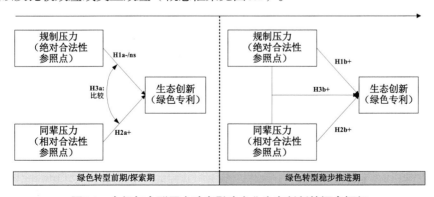

图8.1 合规与合群压力动态影响企业生态创新的概念框架

注："ns"表示不显著（nonsignificant）。

8.2.2 制度同构效应：不同阶段正式规制压力与企业生态创新

尽管正式规制与生态创新的研究结果是混合的（Ambec et al.，2013），但是以往大多数实证研究结果表明正式规制（压力）对企业生态创新具有促进作用（Berrone et al.，2013；Zhang et al.，2022）。这一结论可能存在偏差，原因在于可能存在大量结果不显著或负向显著的未发表论文。本研究认为，从短期来看，正式规制压力对企业生态创新的影响不显著或具有负向影响。原因有以下三点。

第一，企业需要在能够满足短期合规的速效环保举措与需要长期导向的生态创新之间做出取舍。在新规制实施的初期，企业的关注焦点可能是如何采用速效的污染治理举措（如购买环保设备进行末端治理）以快速达成合规要求，而那些投入产出周期长的生态创新很难满足这一需求（Porter and van der Linde，1995b）。合规通常旨在满足最低标准，而长期导向的生态创新则更倾向于超越最低标准。

第二，短期合规成本的增加对生态创新投入存在挤出效应（李青原和肖泽华，2020）。新环保规制的实施大幅提高了企业环保要求，企业一旦违规便会面临高额罚款，这直接致使短期内合规成本急剧飙升（Rennings and Rammer，2011）。鉴于企业资源总量有限，当合规成本大幅增加时，企业很可能削减生态创新项目投资，将资源从创新领域转移至合规管理方面，以优先避免违规受罚。这种资源转移势必会延缓生态创新的投入与实施进程。

第三，早期规制的不确定性致使企业对生态创新持观望态度。规制能够促进具有双赢潜力的生态创新，其重要前提之一是监管过程在每个阶段都应尽可能减少不确定性（Porter and van der Linde，1995b）。新环保规制通常带有不确定性，特别是在执行细则和长期影响尚不明确之时。由于缺乏明确信息，企业难以准确判断新环保规制对自身业务的长期影响，所以很可能对新环保规制持观望态度，等待更清晰的政策指引。在此情形下，企业为降低生态创新投资风险以及回报的不确定性，极有可能暂时搁置生态创新项目，尤其是那些需要长期投入的项目。这种等待与观望态度在短期内会削弱规制对生态创新的刺激作用。因此，我们提出：

假设1a：从短期来看，正式规制压力可能对企业生态创新的影响不显著或具有负向影响。

本研究认为长期来看，严厉的环境规制可以强化正向合法性竞赛，优胜劣汰，从而促进企业生态创新。原因如下：

第一，企业在应对严厉的不可逆转的环保规制时，会放弃与规制讨价还价的可能，转而通过增加对绿色技术的投资和开发，以减少未来合规成本和降低环保违规风险（Zhang et al.，2022）。Porter和van der Linde（1995b）认为，从长期来看，严厉的环境规制可以刺激（生态）创新，这些创新可能会通过提高运营效率和创造竞争优势，抵消遵守规制的成本。例如，以往实证研究表明：严厉的中央环保督察制度对企业生态创新具有积极的促进作用（Zhang et al.，2022；李依 等，2021）。

第二，从长期来看，严厉的环保规制会淘汰大量环保不达标的落后企业。这一过程不仅有助于提升留存企业的环保意识，还能推动绿色市场的构建（彭雪蓉，2014）。在这样良好的市场环境下，更多企业会被激励参与正向合法性竞赛，即努力挑战更高的环保标准，积极向行业内的领先企业看齐，而非参与负向合法性竞赛，即只追求达到最低标准，甚至与行业内的环保投机企业为伍。因此，我们提出：

假设1b：从长期来看，正式规制压力与企业生态创新显著正相关。

8.2.3 行业同群效应：不同阶段行业同辈压力对企业生态创新的影响

企业生态创新不仅受到正式规制的影响，还会受到非正式规制的作用。在新规制的早期实施阶段，不确定性和模糊性程度较高，企业往往会模仿同行的反应（DiMaggio and Powell，1983），以降低行为结果的不确定性（Galaskiewicz and Wasserman，1989；Lieberman and Asaba，2006；Marquis and Tilcsik，2016）；另外，非正式制度（行业惯例）的转型具有惯性（Peng，2003），很难像正式制度变革一样一蹴而就，使得基于旧规制的"同群效应"难以短时间内终结。

同群效应（peer effects）作为生态创新扩散的重要影响因素，近年来受到越来越多的关注（Wang et al.，2022；Wu et al.，2023；王旭和褚旭，2022）。同群效应是指个体（焦点企业）行为受到同一群体（如同行和同地域）内的其他个体（其他企业）影响的现象（Xiong et al.，2016）。也就是说，同一参照组内的个体行为具有相似性，这是因为他们面临着相似的环境（Bramoullé et al.，2009）。模仿基于这样一种假设：他人掌握着更具优势的信息，这使得焦点企业在放弃自身私有信息的同时转而选择模仿（Mazzelli et al.，2023）。此外，创新的企业面临合法性的风险（Arndt and Bigelow，2000），模仿可以避免失误，并提高焦点企业高管决策本身的合法性（Liang et al.，2007）。

以往研究主要强调行为的同群效应，本研究则关注企业环保绩效（CEP）同群效应对企业生态创新的影响。原因有二：一是本研究主要讨论环保合法性竞赛对企业生态创新的影响，因此环保绩效是否达标及行业排名才是企业进行生态创新的重要动力；二是绿色技术的成熟度和市场接受度在早期阶段相对较低，面向提升实用合法性的生态创新行为本身很难引起同行趋之若鹜的模仿，反而是缩小同行环保绩效差距的同群压力（道德合法性压力）会驱使企业进行生态创新（Greenwood et al.，2002）。我们的核心逻辑是，当面临早期不确定性高的新正式规制时，焦点企业会以行业环保绩效（中位数）作为环保绩效目标的战略参照点，并根据自身环保绩效与行业环保绩效的差距来进行生态创新的资源配置（Fiegenbaum et al.，1996），以维持相对环保合法性。据此，我们提出：

假设2a：在绿色转型早期，基于环保绩效差距的同辈压力与企业生态创新显著正相关。

在绿色转型初期，当政府出台新的高标准规制时，同辈压力体现为两种应对模式：一是企业遵从规制，参与正向合法性竞赛；二是进行制度博弈，参与负向合法性竞赛（Zhang et al.，2022）。这意味着，同行企业在焦点企业应对早期具有高不确定性和模糊性的新规时，提供了正反两方面的学习模板，不过更多情况下可能是负面学习的模板。模仿是对环境不确定性的一种自然反应，然而，它会减少行业内的行为多样性，进而加剧行业内企业的集体风险（Lieberman and Asaba，2006）。这是因为行业非正式制度与正式制度的博弈，可能致使大量参与负向合法性竞赛的企业被正式规制强制关停淘汰。

然而，随着绿色转型的不断深入，同辈压力的性质与影响也在发生改变。在绿色转型的中后期阶段，一方面，新环保规制的不确定性和模糊性逐渐降低，与之相伴的是绿色技术与绿色市场的不确定性也相应减少（Rennings and Rammer，2011）；另一方面，严厉的执法行动淘汰了大量以低负向合法性为导向的企业。在此背景下，同辈压力转变为促使企业通过生态创新参与正向合法性竞赛，力求超越最低环保规制标准和抢占绿色市场，以此获取更高的正向合法性与声誉。换言之，同辈压力为焦点企业提供了更多正面学习的标杆。当焦点企业察觉到同辈企业通过成功实施生态创新战略获得竞争优势时，它们更有可能投资于先进的生态创新实践，以提升自身竞争力。据此，我们提出：

假设2b：在绿色转型推进阶段，同辈压力对企业生态创新具有显著正向影响。

8.2.4　不同阶段合规与合群预测效力的比较与交互

8.2.4.1　绿色转型早期的比较效应

在绿色转型的早期阶段，我们认为同辈压力（行业内环保绩效的差距）比正式的新环保规制压力对企业生态创新的影响更为显著。理由如下：正式规制在实施初期，其执行细则不完善，且地方政府在执行国家环保政策时存在执行力不均（Kostka and Hobbs，2012），这种执行的不确定性可能导致企业更倾向于模仿同行的环保绩效来开展生态创新行为（DiMaggio and Powell，1983；Oliver，1991；Scott，2013），以减少合规成本和创新风险。当行业内存在显著的环保绩效差距时，焦点企业会感受到更大的同群压力（Berrone et al.，2013），进而促使其在绿色转型中加速创新步伐。据此，我们提出以下假设：

假设3a：在绿色转型早期阶段，环保绩效同辈压力比正式环保规制压力对企业生态创新的影响更大。

8.2.4.2　绿色转型推进阶段的交互效应

在绿色转型的稳步推进阶段，我们认为同辈压力和正式规制压力对企业生态创新的影响之间具有正向协同效应。在绿色转型的中后期阶段，政府的环保政策逐渐变得更加明确和严格，这促使企业不仅要遵守规制（参与绝对合法性竞赛以应对规制压力），还要在此基础上超越最低要求（参与相对合法性竞赛以应对同辈压力），从而保持竞争力和声誉。

严格的环境规制会改变相对合法性竞赛的主流方向，通过制度选择淘汰低负向合法性的落后企业，使得更多企业以生态创新参与正向合法性竞赛，并提高同行之间生态创新的方差，使得相对合法性竞赛更为激烈。换句话说，当同辈压力和严厉的正式规制压力同时存在时，企业的生态创新行为往往会表现出更强的积极性和主动性。据此，我们提出以下假设：

假设3b：随着绿色转型的推进，同辈压力与正式规制压力对企业生态创新的影响具有相互增强效应。

8.2.5　政府补贴、生态创新排名和高管环保意识的权变效应

在同构压力下，企业响应呈现异质性（Berrone et al., 2013；Zhang et al., 2022），原因是企业资源、能力和认知差异导致其对制度压力产生不一样的解读，响应制度压力的资源和能力存在差异。本研究识别了影响企业制度响应异质性的三大权变因素：政府补贴、生态创新排名和高管环保意识。

与以往研究（Berrone et al., 2013）多聚焦于内部资源和能力对规制与企业生态创新关系的权变影响不同，本研究重点关注外部政府补贴，以及能直接体现企业生态创新能力的变量——生态创新排名，对制度压力响应异质性的权变作用。此外，本研究还关注了战略认知——高管环保意识对于制度响应异质性的权变作用，因为只有企业意识到生态创新的重要性，才会调配资源，将生态创新纳入战略行动议程（Porter and van der Linde, 1995b）。三大调节变量的概念框架见图8.2。

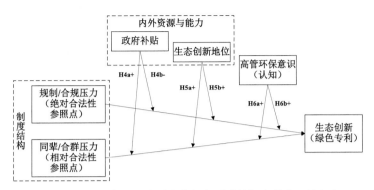

图8.2 合规和合群压力对生态创新影响的权变效应理论框架

8.2.5.1 政府补贴的权变作用

（1）政府补贴对规制压力与生态创新二者关系的调节

我们认为政府补贴与以负向激励为核心的正式规制在促进生态创新方面具有互补效应。主要原因如下：

首先，政府补贴可以降低合规压力下企业生态创新的成本和风险（郭玥，2018）。生态创新往往伴随着技术和市场的不确定性，企业可能面临失败的风险（Liu et al., 2020）。通过提供财政支持，政府补贴可以帮助企业分担这些风险，降低融资成本和自主研发成本（邹甘娜 等，2023），使其更愿意在高规制压力下进行生态创新尝试。此外，政府补贴可以弥补企业部分或全部的环保合规成本，使其更多专注于研发和应用新的环保技术和工艺。

其次，政府补贴能够增强企业以生态创新响应环境规制的信心。政府的财政支持可以作为一种信号（Liu et al., 2020；Wu, 2017；郭玥，2018），表明政府对生态创新的长期支持和承诺，从而增强企业对生态创新未来收益的信心（Liu et al., 2020），进而更有底气和动力开展生态创新实践。因此，政府补贴可以被视为一种重要的激励机制，可正向调节规制压力与生态创新之间的关系。据此，我们提出：

假设4a：当企业获得的政府补贴越多时，规制压力对企业生态创新的正向影响越强。

（2）政府补贴对同辈压力与生态创新二者关系的调节

我们认为政府补贴和同辈压力在驱动生态创新的机制上具有替代性。首先，政府补贴通过提供直接的财政支持提高了企业对不确定性的承受力，降低了通过模仿同行来降低不确定性的需求。对于许多企业而言，模仿同行的高绩效行为是一种风险规避策略（DiMaggio and Powell，1983），特别是在规制、技术和市场不确定性较高的情况下。政府补贴为企业提供了一个独立于市场竞争的资金来源，一定程度上缓解了企业在创新过程中的财务压力和风险（邹甘娜 等，2023），使它们能够在缺乏同行参考的情况下也能进行大胆的创新尝试。因此，企业更愿意进行原创性的创新活动，而非简单的模仿。

其次，政府补贴作为一种正面激励的政策信号（Liu et al.，2020；Wu，2017；袁祎开 等，2024），减少了企业对强制规制影响技术和市场未来预期的不确定性。企业无须等待同行行动来判断市场方向，能够专注自身创新路径。当企业获得充足的政府补贴时，模仿同行应对规制和生态创新不确定性的重要性对于焦点企业就会显著降低。据此，我们提出：

假设4b：当企业获得的政府补贴越多时，同辈压力对企业生态创新的正向影响被削弱。

8.2.5.2 生态创新排名的权变作用

生态创新排名反映了基于创新绩效的企业生态创新相对能力、领先性和声誉（Washington and Zajac，2005）。在本研究中，我们以企业绿色专利数在行业中的排名作为衡量标准。本研究认为企业生态创新排名会强化规制压力和同辈压力对企业生态创新的正向影响，具体分析如下。

第一，资源与能力优势产生强化效应。生态创新排名高的企业，经长期积累拥有丰富技术知识、雄厚资金和专业人才团队。面对规制压力，生态创新排名高的企业能迅速整合内部资源，加大研发投入，开发契合甚至超越规制要求的环保技术与产品；面对同辈压力，生态创新排名高的企业也能凭借资源和能力优势，快速捕捉市场和同行动态，及时调整生态创新策略。相比之下，低排名企业因资源和能力受限，面对两种压力时，难以快速做出有效生态创新响应。

第二，前瞻性战略导向与竞争意识引发强化作用。高生态创新排名的企业以维持行业领先为重要战略目标。面对规制压力，它们将其视为提升竞争力、拉开与对手差距的契机，主动投入生态创新，力求构建先发优势（Porter and van der Linde，1995a）；面对同辈压力，为避免被超越，同样会积极应对、持续进行生态创新。而低排名企业多侧重解决短期生存问题，对规制压力仅满足基本合规，面对同辈压力时缺乏主动生态创新的动力与长远规划。

第三，声誉维护与社会监督致使效果强化。高排名企业知名度和影响力高，其环保绩效和生态创新行为受政府、消费者及社会各界密切关注（Martins，2005）。为维护良好社会形象和声誉，在规制压力和同辈压力下，它们都会更积极地提升生态创新水平。低排名企业受监督较少，声誉维护压力小，在两种压力下生态创新积极性较低。据此，我们提出：

假设5：当企业生态创新排名越高时，规制压力（假设5a）和同辈压力（假设5b）对企业生态创新的促进作用越强。

8.2.5.3 高管环保意识的权变作用

高管环保意识（或认知）是指企业高层管理人员对环境问题、可持续发展，以及生态创新的理解、态度和信念（Bansal and Roth，2000）。这种认知不仅包括对环保政策和法规的了解，还涉及他们对环境保护对企业战略和运营的重要性的认识（Sharma，2000）。高阶理论（upper echelons theory）指出，高管认知和价值观会反映在企业战略决策中，从而影响组织结果（Hambrick，2007；Hambrick and Mason，1984）。以往研究表明：高管环保意识是企业环保战略或生态创新的重要影响因素（Banerjee et al.，2003；Yan et al.，2023b；Zhang et al.，2023；陈泽文和陈丹，2019；彭雪蓉和魏江，2015）。本研究认为高管环保意识通过影响信息处理的三个阶段——注意力分配、选择性感知与意义建构（Hambrick，2007；Hambrick and Mason，1984），将增强规制压力与同辈压力对企业生态创新的积极促进效应，具体机制如下。

首先，在注意力分配阶段，具有深度环保认知的高管团队会系统性地关注环境保护、政策演进及行业绿色转型的相关信号（Peng and Liu，2016）。他们不仅持续追踪政府环境规制动态，还密切监测同业竞争者的环保投资与绩效表现。这种定向关注机制能有效捕捉规制压力与同辈压力的关键信号，为战略响应奠定信息基础。

其次，在选择性感知阶段，高管基于既有的环保认知框架对信息进行过滤处理。他们倾向于优先识别与环境责任、生态创新及可持续发展密切相关的要素，从而精准识别企业与行业标杆在环保实践方面的差距，并增强对外部环境规制压力的敏感度。这种认知筛选机制为压力信号的战略转化提供了判别依据。

最后，在意义建构阶段，高管通过环保认知透镜对信息进行价值诠释。相较于低环保意识的管理者，具有强烈环保意识的高管更可能将严格的环境规制和同业环保实践解读为战略机遇而非合规负担（Peng et al.，2022；Peng and Liu，2016；Yan et al.，2023b）。他们倾向于认为外部压力可以驱动组织资源重构、技术革新和战略升级，进而转化为绿色竞争优势（Porter and van der Linde，1995a）。基于此，本研究提出：

假设6：高管环保意识会正向调节规制压力（H6a）与同辈压力（H6b）对企业生态创新的促进作用。

8.3 研究设计

8.3.1 样本与数据

为检验本章的研究假设，我们选取了2007—2019年沪深两市A股上市的重污染制造企业作为研究样本，构建了非平衡面板数据集。根据环保部印发的《上市公司环境保护核查行业分类管理名录》（环办函〔2008〕373号）、《上市公司环境信息披露指南》（环办函〔2010〕78号）与证监会2012年修订版《上市公司行业分类指引》（证监会公告〔2012〕31号），我们识别出13个重污染制造业[①]。选择重污染制造企业作为样本的原因是重污染制造企业是一个很强的组织场域（Berrone et al.，2013；Berrone and Gomez-Mejia，2009），是环境规制重点关注的对象，生态创新也更常见，非常适合检验我们的假设。

我们的数据来源主要有中国经济金融研究数据库/原国泰安（CSMAR）、

[①] 重污染制造业涉及细分行业：C15酿造，C17纺织业，C19皮革、毛皮、羽毛及其制品和制鞋业，C22造纸，C25石油，C26化学原料化学制品，C27制药，C28化学纤维，C29橡胶塑料，C30非金属矿物制品业，C31黑色金属冶炼及压延加工业，C32有色金属，C33金属制品。

中国研究数据服务平台（CNRDS）、万德（WIND）、企业年报以及马克数据网。环境规制（省环境执法的立案数、下达处罚决定书数）和生态创新（绿色专利）的数据来自历年中国环境年鉴和CNRDS，对于少量绿色专利缺失值通过对一般专利名称和摘要等进行关键词内容分析，识别绿色专利后补齐。同辈压力（企业碳排放量与行业碳排放量中位数的差距）和高管环保意识（年报中有关环保的关键词词频）数据来自马克数据网。政府补贴数据来自CSMAR和CNRDS。生态创新排名根据不同行业不同年份企业生态创新的数量进行排名而得。控制变量（主要为财务数据）主要来自CSMAR，对于少量缺失数据通过年报补齐。

我们剔除了特别处理（ST：企业财务状况或其他状况等出现异常的企业）的观测值，对因变量滞后一期，所有变量最大企业年（firm-year）观测值为7 783个，涉及企业1 044家。解释变量数据为2007—2018年，因变量（生态创新）数据为2008—2019年。我们的时间段划分均以解释变量的数据时间轴为基准。

8.3.2　变量测量

8.3.2.1　因变量

生态创新（Eco-innovation/EI）。根据以往研究（Berrone et al.，2013；Zhang et al.，2023），我们采用企业绿色专利申请数（包括实用新型和发明两类）来测量生态创新。绿色专利数据来自CNRDS。对于少量（不到100）的观测值，我们进行手工检索补齐。我们对生态创新进行一期滞后处理，以更好地反映因变量在因果关系时间上发生的顺序。

8.3.2.2　核心解释变量

规制压力（Regulatory pressure）。据不完全统计，以往研究关于环保规制压力的测量方式超过100种，主要包括环保治理的投入、治理的效果、治理行为举措等视角。Berrone等（2013）发表在*Strategic Management Journal*的经典文献采用美国各个州每千个企业面临环保督察的次数来测量环保规制压力。借鉴这一测量方式，我们用我国各省（指省、自治区、直辖市、下同）环境执法的立案数除以省规模企业数来测量（不同时间段我国环境执法情况见表8.1和图8.3）。2017、2018年环境执法立案数缺失，我们用环保执法中"下达处罚决定书"的数量代替。经过历史数据对比，二者数据非常接近。

表8.1　不同时间段我国环境执法情况（样本企业总部遍布31个省、自治区、直辖市）

统计口径	时间段	各省环境执法	观测量	Median	Mean	SD	Min	Max
未剔除重复省份	2007—2011年	规模企业平均立案数	2 894	0.18	0.29	0.53	0.01	9.13
		环保执法立案总数	2 894	2 695	5 271.31	5 564.5	3	33 781
	2012—2018年	规模企业平均立案数	5 622	0.30	0.56	1.08	0.04	9.70
		环保执法立案总数	5 622	5 002	8 068.7	8 108.11	13	45 140
剔除重复省份	2007—2011年	规模企业平均立案数	155	0.20	0.35	0.76	0.01	9.13
		环保执法立案总数	155	1511	3 356.39	5 255.06	3	33 781
	2012—2018年	规模企业平均立案数	217	0.35	0.69	1.30	0.04	9.70
		环保执法立案总数	217	2168	4 716.69	6 725.57	13	45 140

注：2017、2018年环境执法立案数缺失，我们用环保执法"下达处罚决定书"的数量代替；2018年"下达处罚决定书"数据也缺失，我们用2017年和2019年"下达处罚决定书"的均值代替。2016年数据显示：环境执法"立案数"约为"下达处罚决定书"的1.1倍。

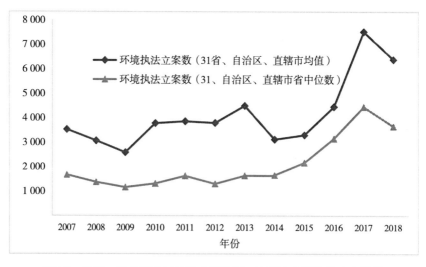

图8.3　2007—2018年我国各省（自治区、直辖市）环境执法立案数

注：2017、2018年环境执法立案数缺失，我们用环保执法"下达处罚决定书"的数量代替。

同辈压力（Peer pressure）。以往关于"同群效应"的研究，多用同行其他企业行为表现的均值来测量同群压力（Marquis and Tilcsik，2016；王旭和褚旭，2022；杨震宁和童奕铭，2024）。我们认为这种测量方式在单纯讨论"同群效应"的研究中比较合理，但在环保合法性竞赛的研究中需要改进。首先，制度理论关于合法性的定义强调大多数评价者的认可，企业要取得环保合法性，其环保绩效应该和中位数比较，而不是均值。原因是均值一般会高于中位数，在同群效应的研究中，此种测量方式其实暗含了企业高标对齐或多采用前摄性策略的假设。而在环保合法性竞赛中，尤其是绿色转型的早期，大多数企业战略姿态可能是反应性的，行业其他企业的中位数更可能成为追求绝对环保合法性达标而进行生态创新的战略参照点。其次，战略参照点理论指出企业是当前水平与参照点的差距而不是根据参照点绝对值水平来做出决策的（Fiegenbaum et al.，1996），因此我们有必要从企业自身水平与行业合法性（其他企业环保绩效的中位数）参照点的差距来探讨多个参照点下企业生态创新的决策过程问题。有鉴于此，我们采用焦点企业的碳排放量与行业碳排放量的差距（环保绩效差距）来测量同辈压力。参照Berrone等（2013）的做法，我们对环保绩效差距进行了对数处理。由于环保绩效差距有正有负，在对数处理过程中，均加上了差距最大负数的绝对值再加1。

政府补贴（Government subsidy）。政府补贴用企业收到各类政府补贴的金额取对数进行测量。以往研究发现，政府补贴中有关创新、环保、出口退税、税收优惠等都与生态创新密切相关。我们未对补贴进行进一步细分，原因是企业也可能把和生态创新不相关的补贴用于生态创新。

生态创新排名（EI rank）。我们用焦点企业绿色专利数每年在行业中的排名来测量生态创新排名。我们对排名取对数后再取相反数（乘以−1），以确保数值越大，企业生态创新排名越高。

高管环保意识（Green cognition）。我们采用企业年报中反映环保相关的词频来测量高管环保意识。我们对词频进行了取对数处理。

8.3.2.3　控制变量

基于我们研究的问题和参照以往研究的做法（Berrone et al., 2013；Wang et al., 2018；Zhang et al., 2023），我们对企业年龄、企业规模、负债率、所有权、研发强度、冗余资源、资产有形性（固定资产比率）、出口等进行了控制，以降低模型设定误差。以下为各个控制变量的控制理由和测量方式。

企业年龄（Firm age）。以往研究认为企业年龄越大，越不太可能进行创新，因此我们对企业年龄进行了控制；企业年龄用年份（year）减企业成立年份，再取对数。

企业规模（Firm size）。以往研究认为企业规模越大，企业的可见性越高，企业面临的合法性压力会更高（Bu and Wagner, 2016；Doh et al., 2010；Marquis and Tilcsik, 2016）。同时，企业的规模越大，企业所拥有的资源越多，越可能进行生态创新（Chen, 2008）。借鉴Cuervo-Cazurra等（2023）的做法，我们用企业员工人数取对数来测量企业规模。

负责率（Debt ratio）。企业负债率越高，一方面说明企业财务状况欠佳，没有过多的资源来进行生态创新；另一方面，企业负债率高，说明企业能撬动的资源较多，更可能通过杠杆利用外部资源进行生态创新，以降低生态创新的风险。借鉴Cuervo-Cazurra等（2023）的做法，负债率用总负债与总资产的比值来测量。

所有权（Ownership）。以往研究指出不同的企业所有权其决策逻辑存在差异（Liu et al., 2020），因此我们对企业所有权进行了控制，用一个虚拟变量来测量：国有企业（state-owned enterprise，SOE）为1，非国有企业（privately owned enterprise，POE）为0。

研发投入（R & D intensity）。研发投入是专利研发过程的核心投入（Berrone et al., 2013），会影响企业的技术优势和吸收能力（Cuervo-Cazurra et al., 2023），因此我们对其进行了控制。我们采用（研发支出或费用+1）取对数来测量企业的研发投入。

冗余资源（Slack resource）。冗余资源会限制企业是否有资源进行生态创新；借鉴Berrone等（2013）的做法，我们用两种方式来测量冗余资源，第一种是用营业净利润率（ROS）来测量冗余资源（Slack resource 1）；第二种用营运资金（流动资产–流动负债）与销售额之比（ratio of working capital to sales）来测量冗余资源（Slack resource 2）。第二种测量方式用来替换第一种测量方式进行结果的稳健性检验。

资产有形性（Tangibility）。我们用固定资产与总资产的比值（Fixed assets ratio）来测量资产有形性。以往研究认为高资产专用性会阻碍企业绿色转型，因为其意味着高额的沉没成本（Berrone et al.，2013）。资产的有形性在一定程度上反映了企业的资产专用性，因此我们对其进行了控制。

出口（Export）。以往研究发现企业出口会促进企业生态创新（Galbreath，2019），因此我们对企业出口进行了控制，用一个虚拟变量来测量：若企业海外销售收入大于0则为1，否则为0。

8.3.3 模型设定

为了检验我们的假设，我们构建了以下几个估计模型：

$$\text{Eco-innovation}_{i,\,t+1}=\beta_0+\beta_1\text{Regulatory pressure}_{i,\,t}+\beta_2\text{Controls}_{i,t}+\varepsilon_{i,t} \qquad (8.1)$$

$$\text{Eco-innovation}_{i,\,t+1}=\beta_0+\beta_1\text{Peer pressure}_{i,\,t}+\beta_2\text{Controls}_{i,t}+\varepsilon_{i,\,t} \qquad (8.2)$$

$$\text{Eco-innovation}_{i,\,t+1}=\beta_0+\beta_1\text{Regulatory pressure}_{i,\,t}+\beta_2\text{Peer pressure}_{i,t}$$
$$+\beta_3\text{Regulatory pressure}_{i,\,t}\times\text{Peer pressure}_{i,t}+\beta_4\text{Controls}_{i,t}+\varepsilon_{i,\,t}$$
$$\qquad (8.3)$$

$$\text{Eco-innovation}_{i,\,t+1}=\beta_0+\beta_1\text{Regulatory pressure}_{i,\,t}+\beta_2\text{Peer pressure}_{i,t}$$
$$+\beta_3\text{Moderators}_{i,\,t}+\beta_4\text{Regulatory pressure}_{i,t}\times\text{Moderators}_{i,t}$$
$$+\beta_5\text{Peer pressure}_{i,t}\times\text{Moderators}_{i,t}+\beta_6\text{Controls}_{i,t}+\varepsilon_{i,\,t}$$
$$\qquad (8.4)$$

公式（8.1）和公式（8.2）分别用于检验规制压力和同群压力对企业生态创新的影响。公式（8.3）用于检验规制压力和同群压力的交互对企业生态创新的影响。公式（8.4）用于检验三大调节变量（政府补贴、生态创新排名和高管环保意识）对规制压力/同群压力与企业生态创新之间关系的调节作用。

上述模型中Eco-innovation代表生态创新，Regulatory pressure和Peer pressure分别代表规制压力和同群压力，Moderators代表三个调节变量，Controls代表控制变量，含产业（Industry）、年份（Year）的虚拟变量控制项。为了检验不同时间段的规制压力和同群压力对企业生态创新的影响，我们在回归模型中加入时间段进行条件回归。

8.4　数据结果

8.4.1　描述性统计和相关分析

表8.2给出了变量的描述性统计结果。数据显示：因变量生态创新（绿色专利）最大值为266个，最小值和中位数均为0，说明数据大量集中在0值上。因变量的方差为9.89，大于均值，说明数据的波动性很大。表8.3给出了解释变量（含控制变量）的方差膨胀因子（VIF）检测结果，数据显著，最大VIF为2.051，远低于存在共现性问题的阈值10，说明本研究的共线性问题对结果的影响甚微。此外，为了降低共线性，我们对所有交互项涉及的非虚拟变量相乘前进行了中心化处理。表8.4给出了所有变量的相关系数分析结果。数据显示：因变量与冗余资源（1）之外的所有解释变量和控制变量均具有显著相关性。生态创新与同辈压力的相关系数大于与规制压力的相关系数，与三个调节变量的相关系数在0.15~0.30之间。

表8.2　变量的描述性统计结果

变量	N	Mean	SD	Median	Min	Max
（1）Eco-innovation（EI）$_{t+1}$	7 783	2.834	9.894	0	0	266
（2）Regulatory pressure	7 783	0.477	0.954	0.269	0.009	9.701
（3）Peer pressure（log emission gap）	7 031	14.231	.303	14.177	0	16.954
（4）Government subsidy（log）	7 557	16.035	1.655	16.043	0	21.569
（5）EI rank（log）	7 783	−3.364	1.179	−3.466	−5.442	0
（6）Green cognition（log）	6 892	1.151	0.888	1.099	0	3.892

变量	N	Mean	SD	Median	Min	Max
（7）Firm age（log）	7 783	2.72	0.382	2.773	0.693	3.714
（8）Firm size（log employees）	7 783	7.716	1.153	7.664	3.045	11.731
（9）Debt ratio	7 783	0.414	0.213	0.404	0.007	2.529
（10）Ownership（SOE=1）	7 783	0.399	0.49	0	0	1
（11）R & D intensity（log）	7 783	14.988	6.082	17.119	0	22.674
（12）Slack resource（1）	7 781	0.063	0.484	0.063	−25.898	8.177
（13）Slack resource（2）	7 781	0.255	7.308	0.253	−595.921	47.541
（14）Tangibility（Fixed assets ratio）	7 783	0.293	0.156	0.272	0	0.872
（15）Export（dummy）	7 783	0.672	0.469	1	0	1

表8.3　共线性方差膨胀因子检查（variance inflation factor，VIF）

解释变量和控制变量	VIF	1/VIF
（1）Firm size（log employees）	2.051	0.488
（2）Debt ratio	1.701	0.588
（3）Government subsidy（log）	1.494	0.669
（4）Tangibility（Fixed assets ratio）	1.335	0.749
（5）Ownership（SOE=1）	1.297	0.771
（6）Slack resource（1）	1.237	0.809
（7）EI rank（log）	1.209	0.827
（8）R & D intensity（log）	1.199	0.834
（9）Peer pressure（log emission gap）	1.199	0.834
（10）Green cognition（log）	1.136	0.88
（11）Export（dummy）	1.078	0.928
（12）Firm age（log）	1.073	0.932
（13）Slack resource（2）	1.045	0.957
（14）Regulatory pressure	1.027	0.974
Mean VIF	1.291	

表8.4 变量间Pairwise相关系数分析

变量	(1)	(2)	(3)	(4)	(5)	(6)	(7)	(8)	(9)	(10)	(11)	(12)	(13)	(14)	(15)
(1) Eco-innovation (EI) $_{t+1}$	1														
(2) Regulatory pressure	0.084***	1													
(3) Peer pressure (log emission gap)	0.265***	0.036***	1												
(4) Government subsidy (log)	0.198***	0.028**	0.297***	1											
(5) EI rank (log)	0.297***	-0.011	0.203***	0.197***	1										
(6) Green cognition (log)	0.151***	0.050***	0.103***	0.203***	0.026**	1									
(7) Firm age (log)	0.048***	0.079***	0.063***	0.134***	-0.032***	0.125***	1								
(8) Firm size (log employees)	0.214***	0.019*	0.398***	0.524***	0.361***	0.215***	0.127***	1							
(9) Debt ratio	0.089***	-0.031***	0.178***	0.226***	0.205***	0.152***	0.118***	0.400***	1						
(10) Ownership (SOE=1)	0.055***	0.063***	0.169***	0.143***	0.135***	0.130***	0.118***	0.347***	0.320***	1					
(11) R & D intensity (log)	0.129***	0.076***	0.082***	0.213***	-0.038***	0.109***	0.084***	0.111***	-0.147***	-0.150***	1				
(12) Slack resource (1)	0.009	0.014	-0.018	0.028**	-0.012	-0.008	-0.013	-0.006	-0.158***	-0.048***	0.070***	1			
(13) Slack resource (2)	-0.061***	0.004	-0.028**	-0.026**	-0.018*	-0.005	-0.011	-0.055***	-0.100***	-0.014	0.034***	-0.138***	1		
(14) Tangibility (Fixed assets ratio)	0.042**	-0.047***	0.104***	0.173***	0.107***	0.238***	0.054***	0.336***	0.358***	0.303***	-0.134***	-0.079***	-0.025**	1	
(15) Export (dummy)	0.089***	-0.029**	0.052***	0.088***	0.086***	0.111***	-0.044***	0.110***	-0.010	-0.104***	0.229***	0.014	0.017	0.024**	1

注：*** $p<0.01$，** $p<0.05$，* $p<0.1$。

8.4.2　回归分析与假设检验

鉴于因变量是专利，其值为非负，且涉及大量的0值，数据存在截堵（大量数据聚集在某一个值上，本研究是左侧截堵），采用线性普通最小二乘法（OLS）估计可能会出现偏差。借鉴以往研究的做法（Li et al., 2023；Zhou et al., 2017；杨洋 等，2015），我们采用Tobit回归，以更好地反映因变量的特征，提高估计的准确性。此外，我们对行业和年份虚拟变量进行了控制。

表8.5和表8.6给出了多步回归分析的结果。表8.5给出了分时间段规制压力和同辈压力对企业生态创新的独立及交互影响。2012年党的十八大以来，在习近平生态文明思想指引下，我国绿色低碳发展取得历史性成就。因此，我们选择2012年为时间分割点来探讨不同阶段规制压力和同群压力对企业生态创新的影响动态变化。2012年之前为绿色转型的早期（或探索期），2012年开始为绿色转型的实质推进阶段。

表8.5 规制压力与同业压力对企业生态创新的影响分段回归

DV=Eco-innovation (EI)$_{t+1}$	(1)	(2)	(3)	(4)	(5)	(6)	(7)	(8)
Firm age (log)	-0.039***	0.000	-0.041	0.003	-0.056	-0.029	-0.057	-0.024
	(-0.54)	(0.00)	(-0.56)	(0.07)	(-0.76)	(-0.74)	(-0.77)	(-0.61)
Firm size (log employees)	0.633***	0.420***	0.634***	0.421***	0.554***	0.346***	0.550***	0.343***
	(7.59)	(10.18)	(7.60)	(10.23)	(5.86)	(8.09)	(5.82)	(8.05)
Debt ratio	-0.076	0.101**	-0.077	0.101**	-0.120	0.095**	-0.119	0.095**
	(-0.96)	(2.91)	(-0.96)	(2.92)	(-1.46)	(2.74)	(-1.44)	(2.75)
Ownership (SOE=1)	-0.001	0.052	0.001	0.043	-0.033	0.041	-0.032	0.032
	(-0.01)	(1.27)	(0.01)	(1.06)	(-0.41)	(1.04)	(-0.41)	(0.81)
R & D intensity (log)	0.237***	0.286***	0.236***	0.285***	0.188**	0.191***	0.190**	0.189***
	(3.74)	(7.83)	(3.72)	(7.81)	(2.91)	(5.52)	(2.94)	(5.50)
Slack resource (1)	0.635*	0.110**	0.636*	0.110**	0.137	0.112***	0.136	0.111***
	(2.38)	(3.27)	(2.38)	(3.27)	(1.59)	(4.24)	(1.58)	(4.23)
Tangibility (Fixed assets ratio)	0.044	-0.173***	0.044	-0.172***	0.021	-0.123***	0.020	-0.123***
	(0.59)	(-5.37)	(0.60)	(-5.35)	(0.27)	(-3.91)	(0.26)	(-3.95)
Export (dummy)	0.083	0.051	0.082	0.051	0.069	0.077*	0.070	0.075*
	(1.25)	(1.50)	(1.24)	(1.50)	(1.02)	(2.35)	(1.03)	(2.29)

续表

DV=Eco-innovation (EI)$_{t+1}$	(1)	(2)	(3)	(4)	(5)	(6)	(7)	(8)
Regulatory pressure			-0.027	0.062*			-0.006	0.061*
			(-0.48)	(2.31)			(-0.11)	(2.34)
Peer pressure (log emission gap)					0.239***	0.299***	0.227***	0.287***
					(3.78)	(8.18)	(3.55)	(7.83)
Regulatory pressure × Peer pressure							-0.070	0.055*
							(-1.23)	(2.53)
Period	2007—2011	2012—2018	2007—2011	2012—2018	2007—2011	2012—2018	2007—2011	2012—2018
Log likelihood	-3 415.6	-11 134.0	-3 415.5	-11 131.4	-3 072.0	-10 312.6	-3 071.2	-10 305.6
Wald chi2	194.84	709.36	195.07	715.94	197.89	808.37	199.57	827.07
Prob > chi2	0.000	0.000	0.000	0.000	0.000	0.000	0.000	0.000
Year	Yes	Yes	Yes	Yes	Yes	Yes	Yes	Yes
Industry	Yes	Yes	Yes	Yes	Yes	Yes	Yes	Yes
Number of Groups	690	975	690	975	594	886	594	886
Number of Observations	2533	5248	2533	5248	2199	4831	2199	4831

注：标准化的回归系数，括号内为 t 统计量；† $p < 0.1$，* $p < 0.05$，** $p < 0.01$，*** $p < 0.001$。

表8.6 政府补贴、生态创新排名以及高管环保意识对规制压力/同业压力与生态创新二者之间的调节效应分析

DV=Eco-innovation (EI)$_{t+1}$	(1)	(2)	(3)	(4)	(5)	(6)	(7)	(8)	(9)	(10)
Firm age (log)	-0.040	-0.038	-0.069†	-0.065	-0.071†	-0.071†	-0.053	-0.047	-0.044	-0.043
	(-0.97)	(-0.91)	(-1.67)	(-1.60)	(-1.74)	(-1.74)	(-1.54)	(-1.36)	(-1.03)	(-1.01)
Firm size (log employees)	0.478***	0.477***	0.418***	0.418***	0.361***	0.358***	0.297***	0.294***	0.414***	0.400***
	(12.99)	(13.00)	(10.67)	(10.69)	(8.77)	(8.68)	(8.30)	(8.33)	(10.21)	(9.84)
Debt ratio	0.044	0.044	0.048	0.048	0.037	0.035	0.041	0.046	0.045	0.044
	(1.38)	(1.40)	(1.49)	(1.48)	(1.13)	(1.08)	(1.39)	(1.56)	(1.35)	(1.30)
Ownership (SOE=1)	0.074†	0.066†	0.045	0.036	0.035	0.035	0.009	0.014	0.029	0.030
	(1.85)	(1.66)	(1.12)	(0.90)	(0.88)	(0.89)	(0.26)	(0.41)	(0.70)	(0.73)
R & D intensity (log)	0.225***	0.226***	0.158***	0.159***	0.145***	0.144***	0.142***	0.140***	0.137***	0.134***
	(7.39)	(7.42)	(5.33)	(5.38)	(4.99)	(4.96)	(5.00)	(4.98)	(4.58)	(4.50)
Slack resource (1)	0.212***	0.212***	0.120***	0.120***	0.115***	0.115***	0.107***	0.105***	0.136***	0.132***
	(3.95)	(3.96)	(4.47)	(4.46)	(4.28)	(4.29)	(4.16)	(4.14)	(4.41)	(4.31)
Tangibility (Fixed assets ratio)	-0.102***	-0.102***	-0.083**	-0.082**	-0.083**	-0.084**	-0.065*	-0.069*	-0.100**	-0.100**
	(-3.44)	(-3.43)	(-2.79)	(-2.80)	(-2.79)	(-2.83)	(-2.37)	(-2.52)	(-3.25)	(-3.27)
Export (dummy)	0.030	0.030	0.034	0.031	0.035	0.035	0.032	0.032	0.058†	0.054†
	(0.96)	(0.96)	(1.11)	(1.02)	(1.15)	(1.12)	(1.16)	(1.17)	(1.80)	(1.69)

续表

DV=Eco-innovation (EI) $_{t+1}$	(1)	(2)	(3)	(4)	(5)	(6)	(7)	(8)	(9)	(10)
Regulatory pressure		0.059**		0.061**	0.064**	0.053*	0.059**	0.035	0.071**	0.050*
		(2.60)		(2.70)	(2.82)	(2.28)	(2.84)	(1.59)	(3.11)	(2.06)
Peer pressure (log emission gap)			0.269***	0.263***	0.263***	0.305***	0.243***	0.174***	0.279***	0.305***
			(8.26)	(8.06)	(8.09)	(7.17)	(8.07)	(4.96)	(8.01)	(7.40)
Regulatory pressure × Peer pressure				0.033†						
				(1.88)						
Government subsidy (log)					0.133***	0.131***				
					(4.61)	(4.50)				
Regulatory pressure × Government subsidy						0.045*				
						(2.01)				
Peer pressure × Government subsidy						-0.050				
						(-1.61)				
EI rank (log)							0.479***	0.460***		
							(17.11)	(16.38)		
Regulatory pressure × EI rank								0.081***		
								(4.35)		

续表

DV=Eco-innovation (EI)$_{t+1}$	(1)	(2)	(3)	(4)	(5)	(6)	(7)	(8)	(9)	(10)
Peer pressure × EI rank								0.096***		
								(3.63)		
Green cognition (log)									0.085***	0.086***
									(3.31)	(3.35)
Regulatory pressure × Green cognition										0.070***
										(3.59)
Peer pressure × Green cognition										−0.036
										(−1.44)
Log likelihood	−14 571.6	−14 568.3	−13 380.2	−13 373.5	−13 188.6	−13 185.4	−13 226.0	−13 209.1	−12 025.0	−12 017.5
Wald chi2	1 091.00	1 099.20	1 169.61	1 187.90	1 164.86	1 170.50	1 568.50	1 633.40	1 061.79	1 082.74
Prob > chi2	0.000	0.000	0.000	0.000	0.000	0.000	0.000	0.000	0.000	0.000
Year	Yes	Yes	Yes	Yes	Yes	Yes	Yes	Yes	Yes	Yes
Industry	Yes	Yes	Yes	Yes	Yes	Yes	Yes	Yes	Yes	Yes
Number of Groups	1 044	1 044	926	926	923	923	926	926	848	848
Number of Observations	7 781	7 781	7 030	7 030	6 856	6 856	7 030	7 030	6 244	6 244

注：标准化的回归系数；括号内为 t 统计量；$^\dagger p < 0.1$，$^* p < 0.05$，$^{**} p < 0.01$，$^{***} p < 0.001$。

数据结果显示：在2012年之前，规制压力对企业生态创新影响不显著（模型3），2012—2018年规制压力对企业生态创新有显著影响（模型4）。这一结果支持本章的假设1a和假设1b。同辈压力对企业生态创新的影响在不同的时间段均为显著正相关，且显著性在0.001水平（模型5和模型6），假设2a和2b得到了支持。模型7和模型8显示在早期规制压力和同辈压力的交互回归系数为负，且不显著；而在后期呈现相互强化的作用，支持了我们的假设3b。

假设3a提出在早期，同辈压力比规制压力对企业生态创新的影响更显著。为了检验该假设，我们对模型3和模型5的二者回归系数进行了T检验。结果显示：同辈压力比规制压力对企业生态创新的影响在统计上更显著，因此假设3a得到了支持。

此外，我们对第二阶段规制压力与同辈压力对生态创新的影响进行了T检验（模型4和模型6的结果）。结果显示：同辈压力比规制压力对企业生态创新的影响统计上依然更显著。鉴于两阶段同辈压力对企业生态创新的影响均显著，因此我们对其进行了统计上的显著性大小比较（模型5和模型6），T检验结果显示两阶段该变量的预测效力统计上不存在显著差异。也就是说，同辈压力在绿色转型的不同阶段都是推动企业进行生态创新的重要动力，而规制压力在后期会放大同辈压力对生态创新的驱动作用；同辈压力也会强化规制压力对企业生态创新的驱动作用，达到了合规和合群的耦合协同。

表8.6为所有时间段调节变量的回归结果。模型5、7和9为调节变量独立进入回归方程，我们发现政府补贴、生态创新排名和高管环保意识均对企业生态创新具有显著正向影响；模型6、8和10分别纳入了三个调节变量和规制压力以及同辈压力的交互项，结果显示生态创新排名对规制压力与同辈压力对生态创新的影响均具有强化作用，假设5a和5b得到支持；政府补贴和高管环保意识仅对规制压力对生态创新的影响具有强化作用，而对同辈压力与生态创新的正向关系不具有强化作用，因此假设4a和6a得到支持，而假设4b和6b未得到数据支持。此外，我们还对整个时间段规制压力和同辈压力对生态创新的独立影响和交互影响进行了回归（模型2、3和4），结果显示规制压力

和同辈压力长期来看对生态创新具有促进和相互强化的作用，进一步支持了我们的假设1b、2b和3b。

此外，我们还对调节效应进行了分阶段回归，结果见表8.7。结果显示：仅在第二阶段，政府补贴、高管环保意识对规制压力与企业创新的正向关系具有强化作用，企业生态创新排名在两个阶段均对规制压力及同辈压力与生态创新的之间的正向关系具有强化效应。值得注意的是，政府补贴、生态创新排名在不同的阶段对企业生态创新的直接效应均为显著正影响；而高管环保意识仅在第二阶段对企业生态创新的直接正向效应显著，反映了后期内部战略认知成为企业生态创新的参照点，企业生态创新逐步从反向转向前摄。

表8.7 不同阶段三大调节变量的调节效应

DV=Eco-innovation (EI)$_{t+1}$	(1)	(2)	(3)	(4)	(5)	(6)	(7)	(8)	(9)	(10)	(11)	(12)
Regulatory pressure	−0.013	0.071**	−0.012	0.063*	−0.009	0.065**	−0.055	0.047†	0.013	0.074**	0.013	0.058*
	(−0.23)	(2.73)	(−0.22)	(2.36)	(−0.17)	(2.75)	(−0.76)	(1.89)	(0.22)	(2.77)	(0.21)	(2.09)
Peer pressure (log emission gap)	0.228***	0.292***	0.199**	0.325***	0.201***	0.275***	0.042	0.204***	0.244***	0.310***	0.240**	0.326***
	(3.59)	(8.04)	(2.59)	(6.62)	(3.48)	(8.26)	(0.49)	(5.38)	(3.54)	(7.94)	(3.10)	(6.91)
Government subsidy (log)	0.176*	0.103***	0.173*	0.097**								
	(2.52)	(3.30)	(2.40)	(3.05)								
Regulatory pressure × Government subsidy			0.000	0.044†								
			(0.00)	(1.79)								
Peer pressure × Government subsidy			0.044	−0.037								
			(0.67)	(−1.04)								
EI rank (log)					0.517***	0.489***	0.567***	0.462***				
					(7.67)	(15.30)	(7.26)	(14.38)				
Regulatory pressure × EI rank							0.132†	0.066**				
							(1.76)	(3.12)				
Peer pressure × EI rank							0.187*	0.097***				
							(2.40)	(3.72)				

续表

DV=Eco-innovation (EI)$_{t+1}$	(1)	(2)	(3)	(4)	(5)	(6)	(7)	(8)	(9)	(10)	(11)	(12)
Green cognition (log)									0.071	0.090**	0.045	0.085**
									(1.08)	(3.21)	(0.64)	(3.02)
Regulatory pressure × Green cognition											−0.064	0.060**
											(−1.01)	(2.77)
Peer pressure × Green cognition											0.010	−0.023
											(0.17)	(−0.81)
Period	2007—2011	2012—2018	2007—2011	2012—2018	2007—2011	2012—2018	2007—2011	2012—2018	2007—2011	2012—2018	2007—2011	2012—2018
Log likelihood	−2 977.2	−10 222.0	−2 977.0	−10 219.9	−3 041.9	−10 189.6	−3 037.2	−10 177.1	−2 610.3	−9 413.4	−2 609.8	−9 409.2
Wald chi2	195.44	832.97	197.02	837.78	280.43	1 199.64	295.43	1 251.11	164.45	767.18	165.57	779.76
Prob > chi2	0.000	0.000	0.000	0.000	0.000	0.000	0.000	0.000	0.000	0.000	0.000	0.000
Controls	Yes	Yes	Yes	Yes	Yes	Yes	Yes	Yes	Yes	Yes	Yes	Yes
Year	Yes	Yes	Yes	Yes	Yes	Yes	Yes	Yes	Yes	Yes	Yes	Yes
Industry	Yes	Yes	Yes	Yes	Yes	Yes	Yes	Yes	Yes	Yes	Yes	Yes
Number of Groups	588	884	588	884	594	886	594	886	524	818	524	818
Number of Observations	2 070	4 786	2 070	4 786	2 199	4 831	2 199	4 831	1 852	4 392	1 852	4 392

注：标准化的回归系数；括号内为 t 统计量；† $p < 0.1$, * $p < 0.05$, ** $p < 0.01$, *** $p < 0.001$。

8.4.3 稳健性检验

我们用了两种方式来检验数据分析结果的稳健性。第一，我们对控制变量冗余资源的测量方式进行更换，从营业净利润率（ROS）换成营运资本与营收的比值（见表8.8）。两种冗余资源的测量方式相关系数负相关，在更换后，我们的结论未发生实证性的变化。第二，我们对样本量进行了变换（见表8.9）。我们选择股票代码排序为003000及以前（即转为数字格式后在3 000及以下）的样本，变量企业年（firm-year）最大观测值为3 867个。缩小样本后，规制压力与同辈压力对生态创新具有显著的直接和交互影响，且三个调节变量的预测效应依然未发生实质性的改变。再次说明我们的结论具有较高的稳健性。

表8.8 稳健性检验之更换控制变量冗余资源测量方式 [Slack resource (2)]

DV=Eco-innovation (EI) $_{t+1}$	(1)	(2)	(3)	(4)	(5)	(6)	(7)	(8)	(9)
Regulatory pressure	0.059**		0.064**	0.066**	0.056*	0.063**	0.038†	0.075***	0.052*
	(2.60)		(2.89)	(3.02)	(2.45)	(3.07)	(1.77)	(3.35)	(2.19)
Tangibility (Fixed assets ratio)	-0.112***	-0.093**	-0.093**	-0.093**	-0.094***	-0.078**	-0.081**	-0.112***	-0.112***
	(-3.81)	(-3.27)	(-3.28)	(-3.23)	(-3.27)	(-2.93)	(-3.09)	(-3.79)	(-3.79)
Peer pressure (log emission gap)		0.281***	0.275***	0.276***	0.312***	0.255***	0.184***	0.293***	0.317***
		(8.87)	(8.66)	(8.70)	(7.53)	(8.70)	(5.39)	(8.64)	(7.94)
Regulatory pressure × Peer pressure			0.034*						
			(2.03)						
Government subsidy (log)				0.117***	0.114***				
				(4.15)	(4.02)				
Regulatory pressure × Government subsidy					0.045*				
					(2.06)				
Peer pressure × Government subsidy					-0.043				
					(-1.41)				
EI rank (log)						0.463***	0.443***		
						(16.98)	(16.20)		
Regulatory pressure × EI rank							0.082***		
							(4.53)		

续表

DV=Eco-innovation (EI)$_{t+1}$	(1)	(2)	(3)	(4)	(5)	(6)	(7)	(8)	(9)
Peer pressure × EI rank							0.100***		
							(3.89)		
Green cognition (log)								0.077**	0.078**
								(3.09)	(3.13)
Regulatory pressure × Green cognition									0.074***
									(3.88)
Peer pressure × Green cognition									−0.035
									(−1.45)
Log likelihood	−14 568.8	−13 300.6	−13 292.9	−13 111.1	−13 108.1	−13 147.7	−13 128.9	−11 948.7	−11 940.1
Wald chi2	1 102.10	1 363.38	1 385.36	1 354.51	1 360.66	1 755.23	1 829.27	1 249.10	1 274.20
Prob > chi2	0.000	0.000	0.000	0.000	0.000	0.000	0.000	0.000	0.000
Controls	Yes	Yes	Yes	Yes	Yes	Yes	Yes	Yes	Yes
Year	Yes	Yes	Yes	Yes	Yes	Yes	Yes	Yes	Yes
Industry	Yes	Yes	Yes	Yes	Yes	Yes	Yes	Yes	Yes
Number of Groups	1 044	926	926	923	923	926	926	848	848
Number of Observations	7 781	7 030	7 030	6 856	6 856	7 030	7 030	6 244	6 244

注：标准化的回归系数；括号内为 t 统计量；† $p<0.1$，* $p<0.05$，** $p<0.01$，*** $p<0.001$。

表8.9 稳健性检验之更换样本数（样本为股票代码转为数字后在3000及以下的样本）

DV=Eco-innovation (EI)$_{t+1}$	(1)	(2)	(3)	(4)	(5)	(6)	(7)	(8)	(9)
Regulatory pressure	0.078*		0.098**	0.083*	0.022	0.074*	0.022	0.097**	0.062†
	(2.39)		(3.04)	(2.53)	(0.49)	(2.47)	(0.63)	(2.98)	(1.74)
Peer pressure (log emission gap)		0.180***	0.175***	0.172***	0.188***	0.142***	0.095*	0.178***	0.204***
		(4.91)	(4.80)	(4.73)	(3.88)	(4.27)	(2.35)	(4.85)	(4.84)
Regulatory pressure × Peer pressure			0.062**						
			(2.81)						
Government subsidy (log)				0.152***	0.157***				
				(3.47)	(3.56)				
Regulatory pressure × Government subsidy					0.121*				
					(2.55)				
Peer pressure × Government subsidy					−0.021				
					(−0.52)				
EI rank (log)						0.553***	0.537***		
						(13.31)	(12.85)		
Regulatory pressure × EI rank							0.122***		
							(4.12)		

续表

DV=Eco-innovation (EI)$_{t+1}$	(1)	(2)	(3)	(4)	(5)	(6)	(7)	(8)	(9)
Peer pressure × EI rank							0.075*		
							(2.12)		
Green cognition (log)								0.099**	0.107**
								(2.67)	(2.89)
Regulatory pressure × Green cognition									0.101***
									(3.50)
Peer pressure × Green cognition									−0.053†
									(−1.67)
Log likelihood	−7 387.8	−6 746.8	−6 738.1	−6 672.3	−6 668.2	−6 652.1	−6 640.8	−6 689.1	−6 681.1
Wald chi2	566.77	570.29	593.85	573.63	583.24	818.97	855.07	586.14	606.52
Prob > chi2	0.000	0.000	0.000	0.000	0.000	0.000	0.000	0.000	0.000
Controls	Yes	Yes	Yes	Yes	Yes	Yes	Yes	Yes	Yes
Year	Yes	Yes	Yes	Yes	Yes	Yes	Yes	Yes	Yes
Industry	Yes	Yes	Yes	Yes	Yes	Yes	Yes	Yes	Yes
Number of Groups	469	414	414	412	412	414	414	414	414
Number of Observations	3 867	3 510	3 510	3 438	3 438	3 510	3 510	3 485	3 485

注：标准化的回归系数，括号内为 t 统计量；† $p < 0.1$，* $p < 0.05$，** $p < 0.01$，*** $p < 0.001$。

8.4.4　进一步研究：三重交互效应

我们对调节效应进行了进一步研究，探讨调节变量之间是否存在相互调节作用（见表8.10）。合规的正式制度压力和合群的非正式制度压力反映了制度结构，政府补贴反映了企业外部政府资源获取能力（也是一种正向制度激励），生态创新排名反映了企业内在的生态创新能力，而高管环保意识则是认知的反映。

因此，我们首先探讨结构、外部资源获取与认知的三重交互对生态创新的影响，见表8.10中模型1和模型2。结果显示：正式制度结构（规制压力）×外部资源获取（政府补贴）×认知（高管环保意识）三重交互显著正向影响生态创新，而非正式制度结构（同辈压力）×外部资源获取（政府补贴）×认知（高管环保意识）三重交互显著负向影响生态创新。这表明在绝对合法性压力下，外部资源激励和高管环保意识之间促进生态创新具有协同效应，而在相对合法性压力下，外部资源激励和高管环保意识之间促进生态创新具有替代效应。

接着，我们考察了结构、企业生态创新排名与认知的三重交互对生态创新的影响，见模型3和模型4。结果显示：正式制度结构（规制压力）×内部资源与能力（生态创新排名）×认知（高管环保意识）三重交互显著正向影响生态创新，而非正式制度结构（同辈压力）×内部资源与能力（生态创新排名）×认知（高管环保意识）三重交互效应对生态创新的影响不显著。这表明，仅在绝对合法性压力下，内部资源与能力和高管环保意识之间促进生态创新具有协同效应。

最后，我们考察了结构、外部资源获取（政府补贴）与内部资源能力（生态创新排名）的三重交互对生态创新的影响，见模型5和模型6。结果显示：仅在同辈的相对合法性压力下，内外资源能力在促进生态创新时具有显著的协同效应。

表8.10　调节效应的进一步研究（三重交互）

DV=Eco-innovation (EI) $_{t+1}$	(1)	(2)	(3)	(4)	(5)	(6)
Regulatory pressure	0.026	0.065**	0.019	0.059**	0.023	0.052*
	(1.01)	(2.79)	(0.82)	(2.58)	(0.96)	(2.47)
Peer pressure (log emission gap)	0.264***	0.293***	0.237***	0.169***	0.223***	0.266***
	(7.58)	(5.54)	(7.37)	(3.48)	(7.35)	(6.19)
Government subsidy (log)	0.129***	0.133***		0.121***	0.087**	0.089**
	(4.24)	(4.38)		(4.08)	(3.16)	(3.27)
Green cognition (log)	0.084**	0.098***	0.055*	0.081**		
	(3.18)	(3.65)	(2.25)	(3.16)		
EI rank (log)			0.458***		0.443***	0.435***
			(15.66)		(15.25)	(14.87)
Regulatory pressure × Government subsidy	0.003				0.003	
	(0.11)				(0.15)	
Regulatory pressure × Green cognition	0.058**		0.022			
	(2.69)		(1.02)			
Regulatory pressure × EI rank			0.040†		0.072**	
			(1.79)		(3.15)	

续表

DV=Eco-innovation (EI)$_{t+1}$	(1)	(2)	(3)	(4)	(5)	(6)
Peer pressure × Government subsidy		0.026 (0.65)				−0.137*** (−3.84)
Peer pressure × Green cognition		0.034 (0.87)		−0.037 (−1.14)		
Peer pressure × EI rank				0.189*** (5.69)		0.040 (0.96)
Government subsidy × Green cognition	−0.011 (−0.51)	0.005 (0.24)				
EI rank × Green cognition			0.047* (2.36)	0.096*** (4.60)		
Government subsidy × EI rank					0.064** (2.92)	
Regulatory pressure × Government subsidy × Green cognition	0.049* (2.02)					0.041† (1.73)
Peer pressure × Government subsidy × Green cognition		−0.094* (−2.49)				

续表

DV=Eco-innovation (EI) $_{t+1}$	(1)	(2)	(3)	(4)	(5)	(6)
Regulatory pressure × EI rank × Green cognition			0.045*			
			(2.08)			
Peer pressure × EI rank × Green cognition				-0.025		
				(-0.84)		
Regulatory pressure × Government subsidy × EI rank					0.016	
					(0.71)	
Peer pressure × Government subsidy × EI rank						0.101*
						(2.16)
Log likelihood	-11 864.7	-11 869.3	-11 875.0	-11 841.6	-13 031.8	-13 030.2
Wald chi2	1 071.77	1 057.10	1 464.82	1 133.03	1 596.04	1 596.39
Prob > chi2	0.000	0.000	0.000	0.000	0.000	0.000
Controls	Yes	Yes	Yes	Yes	Yes	Yes
Year	Yes	Yes	Yes	Yes	Yes	Yes
Industry	Yes	Yes	Yes	Yes	Yes	Yes
Number of Groups	846	846	848	846	923	923
Number of Observations	6 111	6 111	6 244	6 111	6 856	6 856

注：标准化的回归系数；括号内为 t 统计量；† $p < 0.1$，* $p < 0.05$，** $p < 0.01$，*** $p < 0.001$。

8.5　结果讨论与结论

基于制度理论和战略参照点理论，本研究探讨了合规压力和合群压力在不同阶段对企业生态创新的独立及交互影响，并识别了强化或弱化二者影响生态创新的三个权变因素——政府补贴、生态创新排名和高管环保意识。我们用沪深两市A股的重污染制造企业2007—2019的面板数据对假设进行了检验。结果显示：整体上规制压力和同辈压力对企业生态创新具有促进作用，且二者对生态创新的积极影响具有相互强化作用。从不同的时间段来看，早期规制压力对生态创新的促进作用不显著，稳步推进期规制压力对企业生态创新的倒逼效果开始显现。不同阶段同辈压力均对企业生态创新具有促进作用，且比规制压力对企业生态创新的影响更强。还有，规制压力和同辈压力正向强化效果仅在稳步推进期显著，尽管所有时段二者对企业生态创新的影响具有协同效应。一个可能的解释是，早期同辈压力对生态创新的影响机制为非正式制度的惯性，这种惯性（"挑战下限"负向合法性竞赛）有可能和正式规制存在冲突（第一阶段规制压力和同辈压力的交互项为负数，且t值接近0.1的显著水平）；后期随着环境规制力度的加强，同辈压力对生态创新的影响机制逐步变为"正向合法性竞赛"，规制压力与同辈压力走向耦合协同。

此外，在企业生态创新排名较高时，规制压力/同辈压力对生态创新的正向影响更显著；当企业获得政府补贴更高、高管环保意识更高时，规制压力对生态创新的影响更强。

和预期不一致的是：政府补贴对同辈压力与生态创新二者正向关系的弱化效应不显著，高管环保意识对同辈压力与生态创新二者正向关系的强化效应不显著。一个可能的原因是当同辈压力足够强时，资源和认知都不会成为企业以生态创新进行环保（相对）合法性追赶的障碍，唯有企业生态创新的能力（生态创新排名）会对同辈压力响应产生实质性的影响。以规制为参照点的低绝对合法性（包括企业对规制不清楚导致的"无意"违规）的企业可见性低，企业存在被淘汰的风险但也可能侥幸生存（只要未被监管机构发现和处罚）；以竞争者为参照点的低相对合法性，企业和消费者更容易感知到，为了保持竞争优势，企业会主动去维持更高的相对合法性。

需要指出的是，在绿色转型的前期，相对合法性参照点——行业环保绩效的中位数可能低于正式绝对合法性的标准，这会导致合法性竞赛可能是负向合法性竞赛（在低于规制合法性标准以下的"挑战下限"的底线博弈竞赛）。随着正式规制严厉性的提升，相对合法性的参照点会上移，合法性竞赛进入良性竞争的赛道——"挑战上限"的正向合法性竞赛，低于正式环保规制要求的企业会逐步被清退或被市场淘汰。

8.5.1　理论贡献

本研究主要有三点理论贡献。第一，对生态创新前因研究的贡献。本研究通过实证分析揭示了正式规制和同辈压力对企业生态创新的动态影响，丰富了我们对规制影响生态创新的动态理解。以往研究主要基于"正向合法性竞赛"的假设，多考察单一或多个提供"绝对合法性参照点"的正式规制、规范对企业生态创新的影响（Berrone et al.，2013），而对"负向合法性竞赛"以及相对合法性参照点（基于同辈压力的非正式制度）的关注有限，且忽视了绝对合法性对齐和相对合法性竞赛之间的协同或冲突对企业生态创新的影响。尽管近年来一些研究关注到"同群效应"下的非正式制度对企业生态创新的影响（Qi et al.，2021；Wu et al.，2023；王旭和褚旭，2022），但其并未细致探讨正式规制同构与同群效应之间的关系，且忽视了基于环保绩效而非生态创新行为的同群压力对企业生态创新的驱动作用。

本研究整合绝对合法性对齐和相对合法性竞赛的视角，通过大样本面板数据分析，发现了正式规制和同辈压力之间的相互强化效应，展示了二者在不同阶段对企业生态创新的异质性作用。这种动态异质性揭示了企业在应对制度不确定性时的战略响应方式，即在规制初期更依赖同行的环保绩效表现来进行生态创新决策，而在规制逐步落实后，正式规制对焦点企业的生态创新决策的影响逐渐增强。这种发现不仅补充了现有的理论框架，还为理解企业在不同发展阶段下的生态创新动因提供了新的视角。

此外，本研究还识别了三个重要的权变因素——政府补贴、生态创新排名和高管环保意识。三个权变因素会影响企业对合法性竞赛方向和外部合法性参照点的选择。企业层面的政府补贴作为正向规制激励，可以降低企业感知到的以负向激励为中心的宏观或中观层环保规制的不确定性，从而倾向于参与正向合法性竞赛，进而对规制压力做出积极响应。和那些间接影响企业生态创新的资源和能力（如冗余资源、吸收能力、财务绩效等）不同的是（Berrone et al.，2013；Qi et al.，2021；王旭和褚旭，2022），企业生态创新排名直接反映了企业的生态创新能力，其会促使企业对正式规制和同辈压力做出更为积极的解读，致力于满足绝对合法性要求的同时，并保持较高的相对合法性，进而会积极投身提升环保绩效的正向合法性竞赛——生态创新。高管环保意识有助于企业更好地感知、解读和积极响应规制压力（Yan et al.，2023b；彭雪蓉和魏江，2015），从而强化规制压力对企业生态创新的积极作用。

第二，对制度理论的贡献。本研究从制度理论视角出发，探讨了正式和非正式制度压力如何共同影响企业生态创新，拓展了制度理论在生态创新领域的应用。制度理论指出制度包括规制、规范和集体文化认知（模仿压力）三大支柱（Scott，2013），规制、规范多为正式制度，而文化认知则为非正式制度，前者为企业同构提供了绝对合法性的参照点，后者提供了相对合法性的参照点。遗憾的是，以往研究缺乏对绝对合法性压力（来自正式规制、规范）和相对合法性压力（来自群体文化认知/基于模仿的非正式制度）的关系进行深入的探讨。一个例外是贾建锋等（2024）探讨了制度组态（政府、市场和社会等三个维度的制度）对绿色创新的影响，但也未从绝对和相对合法性的角度进行讨论，这对推进制度合法性理论极为重要。

本研究从"制度架构"的视角对正式和非正式制度的关系进行了解读，提出正式规制决定了绝对合法性竞赛的方向，非正式制度提供了相对合法性竞赛的强度。合法性搜索的方向可能是"挑战上限"——参与正向合法性竞赛（当感知正式制度底线弹性很小时），也可能是"挑战下限"——参与负向合法性竞赛（当感知正式制度底线弹性很大时）。面向绿色发展的制度转型包括以规制、规范为代表的正式制度标准提高和以大多数同行表现所反映的非正式制度的滞后跟进（Peng，2003）。这样，转型过程中非正式制度（合群）与正式制度（合规）同构方向可能存在冲突或协同，导致正式制度同构效力被稀释或增强。本研究揭示了正式规制和同辈压力对生态创新的不同影响路径和相互强化机制。这种异质性制度间动态互动的洞见，不仅完善了制度同构的机制，还为政策制定者和企业管理者提供了理解复杂规制环境下企业行为决策的理论依据。

第三，对情境化生态创新研究的贡献。本研究通过分析中国重污染制造企业在2007至2019年间的面板数据，为情境化的生态创新前因研究提供了新的证据。本研究解释了转型制度中双重制度压力独立和交互影响企业生态创新的动态异质性，并考察了政府补贴、企业生态创新排名、高管环保意识在不同阶段的权变作用。这种基于中国的特定情境化分析，揭示了双重制度压力和组织因素在解释企业创新行为中的动态异质性和多重组合效力，为后续研究提供了重要的参考和启示。

8.5.2 实践与政策启示

我们的研究结论对于致力于推动企业生态创新进行绿色转型的政策制定者和管理者具有一定的启发。第一，环保规制的推进要长期导向。本研究表明，早期规制压力对生态创新的促进作用并不显著，但在稳步推进阶段，规制压力的效果开始显现。一个可能的解释是在绿色转型的初期，行业和组织惯性导致企业对于正式规制的理解和接受度较低，因此政策制定者应注重渐进式的实施策略。例如，政策制定者可以在初期阶段通过教育和信息传播，逐步提升企业对面向绿色发展的新规制的理解和接受度。与此同时，政府应提供清晰的监管框架和支持政策，帮助企业更好地理解和遵守绿色规制，以减少初期的不确定性和抗拒感。

第二，政策制定者可以利用同辈压力激发企业生态创新，尤其是在绿色转型的早期。我们的研究结论显示：不同阶段的同辈压力对企业生态创新都有显著的促进作用，而规制压力对生态创新的促进作用在第二阶段才显现，且其效应不及同辈压力。为此，政策制定者可以通过推动行业领军企业的生态创新来建立标杆和示范效应，从而带动整个行业的创新活力。例如，政府可以设立"绿色先锋企业"奖励计划，表彰和支持在生态创新方面表现突出的企业，并鼓励这些企业分享成功经验，形成行业内部的正向竞争和模仿效应。

第三，整合正式规制和同辈压力来促进企业生态创新。我们的研究显示，规制压力和同辈压力在绿色转型的稳步推进期具有协同效应，能够共同推动企业的生态创新。因此，政策制定者应考虑如何协调这两种压力，以最大化它们的合力。政府可以通过加强对企业环保绩效的透明度和信息披露要求，使得企业能够更清晰地了解同行的环保表现，从而促进相对合法性的正向竞赛。同时，制定者应鼓励行业协会和合作平台的建立，促进企业之间的沟通和合作，共同应对绿色转型的挑战。此外，我们的研究发现政府补贴在规制发力阶段，对提升企业在规制压力下的生态创新具有显著的促进作用。因此，政策制定者应持续通过财政激励和补贴政策，支持企业的生态创新项目，降低企业的创新风险和成本。

第四，强化企业高管环保意识，促进生态创新的知行合一。我们的结果显示：高管环保意识在第二阶段对规制压力与生态创新之间的正向关系具有强化作用，且高管环保意识对企业生态创新的直接效应在后期开始显现。我们认为在第一阶段直接效应不显著的原因在于，高管环保意识是比较初级或仅是装点门面（window-dressing），是偏离知行合一的环保意识。随着大环境的改善，企业高管真正意识到环保的重要性，而不仅仅是一种口号。因此，政府和行业组织应通过培训和交流项目，提升企业高管对绿色转型和生态创新的深层次理解和认同。这可以通过举办生态创新论坛、提供高管生态创新培训课程，以及推广最佳生态创新实践案例来实现。高管环保意识的提升不仅有助于推动企业进行生态创新以达到环保合规，还能促进企业战略调整和长期可持续发展。

第五，本研究还可以为企业开展生态创新构建竞争优势提供指导。首先，领先企业要积极推动行业"正向合法性竞赛"主流化，一方面可以利用非正式制度（如联合抵制）减少"负向合法性竞赛"，提高合法性竞赛的最低标准——高于合规的标准；另一方面可以利用自身影响力参与绝对合法性标准制定，提高环保合法性合格标准。其次，生态创新落后企业可以采取战略联盟的方式，寻求生态创新认知突破，提高合法性战略目标和生态创新水平。

8.5.3　局限与展望

本研究存在一些局限可以在未来研究中进一步探讨。第一，样本概化效度的局限。本研究基于2007至2019年间中国上市重污染制造企业的数据，数据的地理局限性意味着我们的结论可能无法直接推广到其他国家或地区；同时，重污染制造业的特殊性可能限制了研究结论在其他行业（如服务业或高科技行业）的适用性。未来研究可以变换样本，考察其他国家、其他行业（如高科技行业或服务业）的企业在双重制度压力下的生态创新决策机制，以验证研究结论的普遍性。

第二，本研究主要考察了外部多重制度参照点对企业生态创新的影响，其潜在假设是大多数企业以生态创新响应环保制度合法性压力的战略姿态在制度转型过程中为反应式而非前摄型。随着时间的推移和企业认知的发展，企业环保制度响应姿态会从反应转向前摄，那么需要更多的研究去探讨内部参照点（如战略认知）对企业生态创新的影响。本研究重点探讨了企业获取的政府补贴、生态创新排名和高管环保意识作为调节变量的作用。未来的研究可以进一步探讨这些组织层调节变量的直接效应。例如，哪种政府补贴策略（如补贴给哪种企业：锦上添花还是雪中送炭；怎么补贴：集中补贴还是分散补贴等）对企业生态创新的直接促进效果更好。同样地，生态创新排名和高管环保意识可能直接影响企业的生态创新决策。

第三，本研究主要基于制度理论和战略参照点理论，未来研究可以引入更多理论视角，如组织学习理论、资源依赖理论、行为理论、复杂适应系统理论等，以更全面地解释企业生态创新的驱动因素和机制。通过多理论视角的整合，可以更深入地揭示企业在复杂环境中进行生态创新的系统动力。

9 从反应到前摄：高管双重环保意识、外部资源获取与企业生态创新[①]

前两章关于外部制度结构对企业生态创新决策的影响总体上以企业反应式环保战略为主导。随着企业环保意识在制度学习中提升，企业内部前摄性战略认知将成为企业生态创新决策的重要影响因素。因此，本章研究逻辑将从反应转向前摄，考察企业内部高管双重环保意识（环保风险意识和环保收益意识）对企业生态创新决策的影响，以及其与企业外部资源获取的交互对企业生态创新决策的影响。本研究将外部资源获取分为政治资源获取和商业资源获取，将生态创新分为生态管理创新、生态工艺创新和生态产品创新。来自中国江浙沪的144家企业样本实证结果支持了我们的大多数假设。

9.1 引 言

最近二十年，生态创新（也称为环境/绿色创新）在实践和学术界都受到越来越多的关注（Costantini et al.，2015；Dangelico and Pujari，2010；del Rio

---

[①] 本章节基于作者已发表论文：a. PENG X R, LIU Y, 2016. Behind eco-innovation: Managerial environmental awareness and external resource acquisition [J]. Journal of Cleaner Production, 139: 347-360. b. YAN Z, PENG X, LEE S, et al. , 2023. How do multiple cognitions shape corporate proactive environmental strategies? The joint effects of environmental awareness and entrepreneurial orientation [J]. Asian Business & Management, 22: 1592–1617. 理论部分. c. YAN Z, PENG X, LEE S, et al. , 2023. Chasing the light or chasing the dark? top managers' political ties and corporate proactive environmental strategy [J]. Technology Analysis & Strategic Management, 35 (10): 1341-1354. 理论部分.

et al.，2016b；Diaz-Garcia et al.，2015；Lin et al.，2014；Schiederig et al.，2012；Sharma et al.，2020）。生态创新是企业社会责任（CSR）与创新的融合（Dangelico and Pujari，2010；Wagner，2010），是战略性环保责任的具体体现（Bhattacharyya，2010；Burke and Logsdon，1996；Porter and Kramer，2006；Siegel，2009）。由于生态创新对国家、工业和企业可持续发展的重要性（Mirata and Emtairah，2005；Porter and van der Linde，1995a），识别企业生态创新的驱动因素是多学科研究的热门话题（Bossle et al.，2016；Diaz-Garcia et al.，2015；Kemp and Oltra，2011）。以往文献强调了驱动生态创新的规制、组织和个人因素，如来自政府（Berrone et al.，2013）、客户（Kesidou and Demirel，2012）和竞争对手（Park，2005）的合法性压力、企业战略动机（例如，节约成本、形象塑造）（Demirel and Kesidou，2011）和管理者行为意图（Chou et al.，2012；Cordano and Frieze，2000）。然而，有两个重要但研究较少的问题值得进一步探讨。

首先，当企业做出生态创新决策时，高管环保意识的作用是什么？管理认知作为生态创新的重要驱动因素受到较少重视（Danihelka，2004；Gadenne et al.，2009），尽管管理认知理论（del Rio et al.，2010；Kaplan，2011；Stimpert，1999）及高阶理论指出管理层对环境问题的解释在公司战略中起着关键作用，提供了生态创新阻碍因素的系统视角。然而，企业对环境的响应取决于管理者如何解释环境。正如Corral（2003）的研究表明，感知到的技术能力和经济风险是公司愿意采用或开发更清洁技术的两个重要驱动因素。此外，Zhang等（2013）还对中国企业进行了抽样调查，结果表明，感知态度、主观规范和行为控制对企业采用和发展清洁生产技术的意愿有重要影响。

第二，外部资源获取如何推动生态创新？以往文献过分强调内部资源或能力的作用（Aragón-Correa et al.，2008；Chen，2008；Horbach，2008；Horbach et al.，2012），但很少关注通过社会网络（Park and Luo，2001）获取的外部互补性资产［除了一些例外研究（De Marchi，2012；Horbach et al.，2012；Johnston and Linton，2000）］。然而，根据资源依赖理论（Hillman et al.，2009；Pfeffer and Salancik，1978），我们可以将公司视为一个开放系统：

它们的行为受到由利益相关者构成的环境的约束和影响，因此它们需要管理这种资源依赖关系。生态创新作为公司的一种具体行为，无疑受到公司外部利益相关者（如商业伙伴和政府）的影响。事实上，即使焦点企业内部具有冗余资源，它们可能也不会将其投入生态创新活动，除非投资生态创新能获得特定外部资源（如环境或创新补贴）。此外，以往研究更多关注正式制度压力（如法律和法规、政策）对企业生态创新的推动作用，而忽视了在中国等新兴经济体具有重要影响力的非正式制度或社交网络（Peng and Heath，1996）对生态创新的影响。社会网络可能改变企业环境合法性搜索的动机以及实施生态创新的资源约束。

为了填补上述研究缺口，本研究将考察高管环保意识和企业外部资源获取对企业生态创新的影响（本研究的概念框架见图9.1）。更具体地说，根据管理认知理论，我们认为高管环保风险意识和高管环保收益意识会影响生态创新的不同维度；根据资源依赖理论，我们认为外部政府资源获取和商业资源获取作用于生态创新的不同维度。此外，我们把资源依赖理论与管理认知理论结合起来，考察了高管环保意识与外部资源获取的交互对生态创新的影响。本研究整合了管理认知理论和资源依赖理论的逻辑，对生态创新前因研究做出了贡献。

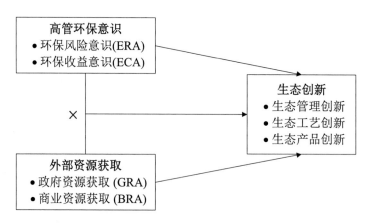

图9.1 高管环保意识、外部资源获取与生态创新的概念框架

9.2 理论与假设

我们将首先从管理认知的角度探讨高管双重环保意识对企业生态创新的影响，认为管理者对环境的诠释驱动着生态创新的不同维度。然后，我们从资源依赖的角度识别企业生态创新的触发因素，认为企业从商业和政治网络获得的外部资源对生态创新的三个维度有不同的影响。最后，我们将整合这两组影响因素，分析它们对企业生态创新的交互作用。

9.2.1 高管双重环保意识与生态创新

许多研究已经展示了生态创新的重要性和好处（Hart，1995；Kammerer，2009；Porter and van der Linde，1995a），但企业对生态创新可能并不买账。为了回答Danihelka（2004）关于生态创新为何不吸引企业的问题，一些研究探讨了来自主要利益相关者的环境压力如何影响企业生态创新。根据这一观点，生态创新可以极大地改善公司的环境绩效，满足政府、非政府组织、客户、媒体、员工和社会等利益相关者的环保需求（Berrone et al.，2013；Murillo-Luna et al.，2008；Qi et al.，2010）。然而，管理认知理论（Kaplan，2011；Porac et al.，1989）认为，环境不完全是外生的，因此，决策者对他们面临的环境问题的不确定性和复杂性的解读对公司响应这些问题至关重要。例如，Danihelka（2004）认为管理者风险感知等主观因素会影响清洁生产的决策过程。

因此，我们有必要从战略认知视角探讨企业生态创新的驱动因素。最近的研究从管理认知的角度探讨了企业生态创新或环境行为的动机（Bansal and Roth，2000；Chou et al.，2012；Cordano et al.，2010；Kim，2013）。例如，一些研究基于计划行为理论研究了高管态度、主观规范、感知行为控制、行为意图对生态创新行为的影响（Cordano et al.，2010；Corral，2002，2003；Zhang et al.，2013）。事实上，只有高管团队中的个人大脑具有思想（Stimpert，1999），并对生态创新战略做出决策。因此，要理解这一管理决策过程，以管理认知为基础探讨生态创新驱动因素非常重要。根据管理认知理论（Kaplan，2011；Porac et al.，1989），高管的认知或心理模型影响他们的注意力分配及他们对环境的解释，从而影响他们对外部环境变化的反应。因此，高管认知是企业行为和绩效的重要预测变量。我们认为高管环保意识是管理认知的具体体现，是企业生态创新的重要驱动因素。跟随Gadenne等（2009）的观点，我们进一步将高管环保意识分为环保风险意识（environmental risk awareness，ERA）和环保收益意识（environmental cost-benefit awareness，ECA）。环保风险意识是指管理者对公司负面环境影响的理解程度，这反映了高管的环境道德。环保收益意识是指管理人员对环保实践节省成本和/或增加利润的潜能的理解，这反映了高管追求利润的动机。下面我们将具体分析双重高管环保意识如何影响企业生态创新。

第一，我们认为具有较高环保意识的高管更关注行业内的环境问题。也就是说，环境问题更有可能被高环保意识的高管注意到。相比传统创新，生态创新由于具有双重正外部性的特征，需要更多的管理承诺和关注（Ramus and Steger，2000）。具有更高环保风险意识的高管将更加关注自己的公司对自然环境的不利影响和行业中存在的环境问题。他们更了解环境法规或法律对自己公司的影响，以及行业中的"最佳环保实践"（Gadenne et al.，2009）。因此，具有较高环保风险意识的管理者更关注企业的环境绩效和环保合法性，更青睐具有较高环境绩效的生态创新，因此更有可能引入高生态效能的管理体系和制造流程，改进现有产品，或推出新产品，以减少其公司对环境的负面影响，即从事生态管理、工艺和产品创新。相比之下，环保收益意识较强的高管将更加关注环境保护和污染预防的经济效益和潜在商机（如绿色市场）。鉴于生态产品创新与生态管理、工艺创新相比，具有更高的可见性、较短的回报期，其价值可通过绿色产品市场交换实现。因此，高环保收益意识的高管往往会专注于改进公司现有产品或推出新产品（即生态产品创新）以抓住绿色市场机会。

第二，我们认为具有较高环保意识的管理人员在解释环境问题时可能更加积极主动，更多视之为机会而非威胁。例如，Sharma（2000）发现，高管对环境问题的诠释对公司环保战略具有显著影响。我们认为具有较强环保意识的高管对环境问题的积极诠释体现在两个方面。①高管的环保风险意识越强，他们越能感知到来自外部重要利益相关者的环保压力。即环保风险意识可以提高高管对环境保护重要性的认知。例如，Kocabasoglu等（2007）研究发现，只有那些充分意识到环境问题和相关举措的重要性的管理人员才会将生态创新纳入战略议程，并分配相应的资源来实施这些议程。最终产品及其生产过程是造成环境影响的两个重要而又存在差异的方面。前者涉及生态产品创新，后者涉及生态工艺创新。因此，具有较强环保风险意识的高管面临更高的感知环保压力，并倾向于将资源分配到能为环保绩效做出了重大贡献的生态创新中，如生态工艺和产品创新；而生态管理创新具有同时促进生态工艺创新和产品创新的潜能，且生态管理创新可以通过环境认证在短期快速提升企业的环境合法性，降低企业感知到的环境规制压力，得到高环保风险意识的高管青睐。②环保收益意识较高的高管更能够识别环境问题的潜在商业机会，并从竞争对手的最佳环境实践中获得启发，因此对生态创新的风险和成本不太敏感或低估。正如Porter和van der Linde（1995a）指出的，企业不愿采用生态创新的一个原因是企业难以认识到其潜在的收益，特别是在缺乏通过创新解决环境问题的经验的情况下。管理者往往认为污染控制非常昂贵，因此低估了解决环境问题的重要性。此外，生态创新活动的好处比较隐蔽，不太会引起企业决策者的注意（Li，2014）。因此，环保收益意识较高的管理者更喜欢创新绩效更高、投资更低的生态创新，倾向于生态产品创新以抓住环境问题带来的商业机遇。

第三，我们主张具有较高环保意识的高管更倾向于主动环保战略——以防治污染而不是控制污染（如采用末端治理EOP技术）为主（Liu et al.，2015；Murillo-Luna et al.，2011）。正如Hart和Ahuja（1996：31）所主张的那样，主动环保战略"可使排放量远低于法律要求的水平，从而降低公司合规和违规的成本"，满足关键利益相关者的环保需求。具体来说，我们认为具有较高环保风险意识的高管倾向于采用或推出生态工艺和产品创新以应对环境污染问题。Buysse和Verbeke（2003）认为，生态管理创新实际上往往是应对主要利益相关者的环境挑战的权宜之计和短期举措。换句话说，具有较高环保风险意识的高管并不满足于通过生态管理创新达到"底线"，他们很可能采取更积极的环境举措——生态工艺和产品创新——以大力度降低环境风险。另外，我们认为环保收益意识较高的高管更有可能通过生态产品创新而不是生态工艺、管理创新来应对环境挑战。这一论点的理由是：生态工艺创新对技术、资金投入强度要求更高，投资难以通过产品市场交易实现其双重溢出的价值独占；而生态管理创新难以满足高环保收益意识的高管的高经济动机要求。随着全民环保意识的日益增强，以底线为导向的环境举措（如生态管理创新）得到广泛应用，逐渐成为一种边际回报率不断减低和类似保险功能的投资（Flammer，2013）。以底线为导向的环境举措不再给企业带来竞争优势或可观的经济回报。因此，我们提出以下假设：

H1a：高管环保风险意识（ERA）与生态管理创新、生态工艺创新和生态产品创新正相关。

H1b：高管环保收益意识（ECA）与生态产品创新正相关。

9.2.2　外部资源获取与生态创新

生态创新过程系统复杂（De Marchi，2012），需要外部合作和内部跨职能合作（Pujari，2006），因为生态创新需要多样化的知识和对产品环境影响的生命周期分析（Kemp and Oltra，2011）。以往研究多强调内部资源禀赋或能力对驱动生态创新的重要性，但对企业外部资源获取的预测作用关注不够。因此，我们提出生态创新的资源依赖观点。在开放系统中，利益相关者期望焦点企业对环保做出贡献。更具体地说，地方政府普遍希望所有地方企业引入新的组织形式、制造流程和产品，以减少对环境的影响。客户、供应商和竞争对手等业务合作伙伴希望焦点企业进行生态创新，以降低行业生态创新的相对成本，营造更好的商业竞争环境。为了激励焦点企业做外部利益相关者想要的事情，它们通常向焦点企业提供资源，条件是它能够满足利益相关者的期望，如环境保护和污染防治。但是，焦点企业和外部利益相关者之间存在着权力不平衡和信息不对称，这可能导致焦点企业根据自身利益而不是利益相关者的期望来进行生态创新决定。

社会网络的经典文献显示，公司从其社交网络获得的资源包括技术、信息和财务资源（Uzzi，1997）。由于企业社会网络通常包括政治连带和商业连带（Luo et al.，2012；Park and Luo，2001；Sheng et al.，2011），因此我们将外部资源获取分为政府资源获取（GRA）和商业资源获取（BRA）。政府资源获取是企业从政治机构或官员的关系中获得的资源；而商业资源获取则反映了企业从客户、供应商和竞争对手等商业合作伙伴的关系中获得的资源。具体而言，①从政治网络获得的外部资源包括财政支持、绿色采购订单和产业政策导向信息。财政支持可以降低生态创新的成本，从而给焦点企业带来成本优势（Standifird and Marshall，2000）。政府绿色采购保证了绿色产品的溢价，减少了与生态产品创新相关的市场不确定性，从而提高了焦点企业以赚钱为目的进行生态产品创新的积极性（Kim，2013）。此外，环境政策信息可以降低生态工艺创新的制度风险或不确定性，促进焦点企业的生态工艺创新，获得先行者优势（Porter and van der Linde，1995a）。②从商业网络获得的外部资源包括技术支持、绿色产品采购承诺、绿色需求和管理的趋势信息，以及绿色供应链。来自客户、供应商和战略合作伙伴的绿色技术支持通过解决生态创新技术问题使焦点企业受益。绿色需求承诺使生态产品更具吸引力，并可增强高管的环保收益意识。从商业网络获得的绿色需求趋势信息降低了市场不确定性和生态产品创新研发投资的风险，为绿色认证的焦点企业提供指导，并推动它们引入新的、可见度高的环境管理系统或制度。最后，绿色供应链可以保证环保原材料或新的环境生产技术服务于焦点企业的生态创新活动。

但是，由于焦点企业与其嵌入社会网络的其他行动者（例如政府和商业伙伴）之间存在信息不对称，政府资源获取和商业资源获取影响企业生态创新不同类型的内在机制可能存在差异。

首先，我们主张从政府获得的外部资源与生态管理创新和生态产品创新显著正相关。地方政府向通过生态创新等活动满足其环境期望或需求的企业提供财政、技术和信息资源。政府希望这些焦点企业将它们提供的资源投资于高生态效能的环保活动，如生态工艺和生态产品创新，对环境绩效做出巨大贡献（Zailani et al.，2012）。但是，企业希望将从政府获得的资源分配给能够实现最大经济效益、同时能达到获得政府专项资助所要求的最低环保标准的项目。

此外，在制度监管不完善的转型经济中，政府没有完善的方法来监管焦点企业实际使用政府资源的情况，而主要依据可见度高的行为指标来衡量。例如，政府可以很容易地观察到企业引入的生态创新管理体系（如ISO 14001认证、EMS）和流通在市场上的新环保产品。信息不对称和转型经济中的制度缺陷为焦点企业的机会主义和投机行为留下了空间（Liu et al.，2015）。因此，焦点企业往往以自身利益而不是提高整个社会福利行事，从而倾向于将政府赋予的资源分配给可见度和经济效益高、成本低的环保活动，即生态产品和生态管理创新。

其次，根据焦点企业与其业务合作伙伴之间的依赖程度，我们提出从商业网络获得的外部资源与生态管理和产品创新显著正相关。更具体地说，在商业网络中，通常客户是焦点企业最强大的利益相关者，而焦点企业比供应商拥有更大的权力。大客户和消费者越来越希望焦点企业提供更多能源效率更高、自然资源消耗更少的环保产品，并在制造过程中承担更多的环境责任（例如，减少员工对污染的暴露以确保员工的健康）（Huang et al.，2016；Zailani et al.，2012）。否则，大客户或消费者将"用脚投票"——选择其他环保更出色的供应商。为了留住高环保导向的客户和消费者，焦点企业将提供更多的环保产品，并采取其他高可见性的环保举措，特别是外国客户所需的环境认证（例如ISO 4001和OHSAS 18001）。对于供应商来说，情况正好相反。焦点企业通常要求供应商提供更多的环保材料，以提高其最终产品的竞争力。当然，一些环境设备供应商希望焦点企业采用新的清洁生产技术。然而，制造流程升级更新对焦点企业来说成本很高。因此，采用新的清洁生产技术通常只作为一项长期战略来实施，而且只有在高管认为有必要的情况下实施，而不是响应供应商要求的结果。竞争对手通过市场竞争影响焦点企业。焦点企业将模仿竞争对手的高可见性环保行为（即生态产品、管理创新），以保持其在市场上的竞争优势（Dai et al.，2015；Park，2005；Yalabik and Fairchild，2011）。如果焦点企业知道其竞争对手或同行合作者正在推出新的环保产品或环境认证，它将采取对策来保持市场竞争力。然而，如果竞争对手采用新的环保生产技术，焦点企业不一定会效仿。原因如下：首先，生态工艺创新不如生态产品或生态管理创新引人注目，焦点企业难以感知和模仿。其次，生态工艺创新并不总是导致产品市场竞争。相反，生态工艺创新的巨额投资成本通常会在短期增加产品成本。如果客户对制造过程中的环境污染不太关心，那么采用清洁生产技术的企业其竞争优势反而在短期会降低。因此，我们提出以下假设：

H2a：从政治网络获得的外部资源与生态管理、产品创新显著正相关。

H2b：从商业网络获得的外部资源与生态管理、产品创新显著正相关。

9.2.3　高管双重环保意识与资源获取的交互效应

生态创新管理认知观的基本逻辑表明，高管诠释环境的方式——他们对环保风险和收益的认知——使他们能够更加关注行业中的环保问题，更能识别环保中的商业机会，环保响应更快，并倾向于更积极的环保解决方案，如生态创新。生态创新的资源依赖观表明，焦点企业对利益相关者的环境要求的响应取决于其对利益相关者依赖度。焦点企业多大程度会"按规使用"利益相关者赋予的条件性资源，取决于利益相关者的权力和监管能力。在所有利益相关者中，政府、客户和竞争对手在影响焦点企业行为方面比供应商拥有更大的权力（Park，2005；Yalabik and Fairchild，2011）。

外部网络资源依赖和内部认知两种逻辑共同作用于企业行为。研究表明，组织间网络和关系构建已成为当今企业成功和生存的关键（Park and Luo，2001）。社交网络为焦点企业提供了共享学习、技术知识转让、资源交流和获取组织合法性的重要机会。企业嵌入不同的社交网络，有助于其高管战略决策（如生态创新）的实现（Hambrick，2007；Simsek et al.，2003）。因此，我们将探讨高管环保意识与外部资源获取在驱动企业生态创新过程中的交互作用。

9.2.3.1　高管环保意识与政府资源获取的交互效应

首先，我们认为政府资源获取和环保风险意识的交互与生态管理创新显著负相关，但与生态工艺和产品创新的关系不显著。如上所述，具有较高环保风险意识的高管更关注自身企业对自然环境的不利影响，以及行业中的环境问题，更了解环境法规或法律对其公司的影响。因此，我们认为高环保风险意识的高管对三种生态创新的关注顺序如下：一是生态工艺创新，因为生态工艺创新对焦点企业的环境绩效最高；二是生态产品创新，如消耗更少天然材料的生态创新产品，从而促进环境绩效；三是生态管理创新，可以快速提高企业环保合法性和构建生态创新氛围，促进生态工艺和产品创新，进而有利于环境绩效的提升。但是，如前所述，焦点企业把从政府获得的专项资源（即政府资源获取）优先投入到生态管理、产品创新更符合企业自身利益，因为这两种生态创新更容易被连带的政治行动者观察到，投入出产更划算。综上所述，我们认为政府资源获取和环保风险意识的交互对生态管理创新的影响是互斥的，而不是协同的。背后的逻辑是，环保风险意识较高的高管偏好生态工艺，产品创新将胜过生态管理创新，原因是其想极大地提高企业环境绩效；而从政府获取专项资源的企业更倾向于生态管理、产品创新而非生态工艺创新，原因是信息不对称为企业预留了投机的空间，企业会选择经济收益高、能满足获取政府资源的最低环保要求的生态创新。总之，生态管理创新能够满足企业以最低投入的方式获取政府资源的需求，因为生态管理创新更容易被政府所感知、投资更低，但生态管理创新不能满足具有环保风险意识高管的环境绩效目标要求。换句话说，具有较高环保意识的高管利用生态管理创新获取政府资源的机会主义倾向将被削弱。因此，政府资源获取与环保风险意识的相互作用与生态管理创新显著负相关。但是，当高管决策不存在机会主义倾向时，其他两种生态创新（生态工艺、产品创新）中的任何一种都可以实现高管在极大降低环境风险和获取外部政治资源方面的环境绩效要求。因此，我们认为从政府获得的外部资源和高管环保风险意识的交互与生态工艺或产品创新正相关但不一定显著。

其次，我们认为政府资源获取和高管环保收益意识的交互与生态产品创新显著正相关，但与生态管理、工艺创新的关系不显著。如前所述，环保收益意识较高的高管将倾向于生态产品创新以抓住环境问题带来的商业机会。环保收益意识的收益动机与利用生态管理、产品创新获取政府资源的最大化经济收益、最小化环保绩效的动机是一致的，因为其都反映了生态创新决策过程中经济绩效第一的取向。生态产品创新具有高可见性和高环保绩效，投资水平低于生态工艺创新，其能满足具有较高环保收益意识的高管的环保收益需求，也能满足获取外部政府资源的经济绩效第一的需求。在这种情况下，生态产品创新将是具有高环保收益意识导向的高管和能满足以最小的环保投入、最高经济收益获取政府环保专项资源的企业的最佳选择。相比之下，生态工艺或生态管理创新只能满足这两个诉求中的一个，因此政府获得的外部资源和环保收益意识的交互不会对生态管理、工艺创新具有显著正向影响。因此，我们提出以下假设：

H3a：从政府获得的外部资源和高管环保风险意识的交互与生态管理创新显著负相关。具体而言，高管环保风险意识与生态管理创新的正相关关系在高政府资源获取的企业中被削弱；政府资源获取与生态管理创新的正相关关系在具有高环保风险意识高管的企业中被削弱。

H3b：从政府获得的外部资源和高管环保收益意识的交互与生态产品创新显著正相关。具体而言，高管环保收益意识与生态产品创新的正相关关系在高政府资源获取的企业中被增强；政府资源获取与生态产品创新的正相关关系在具有高环收益意识高管的企业中被增强。

9.2.3.2　高管环保意识与商业资源获取的交互效应

首先，我们认为商业资源获取和高管环保风险意识之间的交互与生态产品创新显著负相关。如前所述，具有较高环保风险意识的管理者更关注自身企业对行业自然环境和环境问题的不利影响，他们更了解环境法规或法律对其公司的影响。因此，他们更倾向于具有更高环保绩效的生态工艺、产品创新，而不是生态管理创新。而在商业资源获取方面，商业伙伴希望焦点企业选择高环保绩效的环境举措以满足其环保需求。由于信息不对称，焦点企业将选择经济回报最高而投资相对较低的环境措施，如生态管理、产品创新，只要它们能够达到获取商业伙伴（如客户和竞争对手）所控制资源所要求的最低环境绩效即可。如前所述，我们认为高管环保风险意识反映了道德或价值观取向，而焦点企业获取商业伙伴资源的应对举措往往具有机会主义倾向。高管环保风险意识与企业获取外部商业资源的理性自利选择原则存在冲突。因此，能够调和这两个互斥动机的行为必须同时满足高经济回报、低投入、高可见性、高环境绩效。我们发现生态产品创新最接近上述标准。因此，商业资源获取和高管环保风险意识之间的交互与生态产品创新显著负相关。换句话说，仅靠商业资源获取或环保风险意识其中之一就能促进生态产品创新。

其次，我们提出商业资源获取和高管环保收益意识之间的交互与生态管理创新显著负相关，但与生态工艺创新显著正相关。出于自利和提高商业网络中的权力地位的目的，焦点企业倾向于生态产品或管理创新，以满足商业伙伴的环境需求，从而获得其所控制的资源。环保收益意识较高的高管偏爱生态产品创新，因为它可以带来比生态管理创新更高的经济效益，而投资水平更低，其更容易被商业伙伴通过市场交易观察到。同样，高管环保收益意识反映了经济驱动，而获取外部商业资源进行的理性环保决策也基于机会主义或利己主义逻辑。因此，环保收益意识和商业资源获取影响生态创新的机制是一致的。如果企业能够从商业伙伴处获得支持生态创新的资源，将改变高管对不同生态创新的成本收益认知。例如，从商业伙伴获取的资源可以降低焦点企业进行生态工艺创新的成本。在这种情况下，高管将更加倾向于生态工艺创新，因为它将被视为让焦点企业受益的一种手段。即外部商业资源的补给，改变了焦点企业生态工艺创新的成本收益分析结果。此外，商业资源获取和高管环保收益意识的交互可能会改变企业对三类生态创新的偏好顺序。生态工艺创新可能成为焦点企业的首选，因为投入成本可以与商业伙伴分担，而收益（如能源效率）却归焦点企业。相反，某些类型的生态创新，例如生态管理创新，不能极大地满足环保收益意识或商业资源获取的自利动机。因此，当高管环保收益意识与商业资源获取交互时，生态管理创新就不是最佳选择了。因此，我们提出以下假设：

H4a：商业资源获取和环保风险意识的交互与生态产品创新显著负相关。

H4b：商业资源获取和环保收益意识的交互与生态管理创新显著负相关，但与生态工艺创新显著正相关。

9.3 研究方法

9.3.1 样本和数据收集

样本选择。本研究选择中国江苏、浙江和上海三个省市的制造和有形服务企业①来检验本章的假设。之所以选择江浙沪的制造和有形服务企业来检验我们的假设原因有两个：第一，选择制造和有形服务企业，是因为行业的有形性越高对环境影响更大，同时采用环保措施获得差异化收益更高（Uhlaner et al.，2012）。第二，江浙沪地区是我国较早进入工业化的地区之一，民营经济发达，环保污染问题日渐凸显，亟需生态创新解决环保问题。

数据采集。本研究的主要数据采用问卷调查的方法获得。为了确保问卷设计的构思效度和内容效度，我们采用了以下几种方法：第一，尽量采用已有成熟的测量方式；第二，广泛听取理论和行业专家的意见，对量表进行本土化和精炼；第三，采用预测的方式进一步精炼问卷。

问卷主要通过以下几种方式发放：第一，依托政府科研机构、企业所在社区的平台进行问卷发放；第二，依托浙江大学管理学院的平台，向就读于浙江大学管理学院的MBA（工商管理硕士）、短期高管培训班的学员发放问卷；第三，依托个人的社会连带（同学、同事、亲朋好友等），向江浙沪的企业高管发放问卷。

在2013年11月—12月历时2个月的时间内，每种方式发放150份纸质和电子版问卷，共计450份；共回收了231份问卷，回收率为51.33%。剔除江浙沪地区之外的企业样本问卷、非制造业和无形服务企业、核心变量漏填和多填、填写明显不当（如所有题项均选同一数字）的问卷87份，有效问卷为144份，有效问卷率为32.00%。

9.3.2　变量测量

本研究涉及的核心构念均采用多个"反映型"指标测量。所有测量指标均采用Likert七点量表进行打分：受访者根据指标陈述内容给予1到7的感知评价，"1"表示"强烈反对"，"7"表示"强烈赞同"。核心构念的测量方式见表9.1。

---

① Uhlaner等（2013）将行业分为三大类：有形产品行业（如农业、制造业和建筑业）、有形服务行业（如零售业和维修业、餐饮业和住宿、物流与通信）、无形服务行业（如金融服务、咨询服务等）。

生态创新。本章采用Cheng和Shiu（2012）开发的量表对生态创新进行测量，该量表包括生态管理创新、生态工艺创新和生态产品创新三个维度，共17个题项，由于生态创新的测量指标是反映型而非构成型，经过与专家讨论以及试测（pilot test）的结果，我们将17个题项精简为11个题项。

高管环保意识。借鉴以往研究（Gadenne et al.，2009；肖萍和方兆本，2001）对高管环保意识的测量方式，我们将高管环保意识分为高管环保风险意识和环保收益意识两个维度，共8个题项。

外部资源获取。基于高管社会连带的定义和文献（Acquaah，2007；Li and Zhang，2007；Li et al.，2012；Peng and Luo，2000），我们把外部资源获取分为政府资源获取和商业资源获取。政府资源获取反映了企业从政治连带中获得的资源，而商业资源获取反映了从商业关系中获得的资源。政府资源获取和商业资源获取各用3个指标测量，一共6个题项。

控制变量。为了最大化排除其他替代性解释，我们将对企业年龄、企业规模、研发投入、行业、所有权进行控制。企业年龄：用收集数据当年年份减去企业成立年份，并取自然对数。企业规模：用当年企业的员工人数来测量，并取自然对数。研发投入：上年研发投入占销售收入比，分6个等级（0～0.5%、0.5%～1%、1%～1.5%、1.5%～2%、2%～2.5%、2.5%以上），分别赋值1～6。行业：我们以企业是否属于制造业来测量，赋予1个dummy变量。所有权：我们分为国有/国有控股企业、私营/民营控股企业和其他企业三种类型，赋予2个dummy变量。环保投入：企业上年环保投入金额，取自然对数。

表9.1　核心构念的测量、因子载荷和信度

构念		测量指标	载荷	α
生态管理创新（AVE=0.646 4）	近三年，与同行相比，我公司经常	采用新的环境管理体系或方法	0.834	0.911
		收集和分享绿色创新的最新信息	0.857	
		积极地开展各项绿色创新活动	0.789	
		投入较多经费用于绿色创新	0.730	

构念	测量指标		载荷	α
生态工艺创新 （AVE=0.701 8）	近三年，与同行相比，我公司经常	改进生产工艺以降低环境污染	0.849	0.913
		改进生产工艺以遵守环保法规	0.843	
		引进新的节能技术进行生产制造	0.821	
生态产品创新 （AVE=0.647 5）	近三年，与同行相比，我公司经常开发或采用	结构和包装简化的新产品	0.812	0.908
		容易回收再利用的新产品	0.802	
		原材料容易降解的新产品	0.826	
		低能耗的新产品	0.778	
环保风险意识 （AVE=0.702 1）	本企业高层十分重视本企业对自然环境的不利影响		0.801	0.925
	本企业高层十分清楚环保法规对公司的影响		0.882	
	本企业高层十分清楚本行业最佳环保措施		0.855	
	本企业高层十分重视环保问题		0.811	
环保收益意识 （AVE=0.731 4）	本企业高层认为环保倡议对企业有很多好处		0.819	0.940
	本企业高层认为生产环保产品能提高企业销售收入		0.886	
	本企业高层认为采取环保措施能降低企业成本		0.892	
	本企业高层认为采取环保措施会提高企业生产效率		0.821	
商业资源获取 （AVE=0.707 6）	本企业能从供应商那里获取大量企业所需的（技术、信息等）资源		0.892	0.862
	本企业能从客户那里获取大量企业所需的（技术、信息等）资源		0.896	
	本企业能从同行那里获取大量企业所需的（技术、信息等）资源		0.724	
政府资源获取 （AVE=0.768 6）	本企业能从国有金融机构那里获取大量企业所需的（金融、信息等）资源		0.841	0.902
	本企业能从市场监管部门那里获取大量企业所需的（信息、技术等）资源		0.898	
	本企业能从行业主管部门那里获取大量企业所需的（信息、技术等）资源		0.890	

9.3.3　信度和效度

（1）信度检验。信度反映了测量结果的稳定性。本研究涉及的构念测量指标均是反映性指标（reflective indicator）而非构成性指标（formative indicator），因此我们用Cronbach's α系数来考察可观察变量的内部一致性，同时我们考察潜变量的组合信度（CR），一般认为两者的值在0.7以上则被认为量表的信度可以接受（Nunnally and Bernstein，1994）。从统计结果来看，本章所用变量的所有指标所对应在变量层次上的Cronbach' α系数均在0.9以上，呈现出较高的内部一致性。同时，潜变量的CR值也都在0.89以上，表明各变量的组合信度也很可靠。

（2）效度检验。效度反映了测量工具和结果的可靠性，通常检验量表效度的指标有聚合效度（convergent validity）和区分效度（discriminant validity），前者反映了同一构念内指标间的一致性，后者反映了不同构念间的区分度。

聚合效度。指标的因子载荷在0.7及以上，表示测量指标一半的方差（因子载荷的平方）可以归于对应因子，说明同一构念内的指标聚合效度较好（Fornell and Larcker，1981）。表9.1给出了本研究以量表测量构念的信度和效度一览表，以量表测量的5个构念中，其因子载荷均在0.7以上，表示指标与其反映的构念之间具有良好的聚合效度。

区分效度。当变量内测量指标的平均方差抽取量（average variance extracted，AVE）的平方根大于该变量与其他变量间的相关系数的绝对值时，表示该变量与其他变量间具有区分效度（Fornell and Larcker，1981）。表9.3显示，对角线上变量的AVE值的平方根均大于此变量与其他变量的相关系数的绝对值，表明这些以量表测量的变量间具有区分效度。

9.3.4　共同方法偏差

以问卷形式收集数据不可避免共同方法偏差问题（Podsakoff et al.，2003）。遵照Podsakoff等（2003）的建议，本研究从事前研究设计和事后统计上采取相应的措施，以降低共同方法偏差的影响。首先，我们对问卷的形式和内容进行了细致的设计：在问项的表述上尽可能使用清晰而无歧义的语句，向被试承诺不对企业进行个案研究，只做大样本统计分析，并告知答案无对错之分。其次，为了进一步确保数据的准确性和可靠性，我们采取了以下方式对数据进行验证：第一，在企业所在省市工商管理局网站查询样本企业基本信息（如企业名称、成立日期等），进行信息核对，二者之间的相关性高于0.9，说明数据的信度较高；第二，查阅企业的官方网站或新闻报道，对相关数据（如员工数、所在行业、所有权等）进行核对，二者之间的相关系数高于0.9，进一步说明本研究数据的信度高。以上措施确保了本章数据的信度和效度水平。第三，在统计上通过Harman单因素检验来分析同源误差的严重程度。我们将本研究以量表测量的构念的所有测量指标进行探索性因子分析。结果显示：未旋转的第一个因子解释变异小于50%，表明本研究共同方法偏差问题不大。

9.4 数据结果

样本概况。表9.2给出了144份有效问卷收集到的样本基本特征统计情况。表9.3给出了本研究所有变量的均值、标准差和皮尔逊相关系数。生态创新三个维度与环保风险意识、环保收益意识、政府资源获取以及商业资源获取显著正相关。为了降低数据的多重共线性，交互项生成前我们对各变量（除dummy变量）进行了中心化处理。此外，所有回归模型中的最大VIF值小于10（最大值均未超过3），也一定程度上说明多重共线性的威胁在本章中可以忽略。

表9.2 样本基本特征分布情况统计

指标	指标特征	样本量n	百分比/%	累计百分比/%
企业年龄	5年及以下	30	20.83	20.83
	6～10年	38	26.39	47.22
	11～15年	28	19.44	66.67
	16～20年	18	12.50	79.17
	20年及以上	28	19.44	98.61
	未填写	2	1.40	100
企业规模	100人及以下	34	23.61	23.61
	101～200人	26	18.06	41.67
	201～300人	12	8.33	50.00
	301～1 000人	25	17.36	67.36
	1 001～2 000人	13	9.03	76.39
	2 001人及以上	30	20.83	97.22
	未填写	4	2.80	100
行业	制造业	102	70.83	70.83
	非制造业	30	20.83	100.00
所有权	国有企业	29	20.14	20.14
	民营企业	90	62.50	82.64
	其他	25	17.36	100

表9.3 描述性统计和相关系数矩阵

	变量	均值	SD	1	2	3	4	5	6	7	8	9	10	11	12
1	生态管理创新（EMI）	4.073	1.243	*0.804ᵃ*											
2	生态工艺创新（EPsI）	4.690	1.267	0.623**	*0.838*										
3	生态产品创新（EPtI）	4.271	1.297	0.645**	0.607**	*0.805*									
4	环保风险意识（ERA）	5.073	1.216	0.267**	0.353**	0.419**	*0.838*								
5	环保收益意识（ECA）	4.634	1.487	0.283**	0.360**	0.450**	0.698**	*0.855*							
6	政府资源获取（GRA）	4.442	1.217	0.362**	0.143†	0.344**	0.197*	0.136	*0.877*						
7	商业资源获取（BRA）	4.574	1.148	0.239**	0.175*	0.302**	0.232**	0.229**	0.567**	*0.841*					
8	制造业（dummy）	0.715	0.453	0.180*	0.259**	0.156†	0.063	0.114	-0.125	-0.096					
9	国有企业（dummy）	0.201	0.402	0.072	0.005	-0.055	0.098	0.013	0.231**	0.121	-0.412**				
10	民营企业（dummy）	0.618	0.488	-0.115	-0.114	0.032	-0.062	0.028	-0.11	-0.076	0.201*	-0.639**			
11	企业年龄（log）	2.366	0.940	-0.023	-0.044	-0.051	-0.065	-0.181*	0.079	0.043	0.002	0.142†	-0.212*		
12	企业规模（log）	6.088	2.000	0.163†	0.249**	0.012	-0.082	-0.121	0.026	0.035	0.018	0.162†	-0.311**	0.540**	
13	研发投入（log）	5.140	3.554	0.196*	0.313**	0.197*	0.12	0.111	-0.003	0.097	0.188*	0.12	-0.185-	0.392**	0.652**

注：$N=144$；ᵃ对角线上加粗斜体的值是各个变量AVE的平方根。

**$P<0.01$；*$P<0.05$；†$P<0.10$。

　　表9.4和图9.2给出了检验假设的回归结果。H1a提出高管环保风险意识与生态管理创新、生态工艺创新和生态产品创新正相关。该假设得到了模型7和模型12的结果的支持，但未得到模型2的支持。该结果表明高管环保风险意识与生态工艺创新（β=0.202，$p<0.05$）和生态产品创新（β=0.207，$p<0.05$）显著正相关，但与生态管理创新的正向关系不显著。H1b提出高管环保收益意识与生态产品创新正相关。这一假设得到了模型12（β=0.248，$p<0.05$）的结果的支持。

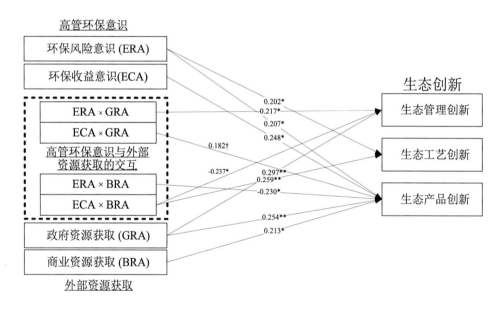

图9.2　高管环保意识与资源获取预测的回归结果图

注：显着性水平***$p<0.001$;**$p<0.01$; *$p<0.05$; †$p<0.10$。

表9.4 回归分析结果

	DV=生态管理创新					DV=生态工艺创新					DV=生态产品创新				
	模型1	模型2	模型3	模型4	模型5	模型6	模型7	模型8	模型9	模型10	模型11	模型12	模型13	模型14	模型15
制造业 (dummy)	0.298**	0.291**	0.281**	0.285**	0.240*	0.229*	.188†	0.240*	0.186†	0.219*	0.09	0.016	0.092	0.023	-0.009
国有企业 (dummy)	0.151	0.154	0.091	0.094	0.061	-0.069	-0.069	-0.056	-0.048	-0.018	-0.099	-0.106	-0.151	-0.155	-0.207
民营企业 (dummy)	-0.122	-0.113	-0.119	-0.118	-0.094	-0.235*	-0.213†	-0.234*	-0.212†	-0.237*	0.001	0.025	0.006	0.021	-0.019
企业年龄 (log)	-0.032	-0.043	-0.076	-0.084	-0.166	-0.232*	-0.234*	-0.221*	-0.220*	-0.156	0.042	0.071	0.005	0.039	0.07
企业规模 (log)	0.024	0.025	0.012	0.012	0.123	0.276*	0.278*	0.274*	0.284*	0.212	-0.035	-0.034	-0.058	-0.051	-0.082
研发投入 (log)	0.026	0.026	0.053	0.057	0.087	0.113	0.095	0.103	0.085	0.043	0.082	0.043	0.097	0.065	0.043
ERA		0.087		0.016	0.028		0.202*		0.231*	0.202*		0.207*		0.138	0.158
ECA		-0.024		-0.037	-0.037		0.074		0.08	0.057		0.248*		0.233*	0.261**
GRA			0.297**	0.295***	0.348***			-0.069	-0.102	-0.139			0.254**	0.234*	0.143
BRA			0.132	0.131	0.091			0.008	-0.063	-0.056			0.213*	0.154	0.16

续表

	DV=生态管理创新					DV=生态工艺创新					DV=生态产品创新				
	模型1	模型2	模型3	模型4	模型5	模型6	模型7	模型8	模型9	模型10	模型11	模型12	模型13	模型14	模型15
GRA×ERA					−0.217*					0.086					0.016
GRA×ECA					0.02					0.045					0.182†
BRA×ERA					0.03					0.073					−0.230*
BRA×ECA					−0.237*					0.259**					0.001
R^2	0.108	0.116	0.453	0.207	0.313	0.228	0.273	0.483	0.285	0.351	0.032	0.129	0.362	0.195	0.261
Adjusted R^2	0.057	0.047	0.205	0.127	0.213	0.184	0.215	0.233	0.213	0.257	−0.024	0.061	0.131	0.115	0.154
ΔR^2		0.008	0.097	0.091	0.106		0.044	0.005	0.012	0.067		0.097	0.099	0.066	0.066
F Change		0.458	6.217**	5.706**	3.718**		3.087†	0.308	0.847	2.462†		5.676**	5.840**	4.132*	2.142†
F	2.105†	1.677	3.292**	2.606**	3.126***	5.133***	4.776***	3.875**	3.979***	3.711***	0.572	1.886†	1.929†	2.428**	2.426***
VIF-max	2.133	2.133	2.149	2.151	2.408	2.133	2.133	2.149	2.151	2.408	2.133	2.133	2.149	2.151	2.408

注：$N=144$；***$p<0.001$；**$p<0.01$；*$p<0.05$；†$p<0.10$。

　　H2a提出政府资源获取与生态管理创新和生态产品创新正相关。这一假设得到了模型3和模型12的支持。结果表明，从政府获得的外部资源与生态管理创新（$\beta=0.297$，$p<0.001$）和生态产品创新（$\beta=0.254$，$p<0.001$）显著正相关。H2b提出从商业网络获得的外部资源与生态产品、管理创新正相关。模型12和模型3表明外部商业资源获取与生态产品创新（$\beta=0.213$，$p<0.05$）显著正相关，但其与生态管理创新相关但不显著（$\beta=0.132$，$p<0.154$），因此部分地支持H2b。

　　H3a提出政府资源获取和环保风险意识的交互与生态管理创新显著负相关。这一假设得到了模型5和模型15的支持。结果表明，政府资源获取和高管环保风险意识的交互与生态管理创新（$\beta=-0.217$，$p<0.05$）显著负相关。H3b提出政府资源获取和环保收益意识的交互与生态产品创新正相关。然而，模型15的结果表明，政府资源获取和管理环保收益意识的交互对生态产品创新的影响不显著（$\beta=0.182$，$p<0.1$）。因此，H3b未得到支持。

　　H4a提出从商业网络获得的外部资源和环保风险意识的交互与生态产品创新负相关。这一假设得到了模型15的结果的支持。该模型表明，商业资源获取和高管环保风险意识的交互与生态产品创新（$\beta=-0.230$，$p<0.05$）显著负相关。H4b提出从商业网络获得的外部资源和环保收益意识的交互与生态管理创新负相关，但与生态工艺创新正相关。模型5和模型10的结果表明，商业资源获取和环保收益意识的交互对生态产品创新具有显著的正向影响（$\beta=0.259$，$p<0.01$），但对生态管理创新有显著的负向影响（$\beta=-0.237$，$p<0.05$）。因此，H4b得到了支持。为了更好地诠释交互效应，图9.3到图9.7展示了所有显著的交互效应。

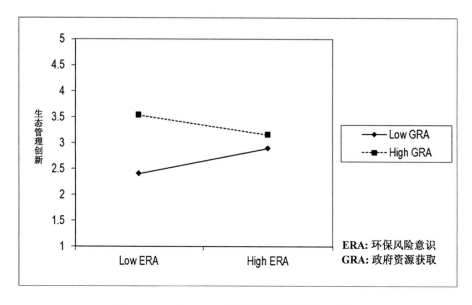

图9.3 ERA与GRA对生态管理创新的交互效应

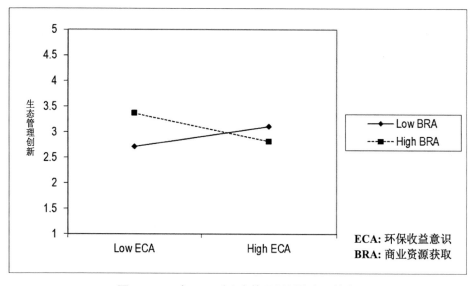

图9.4 ECA与BRA对生态管理创新的交互效应

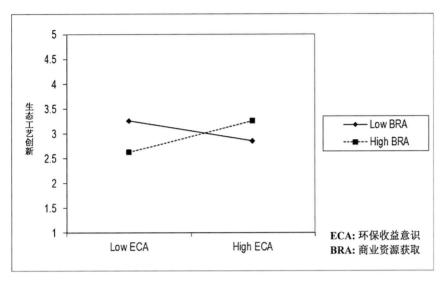

图9.5　ECA与BRA对生态工艺创新的交互效应

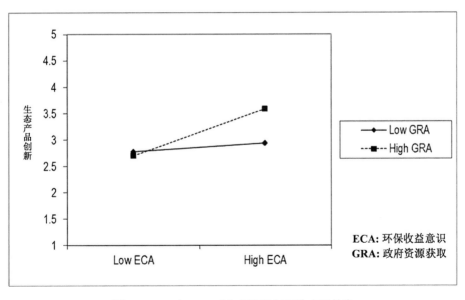

图9.6　ECA与GRA对生态产品创新的交互效应

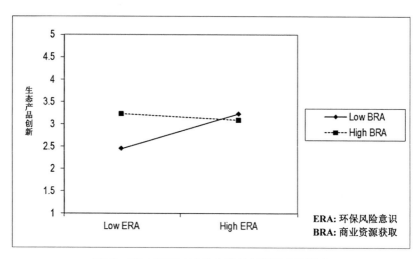

图9.7 ERA与BRA对生态产品创新的交互效应

9.5 结果讨论与结论

本研究整合管理认知和资源依赖视角考察了企业高管环保意识（包括高管环保风险意识和高管环保收益意识两个维度）和外部资源获取（包括商业资源获取和政府资源获取）对企业三种生态创新（生态管理创新、生态工艺创新和生态产品创新）决策的独立及交互效应。实证结果表明：高管环保风险意识对生态工艺创新和生态产品创新具有显著正向影响；高管环保收益意识仅对生态产品创新具有显著影响。政府资源获取与生态管理创新、生态产品创新显著正相关；商业资源获取仅与生态产品创新显著正相关。高管环保意识的两个维度与外部资源获取的两个维度交互对不同类型的生态创新具有显著影响。

关于高管环保风险意识对生态管理创新的正向影响不显著，有几个可能的解释：第一，不同行业最佳生态管理实践的异质性和波动性所致：行业内的生态管理创新实践可能存在较大的异质性和波动性，这意味着不同行业或企业在实施生态管理创新时，效果和表现可能截然不同。由于生态管理实践缺乏统一的标准或模式，高管可能难以确定哪些实践最适合自己的企业，从而使得他们对推动生态管理创新的信心和力度减弱，进而导致高管环保风险意识对生态管理创新的正向影响不显著。

第二，生态管理创新短期优先的阶段已过：如果企业或行业在早期阶段已经重点推动了生态管理创新，并且该领域的短期目标已大部分实现，管理层可能将资源和注意力转向更长期、更具挑战性的生态工艺创新和产品创新。在这种情况下，尽管高管仍具有较强的环保风险意识，但由于生态管理创新的短期优先任务已经完成，其对生态管理创新的进一步推动力度自然减弱。

第三，生态管理创新的复杂性和多样性：生态管理创新涉及组织内部的管理流程、政策以及系统性变革，这些往往是长期性和复杂性的，可能不仅依赖于高管的环保风险意识，还需要整合其他因素如组织文化、员工支持，以及外部压力。因此，高管的环保风险意识可能在推动生态管理创新时显得相对不够直接或强劲。后续需要更多的实证研究来考察高管环保风险意识对生态管理创新的影响。

9.5.1　理论贡献

本研究整合管理认知和资源依赖观提出高管环保意识和外部资源获取是企业生态创新的重要预测变量，丰富了生态创新驱动因素的文献。具体而言：

第一，本研究指出环境塑造生态创新行为的机制不是环境本身而是高管如何解释环境，识别了高管环保意识是企业生态创新的重要前因。以往研究认为外部环境是企业生态创新活动的重要推动力（Cai and Zhou，2014），忽视了企业在环境响应中的主观能动性。Corral（2003）和Zhang等（2013）指出企业高管感知到的经济风险、态度、社会压力和行为控制对企业采用和发展清洁生产技术的意愿具有重要影响。我们拓展了上述研究，提出具有高环保风险和收益意识的高管，更加关注行业中的环境问题，更能发现环境问题中的商业机会，进而偏爱采用生态创新来对环保问题做出更快和更积极的响应。本研究回应了Danihelka（2004）的研究呼吁：更多关注清洁生产的主观因素，揭示了高管对环境的解释如何影响他们的注意力在不同生态创新类型的分配。

第二，本研究从资源依赖视角识别了外部资源获取是企业生态创新的重要影响因素，拓展了以往仅关注内部资源对企业生态创新的积极意义。文献表明，外部资源对生态创新很重要（De Marchi，2012；Horbach et al.，2012；Johnston and Linton，2000）。例如，Ghisetti等（2015）提出了开放式生态创新理论。Bossle等（2016）系统地回顾了35项实证研究，并提出监管压力和外部合作是企业采用生态创新的两个重要驱动力。本研究提出从政府和商业伙伴处获取的条件性资源，可以弥补企业内部资源对生态创新决策的约束，使企业高管更加关注公司生态创新能力的提高以满足利益相关者的环保期望。本研究的结果支持了我们的资源依赖假说，为探索环境与生态创新活动之间的关系提供了新的视角。此外，一个有趣的发现是：商业和政府资源获取与企业生态工艺创新的正向关系不显著。原因可能是信息不对称为企业利用从政府或商业伙伴处获取的条件性资源提供了投机的空间，企业会将这些资源投入高经济绩效、低投入、能满足利益相关者资源支持所要求的最低环保标准的生态创新项目中。未来研究可进一步探讨其他机会主义来源对企业生态创新决策的影响。

第三，本研究通过整合管理认知与资源依赖理论，拓展生态创新前因研究的理论逻辑机制。以往研究强调外部市场拉动、制度和技术推动对企业生态创新的驱动作用（Ghisetti et al.，2015），最近管理学领域的研究转向企业内部预测变量的识别。本研究整合内外视角，提出管理者在诠释外在环境、利用环境提供的资源方面具有很大的能动性。

第四，研究情境贡献。以往研究多以发达国家的企业为样本（Kemp and Oltra，2011）。处于大规模工业化阶段的新兴经济体面临如何更好地应对环境问题，以避免"先污染，后治理"的传统路径的挑战。生态创新为新兴经济体绿色发展提供了后发优势。跟随Cai和Zhou（2014）的研究，本研究选择了来自新兴国家的企业作为我们的研究样本，有助于更好地理解新兴市场企业生态创新的驱动因素。

9.5.2　实践与政策启示

（1）对企业高管的启示：第一，区分并强化环保意识的不同维度。高管应认识到环保风险意识和环保收益意识对企业不同类型生态创新的差异性影响。在推动生态工艺创新和产品创新时，特别需要提升管理团队对环保风险的敏感度，以更好地应对市场和环境的变化；若仅想推动企业生态产品创新，则要提升管理团队的环保收益意识，更好地把握绿色市场机会。第二，有效利用外部资源进行生态创新。高管应积极寻求并整合外部资源，特别是政府资源和商业资源，以支持企业生态创新。充分利用政府资源有助于推进生态管理和产品创新，而商业资源的获取则能够显著促进生态产品创新的发展。第三，关注资源与意识的协同效应。高管应重视企业内部环保意识与外部资源的协同作用，通过战略性地配置和利用这些资源，提升企业在生态管理、工艺和产品创新方面的综合竞争力。

（2）对政策制定者的启示：第一，政府可以通过多种具体而创新的举措帮助企业高管提升环保风险意识和环保收益意识，从而促进生态创新。例如，为提高企业高管环保风险意识，政府可定期组织环保法规的培训课程和研讨会，确保企业高管了解最新的环保法规和政策要求；推广使用环境风险评估工具，帮助企业高管系统地评估和管理环境风险，从而提升对环境挑战的感知和应对能力。同时，为提高企业环保收益意识，政府可推动设立环保创新投资基金，支持环保产品和服务的市场化推广；组织行业内的案例分享会和经验交流活动，让企业高管从绿色发展成功案例中汲取经验教训，增强他们对环保机会的敏锐度；建立环保效益评估中心，为企业提供全面的环保投资回报分析和战略咨询。这些创新性的政策举措不仅能够增强企业高管对环保问题的敏感度和意识，同时也能够激励他们对环保产业和绿色市场发展的前瞻，推动企业朝着更加可持续的发展模式转型。

第二，要推动生态创新专项扶持基金投向实质性的高环境绩效的生态创新类型，我们的研究表明政府资源获取与生态管理和产品创新显著相关，而对企业生态工艺创新的影响不显著，因此政府应完善生态创新扶持政策，确保生态工艺创新在企业利用政府资源时能获得更多分配权。例如，政府可以设立专门的生态工艺创新资助项目，向那些在环保技术研发和工艺改进方面表现突出的企业提供额外的资金支持；政府可以采取差异化的资助政策，例如提高对生态工艺创新项目的补贴比例或额度，以确保这些项目在资源分配中占据重要地位。此外，政府还可以加强对生态工艺创新项目的评估和认证机制，确保资金投入能够最大化地促进绿色技术创新和环保效益。

第三，推动政府扶持政策与企业战略认知的匹配：政策制定者应通过有针对性的政府资源分配，帮助企业提高其环保风险意识和环保收益意识。具体而言，若目标是促进生态工艺创新，政府应采取措施培养企业的环保风险意识，例如通过环保法规培训、风险评估工具的推广，以及案例分享等方式，提升企业对环境风险的敏感度和应对能力。同时，政府应优先将扶持资源投向那些环保风险意识较高的企业，确保这些企业能够在技术研发和工艺改进中获得更大的支持。类似地，若目标是推动生态产品创新，政府应鼓励企业增强环保收益意识，提供市场激励和政策支持，帮助企业认识到生态产品创新带来的潜在市场收益，并将资源集中投向这些意识强烈的企业。通过这种方式，政府扶持政策将更加精准地与企业的战略认知相匹配，从而更有效地推动生态创新。

9.5.3　研究局限

第一，本研究将外部资源获取分为商业资源获取和政府资源获取两类，但未来研究应考虑客户、供应商和竞争对手等商业资源异质性对企业生态创新的影响。

第二，本研究主要采用的是多步线性回归方法，旨在探索高管环保意识和外部资源获取对三种生态创新决策的独立和交互影响。然而，线性回归无法同时捕捉到因变量生态创新三个维度之间的复杂关系。未来研究可以考虑采用结构方程模型等其他分析工具，以揭示高管环保意识、外部资源获取与生态创新的复杂关系。

第三，本研究所采用的数据样本来自特定的地理和行业背景，可能存在外部有效性的限制，因此在推广研究结果时需谨慎考虑不同背景下的适用性。

第四，由于数据的横断性特征，本研究难以捕捉到时间动态变化和长期效应的影响。未来研究可以考虑采用面板数据或者纵向研究设计，以深入探索环保意识对生态创新决策的持续影响路径及其演化过程。

第五，我们使用感知量表来测量生态创新，未来的研究可以使用其他方法来测量生态创新，如绿色专利。

10　进一步研究：高管生态嵌入、高管双重环保意识与企业生态创新①

　　企业高管认知除了可以通过社会（制度和网络）嵌入学习实现解锁外（彭雪蓉，2014），还可以通过生态嵌入学习实现突破。有鉴于此，本章考察了高管生态嵌入对高管双重环保意识（环保风险意识和环保收益意识）和企业生态创新的影响，以及高管双重环保意识在高管生态嵌入与生态创新之间的中介作用。此外，本研究还考察了高管环保意识两个维度之间及三种生态创新类型（生态管理创新、生态工艺创新、生态产品创新）之间的相互促进关系。我们以问卷收集的192份来自中国山西制造企业样本数据检验了假设。结果显示：大多数假设得到了支持。本研究有助于我们从生态嵌入理论和战略认知理论的整合视角理解生态创新的触发因素。

10.1　引　　言

　　尽管生态创新是绿色增长的引擎，但生态创新的双重正向溢出（或外部性）使企业缺乏对其投资的动力（Jaffe et al.，2005；Ley et al.，2016；Rennings，2000）。生态创新的双重溢出包括知识溢出（即由其创新属性带来的研发费用无法和模仿的竞争对手分担）和环境溢出（即对自然环境

---

① 本章节内容基于作者已发表论文：PENG X, FANG P, LEE S, et al., 2022. Does executives' ecological embeddedness predict corporate eco-innovation? Empirical evidence from China [J]. Technology Analysis & Strategic Management, 36 (7)：1621-1634.

更小的负面影响使利益相关者受益）。因此，大量研究从制度理论、资源基础观、高阶理论等理论探讨了企业生态创新的前因，识别了企业生态创新的内外驱动因素（Berrone et al.，2013；Costantini et al.，2015；Huang et al.，2009）。具体地说，外部驱动因素研究主要关注外部制度压力或关键外部利益相关者（如价值链利益相关者和非价值链利益相关者）的正负激励（Berrone et al.，2013；Demirel and Kesidou，2011；Huang et al.，2009；Qi et al.，2013），主张生态创新可以帮助焦点企业提高其在关键利益相关者眼中的合法性，从而获得由这些利益相关者控制的资源。内部驱动因素研究多采用资源基础观和高阶理论，强调组织资源（和能力）禀赋（如冗余资源、创新能力和人才等）（Berrone et al.，2013；Rennings and Rammer，2009；Rothenberg and Zyglidopoulos，2007）、组织程序和结构（例如环境管理制度和所有权结构）（Amore and Bennedsen，2016；Amores-Salvado et al.，2015；Park and Luo，2001；Wagner，2009）、文化和战略导向（如创业导向、企业社会责任文化）（Chen et al.，2012）以及高管相关因素（如高管态度、资源承诺、意图等）（Zhang et al.，2013）和组织基本特征（如规模、行业和所有权）（Darnall and Edwards，2006；Darnall et al.，2010；Uhlaner et al.，2012）在促进企业生态创新中的作用。

以往研究对我们理解企业生态创新行为的驱动因素提供了洞见，但仍存在一些值得弥补的研究缺口。例如，以往研究较少关注"自然环境"这一特殊的重要利益相关者所控制的自然资源（Carroll，1991；George et al.，2015；Hart，1995；Hart and Dowell，2011）在促进企业生态创新行为方面的作用。文献指出：自然环境恶化带来的环境压力已成为当今组织（Berchicci et al.，2012）和个人环保决策（Peng and Lee，2019）的重要的影响因素之一，原因是人类不能与他们行为所影响的自然环境分离。越来越多的高管意识到了这一点。考虑到高管在企业中的重要性，研究企业高管与自然环境的关联（如高管生态嵌入）及其对企业战略认知和战略抉择（如生态创新）的影响至关重要（Narayanan et al.，2011；Walsh，1995）。

为了填补这一研究缺口，本研究首次从生态嵌入（Whiteman and Cooper，2000）和战略认知理论（Walsh，1995）整合视角考察了高管生态嵌入对生态创新的直接和间接影响。我们认为高管生态嵌入通过改变高管对环境问题的认知（即环保意识）来影响企业生态创新。为了更深入、细致地探讨这一研究问题，我们将企业生态创新分为生态管理创新、生态工艺创新和生态产品创新，并将高管环保意识分为高管环保风险意识和高管环保收益意识。图10.1给出了本研究的理论模型。

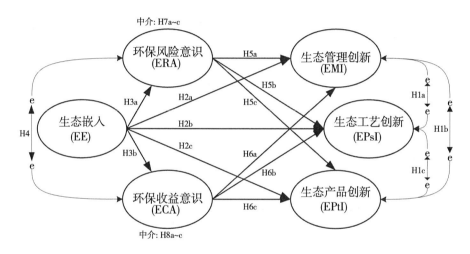

图10.1　生态嵌入、高管环保意识与生态创新的结构方程模型

10.2　理论模型与假设

10.2.1　生态创新的类型及其相互关系

根据创新形式，以往实证研究多将生态创新分为三种：生态管理创新、生态工艺创新和生态产品创新（Cheng and Shiu，2012；Peng and Liu，2016）。生态管理创新主要是实施新型生态创新管理的组织承诺和能力，如环境管理和审计制度（Cheng and Shiu，2012；Kemp，2010）。生态工艺创新主要涉及对制造工艺的利用或开发，以减少其对环境的影响。生态产品创新包括提升现有产品或引入新产品，以减少其对环境的影响（Peng and Liu，

2016）。上述三种生态创新之间存在着因果关系。具体来说，生态管理创新可以为生态工艺创新和生态产品创新营造绿色环保氛围。以往的实证研究表明，绿色氛围是员工环保行为（Norton et al.，2017；Zientara and Zamojska，2018）及组织生态工艺创新和生态产品创新（Guerlek and Tuna，2018；Wang，2019）的重要预测因素。此外，生态工艺创新和生态产品创新之间也存在相互促进关系。我们认为生态工艺创新将促进生态产品创新。其基本逻辑是，生态工艺创新通常意味着生产工艺随着新的绿色技术而改变，这将为终端产品添加绿色特征。这种绿色特征即为生态标签，是生态产品创新的一个重要来源。反过来，我们认为生态产品创新也会影响生态管理创新和生态工艺创新，因为它有利于绿色创新氛围的构建（即加速生态管理创新），并且生态产品制造通常需要生产工艺做相应的变革（即生态工艺创新）。因此，我们提出以下假设：

H1：三种生态创新之间相互显著正相关。具体而言，生态管理创新与生态工艺创新正相关（H1a）；生态管理创新与生态产品创新正相关（H1b）；生态工艺创新与生态产品创新正相关（H1c）。

10.2.2 高管生态嵌入与生态创新

根据Granovetter（1985）的经典著作，社会嵌入是指社会关系或网络对网络中行动者的情境影响。以往嵌入性文献一般强调组织的社会嵌入及其对组织绩效的影响（Granovetter，1985；Luo et al.，2012；Uzzi，1997）。Whiteman和Cooper（2000）在社会嵌入的基础上，将"生态嵌入"这一概念引入管理学领域，以强调自然环境在塑造行动者环保行为时的作用。Whiteman和Cooper（2000：1265）通过对原住民海岸管理者的民族志研究，构建了"生态嵌入（ecological embeddedness）"这一构念，意为"管理者根植当地生态环境的程度"，包括四个维度：本地个体认同、遵从生态信仰（包括生态互惠、生态敬畏、生态看护）、生态系统的物理定居、生态信息收集（包括生态体验和生态感悟）。Whiteman和Cooper（2000）认为高生态嵌入的管理者（原文是土地土著管理者而非商业企业的管理者）会对可持续性做出更高承诺并采用环保行为。我们采用这个概念来描述现代社会中一个人在情感（心理）和身体（物理）上扎根于他或她所居住的城市或社区的程度。据此，我们认为在当地（如城镇或城市）生态嵌入越高的高管会对当地环境感到更适应。当地环境可以用气候、文化和其他宏观社会因素（如交通和支付系统）来衡量。我们认为高生态嵌入的高管会更加关注当地环境质量，他们更可能支持组织生态创新行为，以保护他们的"家园"。因为环境污染不但让他们遭受不利影响，而且他们所爱之人（如家人和朋友）也将无法幸免。因此，我们提出以下假设：

H2：高管生态嵌入与生态管理创新（H2a）、生态工艺创新（H2b）和生态产品创新（H2c）显著正相关。

10.2.3 高管生态嵌入和高管双重环保意识

情境嵌入除了通过资源机制（如社会资本）影响行动者的行为外，还可以通过认知学习机制影响行动者的行为（Gilsing and Duysters，2008）。以往研究多关注情境嵌入影响行动者的资源机制，而对认知学习机制关注不够。Whiteman和Cooper（2000：1265）研究发现，拥有较高生态嵌入的管理者可能会对土地产生认同，坚持生态尊重、互惠和关怀的信念，积极收集生态环境信息，并居住在嵌入的生态系统中。因此，从嵌入性的认知机制视角，我们认为高管生态嵌入会影响高管环保意识。以往研究中"环保意识"通常指"环保风险意识"，意为"关于人类行为对环境影响的知识"（Kollmuss and Agyeman，2002：253）。Gadenne等（2009）指出，环保意识还包括"环保收益意识"，意为对环境问题的成本和收益的理解。在随后的研究中，Peng和Liu（2016）明确区分了环保风险意识和环保收益意识。他们认为环保风险意识反映了行为者的环境道德，而环保收益意识则反映了行动者追求利润的自利动机。遵循这一逻辑，本研究认为高管生态嵌入通过不同的机制影响高管的环保风险意识和环保收益意识。具体而言，生态嵌入对环保风险意识的影响机制是：高管生态嵌入越高，就越能认识到企业行为对环境造成的负面影响。而生态嵌入对环保收益意识的影响机制是：高管生态嵌入越高，他们对当地自然环境的熟悉程度就越高（Whiteman and Cooper，2000），更容易认识到环境问题的成本效益。据此，我们提出以下假设：

H3：高管生态嵌入与高管环保风险意识（H3a）和环保收益意识（H3b）显著正相关。

此外，我们认为环保风险意识和环保收益意识之间存在相互促进关系。一方面，环保风险意识越高的高管会更加关注环境问题，进而更容易地发现环保问题的潜在商业机会。这些机会包括通过引入最佳环保实践提高能源效率从而节省成本（Porter and van der Linde，1995a）或开发环保产品在绿色市场构建先发优势等。也就是说高管环保风险意识会促进高管环保收益意识。另一方面，高环保收益意识的高管越能认识到环境规制会增加企业污染成本，而绿色市场需求可以为企业带来额外的财务收益。这样，高环保收益意识的高管会更加关注企业对自然环境的负面影响，促进环保风险意识的提高。据此，我们提出以下假设：

H4：高管环保风险意识和高管环保收益意识显著正相关。

10.2.4　高管双重环保意识与生态创新

以往的文献显示，只有高层管理团队中的个人具有生态创新战略决策的思想（Stimpert，1999）。高管认知在资源和能力的开发和配置中起着关键作用（Eggers and Kaplan，2013）。Walker（2013：1718）指出，"行为的必要组成部分是意识，其会影响态度改变、行为评价以及感知行为执行能力。"因此，要理解生态创新决策过程，有必要引入管理认知理论。根据管理认知理论（Kaplan，2011；Narayanan et al.，2011；Porac et al.，1989；Walsh，1995），高管的认知或心智模式（mindset）会影响他们的注意力分配、对环境的解释以及对外部环境变化的响应。因此，高管认知是组织行为和企业绩效的重要预测因素。高管环保意识是管理认知的具体体现，是企业生态创新活动的主要驱动因素之一。接下来，我们将具体讨论高管环保风险意识和高管环保收益意识如何影响企业生态创新。

10.2.4.1 高管环保风险意识与生态创新

与传统创新相比，具有"双重溢出"的生态创新需要更多高管关注和承诺（Ramus and Steger，2000）。因此，以自律为基础的社会责任感是企业开展生态创新的重要驱动力（Demirel and Kesidou，2011）。环境伦理是企业社会责任的重要组成部分（Holtbrugge and Dogl，2012）。高管环保风险意识是环境伦理的具体体现。研究者认为"管理者对环境重要性的认识决定了公司环境决策"（del Brio and Junquera，2002：446）。据此，我们认为高管环保风险意识与生态创新显著正相关。具体来说，具有高环保风险意识的高管对企业行为对自然环境的负面影响和来自主要利益相关者的外部环境压力更为敏感，因此，他们更可能会采取主动环境战略，极大地满足利益相关者的环保期望（Sharma，2000）。以往研究表明，生态创新是主动环境战略的一种重要形式（Aragón-Correa and Sharma，2003；Sharma and Vredenburg，1998）。Kocabasoglu等（2007）指出：只有高管充分认识到环境保护的重要性，他们才会把生态创新作为核心企业战略的一部分，并分配相关资源来实施。因此，我们提出以下假设：

H5：高管环保风险意识与生态管理创新（H5a）、生态工艺创新（H5b）和生态产品创新（H5c）显著正相关。

10.2.4.2 高管环保收益意识与生态创新

现有文献指出，企业不愿生态创新的原因是缺乏通过创新解决环境问题的经验，因此难以识别生态创新的潜在收益（如节约成本）（Porter and van der Linde，1995a）。高管们普遍认为污染控制和预防成本高昂，因而企业战略中往往低估了环境问题（Dieleman and de Hoo，1993）。此外，实施生态创新的好处往往是隐性的，难以引起决策者的注意（李怡娜和叶飞，2013）。此外，如果企业消耗大量资源实施生态创新，用于提高核心竞争力的资源将相应减少，这将损害其竞争力（Ambec and Lanoie，2008）。

然而，高管环保收益意识在改变高管对生态创新的消极态度方面发挥着重要作用，进而能促进企业生态创新。高管对环境问题的解读（机会或威胁）将影响企业环境战略（Sharma，2000）。将不确定的新技术视为威胁的高管往往规避风险，并试图将损失降到最低，而不是将收益最大化（Kahneman and Tversky，2013）。风险规避型高管不太可能寻求新的环境技术，因为这种技术将破坏现有的生产和操作系统。高管越是将环境问题视为机遇，采取主动环保战略的可能性就越大。相反，高管们越是将环境问题视为威胁，采取反应式环保战略的可能性就越大。环保收益意识较高的高管更可能意识到生态创新的潜在好处，对环保投入的成本越不敏感（Sharma and Vredenburg，1998）。换句话说，高环保收益意识的高管越可能对环境问题和生态创新做出积极解读，进而更倾向于主动环境战略——生态创新（Chang，2011）。因此，我们提出以下假设：

H6：高管环保收益意识与生态管理创新（H6a）、生态工艺创新（H6b）和生态产品创新（H6c）显著正相关。

10.2.5 高管双重环保意识的中介效应

整合H2、H3、H5和H6，我们认为高管环保意识是高管生态嵌入与生态创新之间的中介。嵌入理论认为，情境嵌入主要通过资源机制（如社会资本）影响行为者的行为。与以往研究不同的是，本研究从认知机制提出生态嵌入通过改变高管环保意识（包括环保风险意识和环保收益意识）来影响企业生态创新（包括生态管理创新、生态工艺创新和生态产品创新）。因此，我们提出以下假设：

H7：高管环保风险意识是生态嵌入与生态创新三个维度——生态管理创新（H7a）、生态工艺创新（H7b）和生态产品创新（H7c）——之间的中介。

H8：高管环保收益意识是生态嵌入与生态创新三个维度——生态管理创新（H8a）、生态工艺创新（H8b）和生态产品创新（H8c）——之间的中介。

10.3 研究方法

10.3.1 样本和数据收集

我们用问卷收集的中国山西省制造业企业的数据来检验本章的假设。山西省在过去几十年的发展中严重依赖自然资源（例如，煤炭）。近年来，由于来自中央政府的环境压力日益增加，山西省在绿色增长方面付出了巨大的努力。山西企业的高管面临着如何平衡环境责任和盈利的挑战。因此，山西省丰富的背景适合检验我们的假设。

我们的问卷最初是用英文编写的，后翻译成中文，再回译成英文。两位精通两种语言、在相关领域拥有丰富研究经验的学者进行了这种翻译与回译，以避免潜在的偏差，并确保效度（Churchill，1979）。在正式进行问卷调查之前，我们于2019年4月对山西省12家制造企业的高管进行了深入访谈。基于他们的回答，我们通过两轮修改来改进我们的指标，以消除歧义。在完成问卷设计后，我们在问卷星（https: //www.wjx.cn/）上制作了电子版本。问卷星是国内广泛采用的在线调查工具。问卷星上的问卷可以通过微信等社交媒体与目标对象分享，微信国内用户已超过12亿。问卷包括三部分：被调查者工作的企业简介、被调查者的基本信息以及我们感兴趣的构念测量量表。

我们在2020年2月至11月间进行了在线调查。受访者包括董事长、CEO、总经理、副总经理、工厂经理、企业党委主席书记和其他高管。调查共收到302份答复。我们要求受访者提供其企业名称，尽管他们的个人信息是匿名的。如果同一家公司的多个受访者填写了不止一份问卷，我们只保留一份有效记录。为了完成这项工作，我们联系多回复公司的联络人员，确认哪个回复数据更可靠。此外，为了确保数据质量，我们还删除了问卷填写时间小于180s的样本数据，以及存在缺失值和异常值的样本数据。最后，检验假设的有效样本为192份。表10.1列出了样本企业和被调查者的基本特征。

表10.1 高管生态嵌入与生态创新研究的样本特征（N=192）

	概况		数量n	占比/%
受访者工作的企业特征	企业年龄/年	1~5	37	19.3
		6~10	49	25.5
		11~15	30	15.6
		16~20	35	18.2
		21~25	17	8.9
		26~30	10	5.2
		30以上	14	7.3
	企业规模/人（员工人数）	1~100	105	54.7
		101~200	20	10.4
		201~300	15	7.8
		300以上	52	27.1
	企业所有权	国有企业	43	22.4
		非国有企业	149	77.6
受访者基本信息	职位	董事长	34	17.7
		CEO或总经理	67	34.9
		副总经理	38	19.8
		厂长	28	14.6
		企业党委书记	7	3.7
		其他管理职位	29	15.1
	性别	男性	182	94.8
		女性	10	5.2
	年龄/岁	30及以下	10	5.2
		31~40	68	35.4
		41~50	56	29.2
		51~60	52	27.1
		60以上	6	3.1
	教育水平	中学及以下	7	3.6
		技术中学或高中	28	14.6
		大专	54	28.1
		本科（学士）	78	40.6
		研究生（硕士或博士）	25	13
	来源	本地人	145	75.5
		非本地人	47	24.5

10.3.2 变量测量

表10.2列出本研究以量表测量的所有构念的测量指标。本研究采用成熟的多个反映型指标来测量所有构念。我们采用Likert七点量表要求被调查者对测量指标陈述内容给出感知评价（1—强烈反对、2—不同意、3—较不同意、4——一般、5—较同意、6—同意、7—强烈同意）。

生态创新（EI）。我们采用了来自Cheng和Shiu（2012）的11个题项（探索性因子分析和验证性因子分析后保留9个题项）来测量生态创新，包括生态管理创新（EMI）、生态工艺创新（EPsI）和生态产品创新（EPtI）三个维度。

生态嵌入（EE）。根据Whiteman和Cooper（2000）对生态嵌入的定义以及Peng和Lee（2019）对员工生态嵌入的测量方式，我们用3个题项来测量高管生态嵌入。这些指标反映了高管在其所工作城市的物理和心理嵌入性。

高管环保意识（EA）。我们采用了来自Gadenne等（2009）和Peng和Liu（2016）的8个题项来测量高管环保意识的两个维度（探索性因子分析和验证性因子分析后保留6个题项），即高管环保风险意识（ERA）和高管收益意识（ECA）。

表10.2 核心构念测量指标及因子载荷（*N*=192）

构念		测量指标	载荷
生态管理创新（EMI）	近三年，与同行相比	我们公司采用了新的环境管理体系或方法	0.870
		我们公司经常收集和分享生态创新的最新信息	0.940
		我们公司积极地开展各项生态创新活动	0.864
		我们公司投入较多经费用于生态创新	—
生态工艺创新（EPsI）	近三年，与同行相比	我们公司积极改进生产工艺以降低环境污染	0.926
		我们公司积极改进生产工艺以遵守环保法规	0.910
		我们公司引进了新的节能技术进行生产制造	0.824

续表

构念	测量指标		载荷
生态产品创新（EPtI）	近三年，与同行相比	我们公司积极开发或采用结构和包装简化的新产品	0.818
		我们公司积极开发或采用容易回收再利用的新产品	0.888
		我们公司积极开发或采用原材料容易降解的新产品	0.853
		我们公司积极开发或采用低能耗的新产品	—
高管生态嵌入（EE）	总的来说，我很适应在这个城市生活		0.906
	我非常适应公司所在城市的气候环境		0.746
	我很适应公司所在地的社会文化		0.820
高管环保风险意识（ERA）	本企业高层十分重视本企业对自然环境的不利影响		0.860
	本企业高层十分清楚环保法规对公司的影响		0.878
	本企业高层十分清楚本行业最佳环保措施		0.879
	本企业高层十分重视环保问题		—
高管环保收益意识（ECA）	本企业高层认为环保倡议对企业有很多好处		—
	本企业高层认为生产环保产品能提高企业销售收入		0.843
	本企业高层认为采取环保措施能降低企业成本		0.910
	本企业高层认为采取环保措施会提高企业生产效率		0.928
验证性因子分析（CFA）模型拟合度总结：$\chi^2 = 188.507$，$p = 0.000$；$\chi^2/df = 1.571$；$GFI = 0.920$；$CFI = 0.977$；$IFI = 0.977$；$RMSEA = 0.050$			

注：验证性因子分析（CFA）的所有因子载荷均显著。

10.3.3　数据分析

为了检查数据质量和检验假设，我们使用SPSS 26.0和AMOS 26统计软件包和Gaskin等（2019）开发的AMOS插件进行数据分析。我们使用SPSS分析样本概况、探索性因子分析EFA（检查共同方法偏差和交叉载荷问题），以及每个构念测量指标的Cronbach's α（检查反映性指标的内部一致性）。使用AMOS 26.0及Gaskin等（2019）开发的AMOS插件进行验证性因子分析CFA、异质–单质比率（heterotrait-monotrait ratio，HTMT）分析、计算平均提取方差值（AVE）和组合信度（CR）等以检验测量的信度和效度，并进行了结构方程模型（SEM）分析以检验我们的假设。

10.4　数据结果

10.4.1　测量的信度和效度

信度检验。信度反映了测量不受随机误差影响的程度。通常使用的三个标准是Cronbach's α（检测构念测量指标的内部一致性）、AVE和CR。Cronbach's α可接受性水平不低于0.7，CR和AVE的可接受性阈值分别为0.70和0.50。这三项指标结果令人满意（见表10.3），表明我们的测量信度较高。

聚合效度。聚合效度是指理论上应该相关的两种构念测量方法实际相关的程度。相关检测方法显示：每个构念的测量指标的CR以及标准化载荷都大于0.7，且AVE值大于0.5。这些指标显示了测量的聚合效度较高。

区分效度。"若两个旨在测量不同构念的量表所估计出的潜在变量之间的相关系数绝对值足够低，以至于这些变量可被视为代表不同的构念，则这两个量表具有区分效度。"（即组内相关高于组间相关）（Ronkko and Cho，2020：7）。我们用两种方法来检查区分效度。首先，每个构念AVE的平方根都大于该构念与其他构念的相关系数，则测量具有区分效度（Fornell and Larcker，1981）。其次，我们计算了HTMT比率，即异质异法相关性的平均值（即不同构念的不同测量指标的相关性），相对于同质异法相关性（即同一构念内不同测量指标的相关性）的平均值（Henseler et al.，2015：121）。HTMT阈值为0.850表示具有严格区分效度，0.900表示宽松标准的区分效度（Henseler et al.，2015）。检验区分效度的两种方法的结果表明，我们的测量具有可接受的区分效度（见表10.3和表10.4）。

表10.3　描述性统计、相关系数、信度和聚合效度（*N*=192）

	EMI	EPsI	EPtI	EE	ERA	ECA
生态管理创新（EMI）	*0.892*					
生态工艺创新（EPsI）	0.656***	*0.888*				
生态产品创新（EPtI）	0.411***	0.416***	*0.853*			
高管生态嵌入（EE）	0.352***	0.371***	0.241**	*0.827*		
环保风险意识（ERA）	0.631***	0.670***	0.337***	0.277**	*0.872*	
环保收益意识（ECA）	0.317***	0.341***	0.371***	0.217**	0.457***	*0.894*
均值	5.33	5.85	5.04	5.59	6.14	5.38
方差	1.02	0.86	1.00	0.87	0.71	1.13
Cronbach's α	0.919	0.911	0.889	0.862	0.903	0.920
CR	0.921	0.918	0.889	0.865	0.905	0.923
AVE	0.796	0.788	0.728	0.683	0.761	0.800

显著性水平：***$p<0.001$，**$p<0.010$，**$p<0.050$。

注：对角线上加粗斜体值是各个变量AVE的平方根。

表10.4　基于HTMT的区分效度分析

	EMI	EPsI	EPtI	EE	ERA	ECA
EMI						
EPsI	0.672					
EPtI	0.421	0.428				
EE	0.366	0.366	0.241			
ERA	0.633	0.689	0.340	0.283		
ECA	0.327	0.370	0.383	0.214	0.479	

注：严格区分效度标准为0.850以下，宽松区分效度标准为0.900以下。

共同方法偏差。问卷收集的自我报告数据有可能具有共同方法偏差（Podsakoff et al.，2003）。我们使用Harman单因素检验来检查共同方法偏差。探索性因子分析结果显示：旋转前的第一个因子占总方差的比重不到50%，这表明共同方法偏差在我们的研究中不是一个严重的问题。

10.4.2 结构方程模型：假设检验

我们采用结构方程模型（见图10.1）对假设进行检验。结果显示：结构方程拟合度可以接受（χ^2=201.270；χ^2/df=1.677；GFI=0.897；CFI=0.969；IFI=0.970；RMSEA=0.060）。此外，为了检验环保风险意识和环保收益意识的独立间接中介效应，我们删除了高管生态嵌入与高管环保意识其中一个维度之间的路径。图10.2显示了用于检验高管环保意识两个维度的独立间接效应的修正结构方程模型。图10.3和表10.5给出了理论模型假设检验的标准化路径系数。除假设6a、6b、8a和8b外，其余假设均得到数据结果支持。

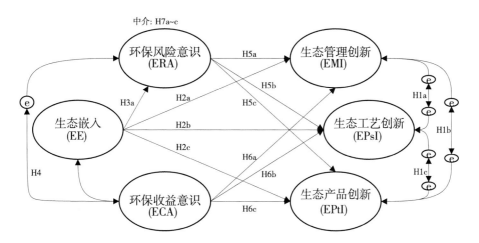

图10.2 环保意识两维度独立间接效应检测的结构方程模型

注：以"高管环保风险意识（ERA）"为例。

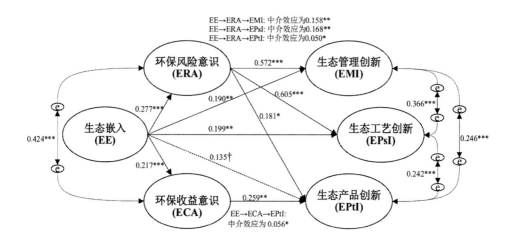

图10.3 基于数据结果修正的理论模型

显著性水平：*** $p < 0.001$；** $p < 0.010$；* $p < 0.050$；† $p < 0.1$。

表10.5 生态嵌入、环保意识与生态创新假设检验结果（N=192）

	假设	标准化直接效应	标准化间接效应	标准化总效应	假设检验结果
H1a	EMI←→EPsI	0.366***			支持
H1b	EMI←→EPtI	0.246**			支持
H1c	EPsI←→EPtI	0.242**			支持
H2a	EE→EMI	0.190**	0.161**	0.352**	支持
H2b	EE→EPsI	0.199**	0.172**	0.371**	支持
H2c	EE→EPtI	0.135†	0.106**	0.241**	支持
H3a	EE→ERA	0.277***			支持
H3b	EE→ECA	0.217**			支持
H4	ERA←→ECA	0.424***			支持
H5a	ERA→EMI	0.572***			支持
H5b	ERA→EPsI	0.605***			支持
H5c	ERA→EPtI	0.181*			支持

续表

假设		标准化直接效应	标准化间接效应	标准化总效应	假设检验结果
H6a	ECA→EMI	0.014			不支持
H6b	ECA→EPsI	0.021			不支持
H6c	ECA→EPtI	0.259**			支持
H7a	EE→ERA→EMI	0.190**	0.158**	349**	支持
H7b	EE→ERA→EPsI	0.199**	0.168**	367**	支持
H7c	EE→ERA→EPtI	0.135†	0.050*	185*	支持
H8a	EE→ECA→EMI	0.190**	0.003	193*	不支持
H8b	EE→ECA→EPsI	0.199**	0.005	204*	不支持
H8c	EE→ECA→EPtI	0.135†	0.056*	191*	支持

显著性水平：*** $p < 0.001$，**$p < 0.010$，* $p < 0.050$，† $p < 0.1$；EMI—生态管理创新；EPsI—生态工艺创新；EPtI—生态产品创新；EE—高管生态嵌入；ERA—环保风险意识；ECA—环保收益意识

10.5　结果讨论与结论

本研究考察了高管生态嵌入对生态创新（分为生态管理创新、生态工艺创新、生态产品创新）和高管环保意识（分为环保风险意识和环保收益意识）的影响，以及高管环保意识在生态嵌入与生态创新之间的中介作用。数据结果表明：高管生态嵌入对生态创新的三个维度和高管环保意识的两个维度存在显著正向影响；高管环保风险意识与生态创新的三个维度显著正相关，而高管环保收益意识仅与生态产品创新显著正相关。此外，高管环保风险意识是高管生态嵌入与生态创新三个维度之间的部分中介，高管环保收益意识是高管生态嵌入和生态产品创新之间的部分中介。再有，环保风险意识与环保收益意识显著正相关，生态创新的三个维度也显著正相关。

出人意料的是，高管环保收益意识仅与生态产品创新显著正相关，而与

生态管理创新和生态工艺创新的关系不显著。一个可能的解释是，生态管理创新、生态工艺创新和生态产品创新的投入产出存在差异。在高环保收益意识的高管眼中，生态产品创新的投资回报率比生态管理创新或生态工艺创新高。其根本原因是，企业生态产品创新的决策主要基于客户环保需求。这种环保需求可能是客户利他（例如，客户期望产品的生产过程对环境的负面影响较低）或利己动机（例如，产品可以节约能源降低使用成本）。基于客户绿色需求的绿色供应可以通过一定的产品溢价或销量增加来提高企业绩效。然而，与生态产品创新相比，生态工艺创新和生态管理创新的环保溢出对客户来说不太明显（可见性低），主要使居住在企业附近的当地利益相关者受益。除非客户与当地利益相关者之间有高度的重叠，否则很难要求客户为生态工艺创新和生态管理创新买单。此外，生态工艺创新涉及的生产流程升级需要大量的投资，短期内很难通过生态工艺创新带来的生产效率提升来弥补。此外，生态管理创新的结果取决于它对生态工艺创新和生态产品创新的影响。换句话说，如果生态管理创新在促进生态工艺创新和生态产品创新上效果不佳，它可能只是充当"门面"（象征性生态创新）。然而，高环保收益意识的高管更喜欢实质性生态创新（即生态工艺创新和生态产品创新），并希望这种生态创新能够通过资源节约或满足绿色市场需求来提高企业绩效。

10.5.1 理论贡献

首先，我们发现高管生态嵌入对企业生态创新的三个维度具有直接和间接的预测效力，拓展了关于生态创新的前因研究。与以往大多数强调社会利益相关者（如政府、竞争者、客户）对组织行为的影响的研究不同（Eiadat et al.，2008；Rui and Lu，2021），本研究聚焦于自然环境这一"非社会型"利益相关者对企业生态创新的影响。我们的研究指出，高管无法完全脱离其企业所影响的自然环境，换言之，他们在一定程度上嵌入于企业所处的生态环境中。这种生态嵌入能够促进高管环保伦理意识（环保风险意识）和绿色商机洞察力（环保收益意识）的形成，进而有助于企业生态创新。据我们所知，本研究首次实证检验了高管生态嵌入对企业生态创新的影响，丰富了以社会利益相关者为主的生态创新前因研究。

其次，本研究挑战了已有研究对高管"社会嵌入"的过度强调，拓展了高阶理论和嵌入性理论。在探讨高管情境嵌入与企业结果之间关系的研究中，已有大量文献关注高管社会嵌入（如政治连带、商业连带）与企业行为之间的关系（Du and Luo，2016；Yan et al.，2023a），而关于高管生态嵌入的后果研究则较少。这一缺口与环境心理学领域的研究发现不一致，后者表明人们与自然环境的联结（如地方依恋、地方依赖和地方身份）会显着影响其环保认知和环保行为（Hidalgo and Hernandez，2001；Lewicka，2011）。本研究在社会嵌入的基础上，引入"生态嵌入"这一概念，拓展了高管与自然的联结如何塑造企业环保行为的研究。我们的研究结果表明，生态嵌入不仅能预测个体的环保行为（Peng and Lee，2019），还能预测组织层面的生态创新行为，从而将生态嵌入的适用范围从个体层面扩展至组织层面。此外，已有文献主要强调资源获取（如社会资本）是情境嵌入影响组织行为的中介机制，而我们的研究表明，在生态嵌入影响企业生态创新的过程中，认知学习机制——即高管生态嵌入通过促进高管环保风险意识与环保收益意识这两类环保认知的提升来推动企业生态创新——至关重要。

最后，我们的研究拓展了环保认知前因的研究，发现高管的环保风险意识与环保收益意识可以由生态嵌入所塑造。已有大量研究表明，认知（如价值观、信念和态度）会影响个体和组织的环保行为（Eiadat et al.，2008；Gadenne et al.，2009；Peng and Liu，2016），但鲜有研究探讨个体如何通过与自然而不是社会型利益相关者的互动来改变或更新其认知。我们的研究表明，生态嵌入能够塑造高管的两种环保认知（环保风险意识与环保收益意识），进而影响企业生态创新，丰富了关于个体环保认知前因的研究。此外，我们还从生态嵌入学习的角度（Whiteman and Cooper，2000）提供了一种不同于社会学习机制的解释路径，揭示了生态嵌入对环保认知发展的积极影响。这种生态学习有助于行动者在环保道德发展和绿色商业知识积累方面实现突破。

10.5.2 实践与政策启示

首先，地方政府或企业董事会可以利用高度本土化的企业或高管促进企业生态创新。研究者一致认为，生态创新具有双赢的潜力，可同时有利于自然环境和企业经济绩效。然而，企业根据成本效益分析做出决策，而生态创新通常难以在短期内带来回报。此外，企业往往缺乏进行生态创新的经验，因此，不愿成为生态创新的先行者。生态嵌入通过增加决策者的利他动机（即环保风险意识），改变公司决策的自利假设。生态嵌入还通过提升其环保收益意识，使行为者认识到环境保护背后的商业机会。环保风险意识和环保收益意识有助于行为者积极解释环保实践，并加快企业生态创新。

其次，公司董事会或政府可以通过提升高管生态嵌入和环保意识来推动企业生态创新。关于提升生态嵌入，公司董事会或地方政府可以出台政策，促进企业高管的本土化。以中国为例，地方政府应帮助企业员工，特别是高管，获得本地户口，以便于员工购房和子女进入义务教育的公立学校。这反过来又会加速高管的本土化。在提升环保意识方面，公司董事会或地方政府可以组织行业人员向生态创新领先企业学习，或组织相关的行业培训和交流，以提高企业高管环保风险意识和环保收益意识。

10.5.3 研究局限

本研究的一些局限性为今后的研究提供了方向。首先，未来的研究可以采用纵向设计来弥补我们横截面设计的不足。横截面研究无法排除反向因果关系。以环保意识两个维度的关系为例，环保风险意识可能会影响环保收益意识，也可能存在反向因果关系。其次，本研究仅检验了生态嵌入对生态创新的影响。未来的研究可以考虑探究生态和社会嵌入对生态创新的影响。最后，这项研究没有在SEM（结构方程模型）分析中包含任何控制变量。未来的研究可以采用其他分析方法纳入控制变量，以减少设定误差。

如何提升企业生态创新绩效? 企业生态创新路径优化研究

生态创新是绿色增长的必然选择。越来越多的企业意识到生态创新的重要性，并积极加入生态创新的行列。由此产生了一个极具挑战性的问题：如何开展生态创新以确保生态创新绩效最大化？然而，以往研究多关注生态创新的内涵与特征、前因与后果，而对生态创新实施过程研究较少（杨燕和邵云飞，2011），且忽视生态创新过程本身对生态创新决策及其经济收益的影响。事实上，生态创新实施风险（如生态创新技术特征）恰恰是以营利为目的的企业在生态创新决策时所要考虑的重要因素（Chou et al.，2012；Weng and Lin，2011）。此外，战略实施路径会影响战略效果（Tang et al.，2012；Vermeulen and Barkema，2002），即怎么开展生态创新会影响到生态创新的经济收益。

有鉴于此，本研究聚焦于吸收能力视角下"生态创新路径优化"这一核心问题，以回答"什么样的实施路径"有助于生态创新更好地被企业和市场吸收，从而为实施企业带来更高的经济回报。为了回答这一问题，本研究从生态创新的独特特征出发，整合吸收能力理论的洞见，识别了立项、研发、市场化三阶段生态创新的优化路径，构建了吸收能力视角下生态创新绩效提升的路径框架，并辅以案例研究和实证分析加以阐释和验证。生态创新通用路径包括立项阶段的向心性，研发阶段的时机、节奏、顺序与内外合作，市场化阶段的溢出补偿搜索与市场隔离战略等。

本篇共2章，主要内容安排如下：首先，我们系统回顾了生态创新与企业绩效关系相关研究，以掌握现有关于生态创新绩效提升的基本观点。接着，我们将从吸收能力视角并结合生态创新的独特特征，识别企业生态创新绩效提升的通用路径（即实施策略），并辅以案例研究和实证研究加以阐述和验证。

11 生态创新与企业绩效：基于典型实证研究的综述

本章基于28篇典型的国外企业生态创新后果研究的实证文献，归纳和总结了企业生态创新的后果及其权变机制和中介机制，并对未来研究进行了展望，为后续研究企业生态创新绩效提升的优化路径奠定文献基础。本章主要有三点发现：①生态创新与企业绩效的正向关系大多数情况下是成立的；②生态创新与企业绩效的正向关系受到互补性资产、规模等权变因素的影响；③环境绩效、组织能力等变量在某些情况下是生态创新与企业绩效的中介变量。

11.1 引　言

近年来，组织对环境的影响受到媒体和理论界的高度关注，企业不得不采取环保措施以应对外界的环保压力（Gilley et al.，2000），而生态创新是企业应对环境压力的一种方式（Berrone et al.，2013）。生态创新最初的定义为显著改善环境绩效又能为企业带来商业价值的创新（Fussler and James，1996）。鉴于生态创新具有双重外部性（知识溢出和环保溢出）（Rennings，2000），因此生态创新能否促进组织绩效成为理论界一个重要的研究议题。许多实证研究考察了生态创新与组织行为及绩效的关系及其情境因素，但相关研究结果是混合的。有鉴于此，本章旨在通过回顾国外生态创新相关实证研究文献，系统梳理企业生态创新的后果，并试图揭示生态创新作用于组织行为或绩效的内在机制。

由于企业生态创新是创新管理理论、环境管理理论和企业社会责任理论的交叉领域（Starik and Marcus，2000；彭雪蓉 等，2014），我们主要选择了四类期刊作为本书综述文献的来源（见表11.1）：一般组织和管理学期刊（如*Academy of Management Journal*）、创新管理期刊（如*Technovation*）、商业伦理期刊（如*Journal of Business Ethics*）、环境管理期刊（如*Journal of Environmental Management*）。通过文献检索和内容阅读，我们找到了28篇[①]（见表11.2）发表在这四类期刊上有关生态创新后果研究的实证文献。基于这28篇文献，我们归纳和总结了生态创新的后果及其权变机制和中介机制，并对未来研究进行了展望。

表11.1　文献的期刊来源统计

序号	期刊	数量
1	*Academy of Management Journal*	3
2	*African Journal of Business Management*	1
3	*Business Strategy and the Environment*	2
4	*Corporate Social Responsibility and Environmental Management*	2
5	*Ecological Economics*	1
6	*European Journal of Operational Research*	1
7	*Industry and Innovation*	1
8	*Journal of Business Ethics*	4
9	*Journal of Cleaner Production*	1
10	*Journal of Environmental Management*	1
11	*Journal of Management*	1
12	*Journal of Management Studies*	2
13	*Journal of World Business*	2
14	*Research Policy*	1
15	*Strategic Management Journal*	1
16	*Technology Analysis & Strategic Management*	1
17	*Technovation*	2
18	*Transportation Research：Part E*（注：非SSCI期刊）	1
	合计	28

---

① 主要包括生态创新、环保战略、环保举措与组织行为与绩效的研究，有关企业环境绩效（CEP）、环境管理系统（EMS，如ISO 14001认证与实施）与组织绩效（CFP）实证研究不在这28篇文献内，原因是避免泛化生态创新的内涵，且CEP-CFP、EMS-CFP的相关综述很多。

表11.2　28篇关于企业生态创新后果的典型实证研究

序	文献	生态创新变量	结果变量	样本	理论视角	研究问题及主要结论	结论
1	Al-Najjar and Anfimiadou (2012)	生态效能举措	股价	英国伦敦证交所上市的201家最大的企业	N/A	不同的生态效能（EE）举措对股价的影响不一样，EE_1 (ISO和CSR报告) 和EE_3 (EE_1和/或EE_2) 与股价有显著正相关，而EE_2 (环境事务和FTSE4Good指数) 对股价不具有显著影响	M
2	Aragón-Correa et al. (2008)	主动环境战略	绩效 (ROS, 利润增长率)	西班牙南部汽车维修行业的108家中小企业	RBV	组织能力显著正向影响主动环境战略，而主动环境战略（创新性的预防性措施和以节能降耗为核心）的生态效能措施）显著正向影响组织绩效	P
3	Berrone and Gomez-Mejia (2009)	环境战略/CEP	高管薪酬	美国污染行业469家企业的纵向数据	制度理论与代理理论	污染防治和EOP措施显著正向影响高管薪酬水平，且污染防治措施对高管薪酬水平的正向影响更强，而高管薪酬的支付方式会影响后续的环境绩效	P
4	Chan (2005)	环境战略	CEP; CFP	在中国的外商投资332家制造企业	RBV	组织资源影响组织能力进而影响环境战略，环境战略与环境绩效、财务绩效显著正相关，环境绩效的中介效应不显著	P
5	Chang (2011)	绿色创新	竞争优势	中国台湾省106家制造企业	制度理论、RBV、利益相关者理论、CSR	考察了企业环境伦理对绿色（产品和工艺）创新，以及竞争优势的影响。研究发现，绿色产品创新是环境伦理与竞争优势间的中介，但环境伦理与绿色工艺创新的中介效应不显著，但环境伦理与绿色工艺创新显著正相关	P
6	Chen et al. (2006)	绿色创新	竞争优势	中国台湾省信息与电子行业203家企业	N/A	绿色产品和工艺创新与竞争优势显著正相关	P

续表

序	文献	生态创新变量	结果变量	样本	理论视角	研究问题及主要结论	结论
7	Chen (2008)	绿色创新	绿色形象	中国台湾省信息与电子产业136家企业	RBV	绿色能力与绿色（产品和工艺）创新、绿色形象显著正相关，而绿色创新与绿色形象显著正相关	P
8	Cheng and Shiu (2012)	生态创新	绩效	中国台湾省多个行业的298位高管有效问卷	N/A	生态产品创新、生态工艺创新和生态管理创新与绩效显著正相关	P
9	Chiou et al. (2011)	绿色创新	CEP；竞争优势	中国台湾省8个行业的124家企业	N/A	考察了供应链的绿色化、绿色创新和环境绩效、竞争优势的关系。研究发现供应链绿色化与绿色创新显著正相关，环境绩效是绿色产品创新和工艺创新与竞争优势的中介，而环境绩效对绿色管理创新与竞争优势的中介效应不成立	P
10	Christmann (2000)	最佳环境管理实践	成本优势	美国化工行业的88家企业	RBV	考察了开发和采用污染防治技术以及先发环境战略对企业成本优势的影响，以及互补性资产的权变效应。采用污染防治技术、先发环境战略的主效应不成立，但开发污染防治技术与成本优势正相关，且受到互补性资产的正向调节	M
11	Eiadat et al. (2008)	环境创新战略	CEP	约旦化工行业的119家企业	利益相关者	考察了绿色创新战略的前因和后果。前因包括管理者环保关注，后果为商业绩效。实证结果显示：环境创新战略与感知的环境绩效显著正相关	P

续表

序	文献	生态创新变量	结果变量	样本	理论视角	研究问题及主要结论	结论
12	Fong and Chang (2012)	主动环境创新能力	绩效	中国台湾省信息与电子行业的238家企业	组织学习	组织学习导向与主动环保创新能力绩效显著正相关，主动环保创新能力与绩效显著正相关	P
13	Getzner (2002)	清洁技术	雇佣数量与环境	欧洲5个国家13个行业的407家企业	N/A	采用清洁技术对雇佣数量不具有显著影响；采用回收管理和节能技术对雇佣物理环境具有显著负向影响，采用降耗技术和空气排放技术分别对排放和气味具有显著正向影响；采用节能技术对雇佣软环境（工作时间和灵活性）具有显著负向影响	M
14	Gilley et al. (2000)	环境举措公告	股价	在美国上市的企业的71个环境公告	N/A	产品相关的环保措施公告比工艺相关的环保措施公告引起资本市场的积极反应，而所有的环保措施公告未引起股价的显著波动	M
15	Horbach et al. (2012)	生态创新	销售额	德国21个行业，CIS的调查数据	N/A	考察了规制、技术、市场、组织特征对环保工艺和产品创新的影响，以及环保创新对绩效（sales）的影响，结果是混合的	M
16	Judge and Douglas (1998)	环境问题整合能力	CEP	美国300多个行业196家企业	RBV	企业环境问题整合能力与环境绩效、财务绩效显著正相关	P
17	Klassen and Whybark (1999)	环境技术	生产绩效	美国家具制造业的66~69家企业	RBV	污染防治技术与生产绩效（成本、速度、灵活性）显著正相关，而污染控制技术与生产绩效显著负相关	M

续表

序	文献	生态创新变量	结果变量	样本	理论视角	研究问题及主要结论	结论
18	Kurapatskie and Darnall (2013)	可持续措施	绩效	美国制造业的48家企业的663件可持续事件	N/A	高阶（渐进式）和低阶（突破式）可持续举措（污染防治举措）都与绩效显著正相关，但财务绩效与高阶可持续措施的正相关程度高于财务绩效与低阶可持续措施的正相关程度	P
19	Leenders and Chandra (2013)	绿色创新	绩效	三个地区（美国和加拿大；南非；澳大利亚和新西兰）的葡萄酒制造业的123家企业	渠道理论	内部因素（环境管理和治理管理）比外部因素更能促进企业进行绿色创新战略，绿色创新战略与绩效显著正相关，并受到销售渠道这一权变因素的影响，采取直接销售的企业的绿色创新战略与绩效的正相关水平更高	P
20	Martín-Tapia et al. (2010)	主动环境战略	出口水平	西班牙食品制造业的123家中小企业	RBV	主动环境战略与企业的出口水平显著正相关，且受到企业规模的调节，中型规模的企业，主动环境战略与出口水平的正相关最强	P
21	Menguc et al. (2010)	主动环境战略	绩效	新西兰的150家制造企业	RBV	创业导向、顾客环保敏感性显著正向影响主动环境战略，环境规制对创业导向有正向调节作用；主动环境战略与销售增长率和利润增长率显著正相关	P
22	Rennings and Rammer (2011)	环境创新	Price-cost margin	德国24个行业，2003年MIP的调查数据	N/A	环境规制驱动的产品创新和工艺创新在新产品销售和节约成本方面，与其他创新具有相似的成效，但不同规制驱动的创新成效存在差异	P

续表

序	文献	生态创新变量	结果变量	样本	理论视角	研究问题及主要结论	结论
23	Sarkis and Cordeiro (2001)	环境举措	ROS	1992年美国的482家企业	N/A	考察了污染防治与EOP对短期绩效（ROS）的影响，结果发现其是负相关的，且污染防治与ROS的负相关更明显	N
24	Sharma and Vredenburg (1998)	主动环境战略	组织能力；绩效	加拿大石油和天然气行业的99家企业	RBV	考察了主动环境战略，组织能力（利益相关者整合能力、高阶学习能力和持续创新能力）和绩效三者的关系，结果发现主动环境战略与绩效显著正相关，组织能力与绩效显著正相关	P
25	Tien et al. (2005)	环境设计	竞争优势	中国台湾省15个行业的290家企业	N/A	考察了环境设计的前因后果，发现内部动力和环境战略是重要驱动因素，而竞争优势是环境设计的重要结果	P
26	Wahba (2008a)	环境责任	股价	埃及19个行业156家企业3年的数据	RBV和利益相关者理论	环境责任与企业市场价值显著正相关	P
27	Wahba (2008b)	环境责任	机构投资者持股比例	埃及19个行业的156家企业	风险厌恶理论	考察了企业利润率对环境责任与机构投资者持股的关系具有调节作用，结果发现，企业环境责任对机构投资者持股比例具有显著正向影响，只有当企业利润高时	权变
28	Ziegler and Nogareda (2009)	环境创新	EMS	德国制造业的368家企业	RBV	环保创新会显著正向影响企业采用环境管理系统（EMS）	P

资料来源：作者根据文献整理而成；注："P"为正相关，"N"为负相关，"M"为混合（有正有负）。CFP—企业财务绩效；

CEP—企业环保绩效；RBV—资源基础观。

11.2　生态创新绩效变量的选择

Venkatraman和Ramanujam（1986）对战略管理领域的绩效测量的综述指出，组织绩效一般包括三个层次：①财务绩效（financial performance，FP）：范围最窄的组织绩效，也是战略研究中占统治地位的指标，常用的指标有销售增长率、盈利能力（ROI、ROS、ROE）、每股盈利、Tobin's Q（市场价值与重置成本的比例）等。②财务指标和运营绩效（operational performance，OP）：范围较宽的组织绩效，除了考虑组织的财务绩效，还考虑组织的运营绩效，通常用产品市场占有率（份额）、产品质量、市场有效性、制造的附加价值等非财务指标来测量运营绩效，其中市场份额通常被认为是决定组织盈利能力的重要指标（Buzzell et al.，1975）。采用运营指标是为了打开组织行为与财务绩效之间的黑箱，因为运营绩效可能决定了企业财务绩效。③组织效能（organization effectiveness，OE）：范围最宽的组织绩效，反映了组织的多目标和其受多个利益相关者的影响。由于范围宽泛，如何恰当地测量组织效能一直是研究者争论的焦点（Cameron and Whetten，1983；Steers，1975）。尽管宽泛的组织绩效概念受到欢迎，但是战略研究主要还是以财务绩效和运营绩效来测量绩效，具体操作时可以只用财务绩效或运营绩效，或者两种指标都用。

通过相关文献梳理，我们发现企业生态创新与组织绩效实证研究的结果指标也主要采用财务指标和非财务指标（运营指标）两种（见表11.3）。具体而言，使用最多的财务指标有投资回报率（ROI）、销售利润率（ROS）、销售额、利润增长率和销售增长率；而使用最多的非财务指标有产品成本与违反环保法规的成本（成本控制）、产品质量、环境绩效、R&D与创新、形象与声誉、生产速度和效率等反映企业竞争优势的指标。

表11.3 企业生态创新的结果变量选择

类型	具体指标	文献来源	频次
盈利性	投资回报率（ROI）	（Aragón-Correa et al., 2008；Chan, 2005；Cheng and Shiu, 2012；Eiadat et al., 2008；Judge and Douglas, 1998；Leenders and Chandra, 2013）	6
	销售利润率（ROS）	（Chang, 2011；Chen et al., 2006；Cheng and Shiu, 2012；Leenders and Chandra, 2013；Sarkis and Cordeiro, 2001）	5
	盈利能力	（Leenders and Chandra, 2013）	1
成长性	利润增长率	（Aragón-Correa et al., 2008；Chan, 2005；Judge and Douglas, 1998；Menguc et al., 2010）	4
	销售增长率	（Chan, 2005；Eiadat et al., 2008；Judge and Douglas, 1998；Menguc et al., 2010）	4
	企业成长	（Chen et al., 2006）	1
规模性	销售额	（Cheng and Shiu, 2012；Horbach et al., 2012；Leenders and Chandra, 2013）	3
	雇佣数量	（Getzner, 2002）	1
股市绩效	股价	（Al-Najjar and Anfimiadou, 2012；Gilley et al., 2000）	2
	Tobin's Q	（Wahba, 2008a）	1
非财务绩效	产品成本与违规成本	（Chen et al., 2006；Chiou et al., 2011；Christmann, 2000；Klassen and Whybark, 1999；Sharma and Vredenburg, 1998；Tien et al., 2005）	6
	产品质量	（Chang, 2011；Chen et al., 2006；Chiou et al., 2011；Klassen and Whybark, 1999；Sharma and Vredenburg, 1998；Tien et al., 2005）	6
	市场份额	（Chan, 2005；Cheng and Shiu, 2012；Eiadat et al., 2008；Judge and Douglas, 1998；Tien et al., 2005）	5
	环境绩效	（Chan, 2005；Chiou et al., 2011；Judge and Douglas, 1998；Klassen and Whybark, 1999）	4

续表

类型	具体指标	文献来源	频次
非财务绩效	R&D、创新	（Chang, 2011; Chen et al., 2006; Chiou et al., 2011; Sharma and Vredenburg, 1998）	4
	形象、声誉	（Chang, 2011; Chen, 2008; Chen et al., 2006; Sharma and Vredenburg, 1998）	4
	生产速度、效率	（Klassen and Whybark, 1999; Leenders and Chandra, 2013; Sharma and Vredenburg, 1998; Tien et al., 2005）	4
	管理水平	（Chang, 2011; Chen et al., 2006）	2
	难以被对手替代	（Chang, 2011; Chen et al., 2006）	2
	机构投资者持股比例	（Wahba, 2008b）	1
	利益相关者关系	（Sharma and Vredenburg, 1998）	1
	员工士气	（Sharma and Vredenburg, 1998）	1
	组织学习	（Sharma and Vredenburg, 1998）	1
	产能	（Sharma and Vredenburg, 1998）	1
	顾客响应	（Chiou et al., 2011）	1
	雇佣环境	（Getzner, 2002）	1
	出口水平	（Martín-Tapia et al., 2010）	1
	CEO薪酬水平	（Berrone and Gomez-Mejia, 2009）	1
	生产弹性	（Klassen and Whybark, 1999）	1
	环境管理	（Ziegler and Nogareda, 2009）	1
	产品安全	（Tien et al., 2005）	1

11.3 相关实证研究结果

生态创新是环境战略与举措的重要内容，是企业承担环境责任的具体体现（彭雪蓉等，2014），因此我们在考察生态创新与组织绩效的相关实证研究时，也将环保战略、环保举措与组织绩效的研究纳入我们的综述中，以更加全面地呈现生态创新与组织绩效的关系研究成果。

生态创新与组织绩效的关系研究，早期关注生态创新与绩效的直接关系，即企业绿色化能提升组织绩效吗——Does it pay to be green（Ambec and Lanoie，2008；Hart and Ahuja，1996；King and Lenox，2001）？一部分研究者（Porter and van der Linde，1995a）认为生态创新对组织绩效具有积极作用，企业污染是企业资源未充分利用的表现，通过生态创新可以实现经济与环境的双赢，在改善环境绩效的同时提升生产效率，从而降低运营成本（即波特假设）；另外，成本的降低能促进产品的销售，从而提升组织绩效。另一部分研究者（Sarkis and Cordeiro，2001）认为生态创新与组织绩效负相关。因为生态创新需要对现有的运营流程进行极大的改进，这就涉及巨大的资金投入，而生态创新所带来的成本节约短期无法超过其投入，因此生态创新对组织绩效，尤其是短期绩效存在负向影响（Berrone et al.，2013；Horbach et al.，2012）。Horvathova（2012）实证研究表明，企业环境绩效与组织绩效在短期显著负相关，而在长期呈现显著正相关，换句话说"波特假设"在长期是成立的。

后来研究者转向从理论视角研究企业绿色化提升组织绩效的条件（中介机制和调节机制），即什么情况下企业绿色化能提升组织绩效——When does it pay to be green（Orsato，2006）？资源基础观（RBV）在解释生态创新促进组织绩效的机制中占据着绝对地位，28个实证研究中12个研究运用了RBV（占43%）、3个研究采用了利益相关者理论（Chang，2011；Eiadat et al.，2008；Wahba，2008a）、2个研究采用了制度理论、个别研究还运用和结合了代理理论（Berrone and Gomez-Mejia，2009）、风险厌恶理论（Wahba，2008b）、组织学习理论（Fong and Chang，2012）等，还有11个研究（占39%）没有明确理论视角。运用RBV理论分析生态创新提升组织绩效的逻辑是，生态创新或主动环境战略能构建企业特定的资源和能力[①]，如形象（Chan，2005）和声誉（Russo and Fouts，1997；Sharma and Vredenburg，

[①] 资源是指企业生产过程的投入，包括设备、资金、人员、专利、品牌等，而能力是指企业有效协调人力资源和非人力资源以达成组织绩效的整体能力，资源可以看成能力的前因（Chan，2005）。

1998），利益相关者的整合能力、高阶学习能力和持续创新能力（Sharma and Vredenburg，1998），这些资源和能力是企业竞争优势的来源（Barney，1991）。Christmann（2000）认为开发和采用污染防治技术能为企业带来差异化或低成本的竞争优势。制度理论认为企业遵从社会期望能获得好处（Berrone and Gomez-Mejia，2009），即合法性收益，而生态创新是企业应对外部规制压力的一种重要方式（Berrone et al.，2013），因此生态创新能提升组织绩效。Berrone和Gomez-Mejia（2009）基于制度理论和委托代理理论，认为污染防治措施比污染控制措施对CEO的薪酬水平的影响更大。

具体而言，有关生态创新与绩效的研究，有两种思路：一种是考察生态创新或（主动）环境战略与举措对整体绩效（Aragón-Correa et al.，2008；Chan，2005；Eiadat et al.，2008；Judge and Douglas，1998；Leenders and Chandra，2013；Sharma and Vredenburg，1998）或竞争优势（Chang，2011；Chen et al.，2006；Cheng and Shiu，2012；Chiou et al.，2011；Christmann，2000；Tien et al.，2005）的影响，另一种是考察生态创新或环保战略与举措对单个财务绩效指标（Al-Najjar and Anfimiadou，2012；Gilley et al.，2000；Horbach et al.，2012；Menguc et al.，2010；Sarkis and Cordeiro，2001；Wahba，2008a）或运营绩效指标（Berrone and Gomez-Mejia，2009；Chen，2008；Getzner，2002；Klassen and Whybark，1999；Martín-Tapia et al.，2010；Wahba，2008b；Ziegler and Nogareda，2009）的影响。实证研究结果表明，生态创新与组织绩效的关系因生态创新的类型与结果指标的选择和测量方式而存在差异。

11.3.1 生态创新与企业绩效

生态创新的分类主要有两种方式（彭雪蓉 等，2014）：第一种是借鉴传统创新的分类方式，把生态创新分为生态产品创新、生态工艺创新和生态管理创新等；第二种是按照环境问题与企业业务的整合程度将创新分为末端治理技术（EOP）和整合型的清洁生产技术，前者又被称为污染控制措施，后者被称为污染防治措施。一些研究者认为生态创新是污染防治，因此，EOP技术的简单采用不属于生态创新的范畴。本书采取宽泛的生态创新定义，认为生态创新包括EOP技术。

一些研究者（Chang，2011；Chen et al.，2006；Cheng and Shiu，2012；Chiou et al.，2011）考察了生态/环境/绿色产品、工艺创新、管理创新与竞争优势的关系，结果都是显著正相关，这些研究对生态创新的测量都是以量表的方式。Gilley等（2000）采用事件研究法，考察了环保举措公告对企业股价的影响，结果发现投资者对产品相关的环保举措比工艺相关的环保举措公告反应更积极，而对所有的环保举措公告没有显著反应。Chen（2008）研究发现绿色产品和工艺创新显著正向影响组织形象，该研究采用量表来测量绿色创新。Eiadat等（2008）研究发现环境创新战略与组织绩效显著正相关，该研究也是以量表的方式测量环境创新战略与组织绩效。而Horbach等（2012）对生态创新代理测量的研究发现，生态工艺和产品创新对组织销售收入的影响是混合的，有正相关和负相关。

11.3.2　环境战略与企业绩效

现有文献一般将环境战略分为主动和反应式环境战略（Dixon-Fowler et al.，2013），反应式环境战略主要由遵从驱动，目的在于达到规制要求，通常会采用传统的末端治理（EOP）方法（Bucholz，1993），如对排放的收集、存储和处理等（Hart，1995）。反应式环境战略通常缺乏高管的参与，也不涉及员工培训与参与（Henriques and Sadorsky，1999），当环境问题出现后才被动进行解决（Aragón-Correa，1998）。主动环境战略是将环境问题整合到企业战略中，超出政府规制的要求（Buysse and Verbeke，2003），从源头入手对环保问题进行预防（Aragón-Correa，1998），主动环保举措会涉及更好的管理、原料替代、产品创新、工艺创新、创造性解决问题、新技术的采用，以及与利益相关者合作等（Hart，1995；Russo and Fouts，1997；Sharma，2000）。采用主动环境战略的企业认为环境问题对企业很重要，鼓励员工参与，并能得到高管的大力支持（Henriques and Sadorsky，1999）。

现有文献认为与反应式环境战略相比，主动环境战略一方面提升了环绩效，另一方面也能让企业获得收益（Dixon-Fowler et al.，2013），比如提升环境绩效和创新绩效所获取的社会合法性收益——更低的违规成本、形象和声誉，进而会增加企业的销售收入（Chan，2005）；生态创新的创新绩效——更低的成本、产品差异化（Christmann，2000），以及由低成本所提升的产品销售额，此外生态创新能培育组织能力（Hart，1995；Sharma and Vredenburg，1998），这些能力是提升组织绩效和竞争优势的重要原因。多个实证研究考察了环境战略（污染控制和防治措施）（Berrone and Gomez-Mejia，2009；Sarkis and Cordeiro，2001）尤其是主动环境战略（污染防治措施）（Aragón-Correa et al.，2008；Martín-Tapia et al.，2010；Menguc et al.，2010；Sharma and Vredenburg，1998）与组织绩效的关系。尽管有关主动环境战略与财务绩效的关系研究结论是混合的（Christmann，2000），但是大多数研究的结果是正相关（Aragón-Correa et al.，2008）。Dixon-Fowler等（2013）有关环境战略与组织绩效的元分析指出，主动环境战略与反应式环境战略对组织绩效的正向影响不具有显著差异。Sarkis和Cordeiro（2001）认为在考察环境战略与组织绩效的关系时，应区分环境战略对长期和短期绩效的影响，并指出从短期来看，企业实施环境战略降低组织绩效（ROS）而不是促进组织绩效，污染防治比污染控制措施对绩效的负向影响更明显，其观点得到了1992年美国486家企业样本的实证结果支持。Horvathova（2012）的研究得到了相似的结论，他们发现企业环境绩效与组织短期绩效（滞后1年）显著负相关，而与组织长期绩效（滞后2年）显著正相关。

11.3.3　影响生态创新与企业绩效的权变机制

少数实证研究考察了影响生态创新与组织绩效的权变机制，如企业规模、互补性资产、环境治理、销售渠道等（见图11.1）。Martín-Tapia等（2010）基于RBV视角，考察了主动环境战略与出口水平的关系及企业规模的权变效应。他们认为规模越大的企业，拥有的资源越多，越可能采取主动环境战略，同时规模越大的企业，越倾向于产品出口，因此企业规模对主动环境战略与出口水平的关系具有权变效应。研究结果表明，当企业规模处于中等水平时，主动环境战略对出口水平的正向影响最强，其次是小规模，最后是大规模。

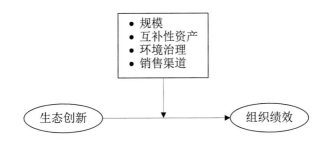

图11.1 生态创新与组织绩效的关系情境机制

Christmann（2000）基于RBV视角，考察了互补性资产对最佳环境管理举措（包括采用污染防治举措、开发污染防治措施和先发环境战略三种）与组织绩效关系的影响。所谓互补性资产是指与企业战略、技术或创新相关的可以使企业获取利润的资源与能力（Teece，1986）。结果表明，当企业具有环境管理的互补性资产越多时，企业最佳环境管理措施与组织绩效的正向关系越强。

Berrone和Gomez-Mejia（2009）基于制度理论和委托代理理论，考察了环境战略与CEO薪酬水平的关系及企业环境治理的权变效应。研究结果表明，当企业有环境治理机制时，污染防治措施与CEO薪酬水平的正向关系越强，而污染控制措施与CEO薪酬水平的正向关系没有显著变化。

Leenders和Chandra（2013）基于渠道理论，考察了渠道类型（直接渠道还是间接渠道）对绿色创新与组织绩效的权变影响。他们认为渠道决定了提供给顾客的物流和信息服务，直接渠道能提供更好的物流服务和信息服务，能更好地向顾客传递绿色创新产品的信息，从而提高顾客对绿色创新产品价值的感知，以提高企业绿色创新的绩效。他们的研究结果表明，当企业采用直接销售渠道时，绿色创新对组织绩效的正向影响更强。

此外，Wahba（2008b）考察了企业利润率对环境责任与机构投资者持股的关系的调节作用。结果发现只有当企业利润高时，企业环境责任对机构投资者持股比例具有显著正向影响。

11.3.4 影响生态创新与企业绩效的中介机制

一些实证研究考察了生态创新与企业财务绩效的中介机制，如环境绩效和组织能力等（见图11.2）。

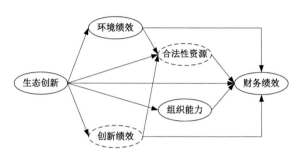

图11.2 生态创新影响财务绩效的中介机制

注：尽管创新绩效和合法性资源是很多后果研究的内在中介逻辑，但进行实证检验的文献较少。

（1）环境绩效的中介作用。尽管许多实证研究同时考察了生态创新对企业财务绩效和运营绩效的影响，但是真正检验运营绩效（特别是环境绩效）在生态创新与财务绩效或竞争优势之间的中介效应的实证研究较少，且结果是混合的。Chan（2005）以332家在中国投资的外商企业为样本，从RBV视角考察了主动环境战略的前因后果，研究发现组织资源通过影响组织能力进而影响组织环境战略，环境战略和环境绩效与组织财务绩效显著正相关，但环境绩效在环境战略与财务绩效之间的中介作用不成立。对此，作者的解释是研究是横截面研究以及环境绩效的测量可能不够全面。Chiou等（2011）研究发现环境绩效是绿色产品、工艺创新与竞争优势的中介，而其对绿色管理创新与竞争优势的中介作用不成立，原因是绿色管理创新与环境绩效负向关系不显著。

（2）组织能力的中介作用。一部分研究者（Hart，1995；Sharma and Vredenburg，1998）认为生态创新或主动环境战略能培育组织能力，进而提升组织绩效。Sharma和Vredenburg（1998）基于RBV视角，认为主动环境战略能建构组织的利益相关者整合能力、高阶学习能力和持续创新能力，这些能力具有社会复杂性、无形性、路径依赖等特性，因此难以被竞争对手模仿，是企业竞争优势的来源。尽管Sharma和Vredenburg（1998）提出主动环境战略能培养企业特定的能力，这种特定的能力能使企业获取竞争优势，但是在实证检验假设时，Sharma和Vredenburg（1998）未检验企业特定能力的中介效应。

11.4　结论与展望

11.4.1　现有研究成果与不足

相对于生态创新前置因素的研究，生态创新后果的研究相对较少。基于28篇生态创新后果实证研究文献的回顾，我们认为生态创新后果研究主要取得以下几个方面的成果：第一，生态创新对组织绩效的影响具有复杂性的共识已达成。早期研究多考察生态创新与绩效的直接效应，近年来越来越多的研究转向生态创新影响组织绩效的调节机制和中介机制，试图找到生态创新作用于组织绩效的内在机理。

第二，建立了生态创新影响组织绩效的两条基本逻辑：一是生态创新能改善组织的环境绩效，进而提升组织的声誉和形象，而声誉和形象能为企业带来竞争优势；二是生态创新能为企业带来创新收益，包括更低的成本、产品差异化等，这些能提升企业的绩效，而从长期来看，生态创新还能培养组织能力，从而为企业带来竞争优势。

第三，探讨了RBV理论对生态创新与绩效关系的解释力。现有实证研究多运用RBV理论来解释生态创新作用于组织绩效的内在机制，即生态创新能使企业获得资源或能力，这些资源或能力是企业竞争优势的重要来源。

尽管生态创新后果研究取得了上述的成果，但也存在一些不足：首先，生态创新影响组织绩效的内在逻辑不够细致。现有实证研究试图建立"生态创新→环境绩效→组织绩效"的逻辑，这条逻辑可以从两个理论视角来解释：一是制度理论视角，因为环境绩效提升了组织的合法性，所以能提升组织绩效；二是RBV视角，因为环境绩效的改善是组织生产效率提高的反映，所以环境绩效越好，企业效率越高，财务绩效越好。现有实证研究多从RBV视角来检验这条逻辑。要检验到底上述两个理论哪个更具有解释力，引入更为直接的中介变量更合理，如组织合法性、生产效率等。

其次，以RBV视角解释生态创新与绩效内在机理多关注生态创新对能力培养的贡献，而忽视了生态创新对资源获取的贡献。而事实上，生态创新有助于企业获取有价值、稀缺性的资源，因为生态创新能提升组织合法性，而合法性是企业资源获取的重要前置影响因素。此外，以往研究多关注生态创新战略选择对企业绩效的静态影响，而忽视生态创新实施策略或路径的异质性对生态创新绩效的动态短期和长期影响。

第三，分析生态创新作用于绩效的内在机制的理论视角过于单一。正如前文所说，现有研究多以RBV视角来分析生态创新与绩效的内在机制，而对于生态创新这种整合了市场战略（创新）与非市场战略（环境责任）的企业行为或战略而言，显然是不够的。

第四，研究情境过于集中，有待多元化。从这28个实证研究的研究情境统计来看（见表11.4），企业生态创新的后果研究多以发达国家、制造业、大企业为主，而以发展中国家、服务业、中小企业为情境的研究相对较少。

表11.4 企业生态创新后果研究的情境

情境	具体分类	数量	比例
国家	发达国家（美国、德国、西班牙、加拿大、英国等）	15	54%
	发展中国家或地区（中国台湾省、埃及、中国大陆、约旦）	11	39%
	其他	2	7%
行业	制造业	16	57%
	多个行业	10	36%
	其他	2	7%
规模	大企业以及各种规模的企业	26	93%
	中小企业	2	7%

11.4.2 未来研究热点展望

根据生态创新后果研究存在的不足，我们认为未来相关研究可以围绕以下几个方向展开：首先，进一步明晰企业生态创新影响组织绩效的内在逻辑。对生态创新与组织绩效的关系研究应该跳出"生态创新→环境绩效→组织绩效"的传统思路，而直接引入解释理论的核心变量，如制度理论的"组织合法性"、RBV理论的"资源"、动态能力理论的"动态能力"等，以进一步明晰环境绩效作用于组织绩效的内在逻辑。

其次，应开展更多关于检验生态创新与组织绩效关系的调节机制和中介机制的研究，特别是关注生态创新实施策略或开展过程对生态创新回报和组织绩效的动态短期和长期影响。例如，引入生态创新实施策略、资源和能力、企业基本特征（如所有权性质）、任务环境特征（包括环境的动荡性、丰裕性、复杂性）等调节变量，以及更多理论视角（如吸收能力理论），以此揭示在何种情景下、通过何种方式开展生态创新，能使生态创新更易被企业和利益相关者接纳，进而提高生态创新的回报。而在中介机制的检验方面，可引入更多理论视角（如动态能力理论、委托代理理论等）和中介变量，从而打开生态创新作用于组织绩效的"黑箱"，深入剖析其内在作用路径。

最后，研究情境更加多元化。一是进行更多基于新兴经济体（如中国）的研究。新兴经济体具有市场机制不完善、法律不健全、正式法律机构执行能力差等特征（Khanna and Palepu，1997），政府不仅通过授予合约和补助直接控制了关键资源，而且还通过规制影响资源的转移（Hybels，1995）。而生态创新随着嵌入制度环境的不同，其内容也会发生变化（杨燕和邵云飞，2011），同时，其作用于组织绩效的机理可能存在差异，在新兴经济体中，生态创新可能更多通过提升组织合法性，获得关键利益相关者（如政府）的认可，从而获得利益相关者所控制、影响企业生存和发展所需的资源，进而促进组织绩效。二是进行更多针对非制造业的研究。以往研究认为生态创新多适用于制造业，实际上有形服务行业（包括零售和维修、餐饮与接待业、通信与运输行业）（Uhlaner et al.，2012）也会进行生态创新活动，因为它们也涉及能耗、原材料的投入、废物回收等。服务业和制造业的生态创新行为对组织绩效的影响机理是否存在差异？如果有，差异在哪里？后续的研究可以探讨。

12　企业生态创新绩效提升的路径优化：吸收能力的视角[①]

本章跳出企业做生态创新是否"善有善报"的后果研究传统逻辑，提出"行善有方"是"善有善报"的重要前提，从而弥补了以往研究仅关注生态创新战略选择而忽视战略实施路径对战略结果影响的不足。本研究提出生态创新与企业及市场吸收能力的匹配程度是生态创新绩效的重要预测变量，而生态创新与企业及市场吸收能力的匹配程度受到生态创新实施路径的影响，因为一方面实施路径能够改变生态创新难度，使其与企业吸收能力更匹配；另一方面实施路径能够提高企业及市场的吸收能力，让生态创新被吸收得更好。生态创新的"通用路径"应考虑向心性、时机、顺序、节奏、内外深度合作、溢出补偿搜索、市场隔离等。我们结合案例分析给出了实施路径优化提升生态创新绩效的命题。

在此基础上，借鉴以往对战略有效性实施策略的实证研究（Tang et al.，2012；Vermeulen and Barkema，2002；Wang and Choi，2010），并结合本研究对通用路径的定义，我们对通用路径涉及的各个构念进行了实证操作化并提出具体的假设。我们用2007—2019年沪深两市A股的重污染制造企业构成的非平衡面板数据检验了假设。数据结果显示：生态创新对以净资产收益率（ROE）测量的企业绩效具有显著正向影响，且这种正向促进作用主要是在面向绿色发展的制度转型后期（2011年之后）。通用路径的调节效应检验结果显示：仅广

---

① 本章节理论部分基于作者已发表论文：彭雪蓉, 刘姿萌, 李旭, 2019. 吸收能力视角下企业生态创新绩效提升的实施战略[J]. 生态经济, 35(07): 70-75.

义向心性在不同时间段对生态创新提升企业绩效具有强化作用。狭义向心性、速度、规律性、相关性、时机、外部研发合作、出口（市场隔离）均在国家绿色转型的探索期对生态创新与企业绩效二者之间的正向关系具有显著调节效应：当生态创新与企业核心业务整合度越高、速度越快、不规律性越高、不同维度之间（发明专利和实用新型）关联性越强、涉足时机得当、选择外部合作研发，以及产品出口海外时，生态创新更可能在绿色转型探索期提升企业绩效。此外，在制度绿色转型后期，生态创新起始路径先易后难、企业获得政府补贴越多时，生态创新对企业绩效的积极作用越显著。

12.1　引　　言

随着关键利益相关者对企业不环保行为的日益关注（Berrone et al.，2013），如何兼顾环保责任与盈利成为当代企业管理者必须加以面对的问题。与此相呼应，理论界涌现出整合环保责任与创新、致力于追求企业与环境双赢的"生态创新"概念。生态创新是"企业开发或采用一种新的产品、服务、生产工艺、组织结构、管理或经营方式，与其他方法相比，它们有助于降低单个产品整个生命周期的环境风险、污染和资源利用的负面影响"（Reid and Miedzinski，2008：2）。与一般创新相比，生态创新具有"双重溢出/正外部性"（环保溢出和知识溢出），因此受到理论界和实践界的双重青睐，生态创新已成为一个快速增长的新兴研究领域。

生态创新的研究主要有四个分支：第一个分支关注"是什么（what）"的问题，即研究生态创新的内涵、特征、维度和测量（Rennings，2000）；第二个分支关注"为什么（why）"的问题，即研究生态创新的影响因素，相关综述有Pereira和Vence（2012）的研究；第三个分支关注"效果怎样（so what）"的问题，即研究生态创新对企业行为及绩效的影响；第四个分支关注"怎么做（how）"的问题，即研究生态创新的实施过程（Pujari，2006）。

就研究数量分布来看，以往研究多关注生态创新的基本理论、前因与后果，而对生态创新实施过程研究较少（杨燕和邵云飞，2011），且忽视了生态创新实施过程对生态创新决策及绩效的影响。事实上，生态创新实施过程的风险是企业高管生态创新决策考虑的重要因素（Chou et al., 2012），而生态创新路径会影响生态创新的经济回报（Tang et al., 2012）。本研究我们将实施路径定义为：企业决策者识别（战略）行为，组织资源实施该行为，以及从该行为中吸取的知识用于商业产出的模式（Tang et al., 2012）。企业行为模式（实施路径）会影响企业从该行为中获取和吸收知识的多少（Vermeulen and Barkema，2002）。例如，Vermeulen和Barkema（2002）研究发现企业国际化实施路径——步幅、范围、节奏会显著影响企业国际化的财务回报，Tang等（2012）研究也发现开展企业社会责任（CSR）的相关性、一致持续性、路径顺序对CSR与企业财务绩效之间具有权变作用。

跟随这一逻辑，本研究致力于探讨企业采用什么样的实施（过程）战略能让生态创新与企业及市场的吸收能力更好地匹配，进而提升生态创新绩效。

12.2　以往相关研究评述：生态创新与企业绩效

Porter及其合作者认为生态创新可以通过创造共享价值实现企业和环境的双赢（Porter and Kramer，2011；Porter and van der Linde，1995a；Porter and van der Linde，1995b）。生态创新对环境的积极作用无可厚非，但对企业而言是否是一件划算的事情存在争议。因此，大量研究热衷于探讨生态创新与企业绩效的关系（见表11.2），以作为说服企业进行生态创新的证据。大多数研究者认为生态创新对企业绩效具有积极影响，依据的理论主要是资源基础观和制度理论。

首先，依据资源基础观分析的研究者认为生态创新有助于企业内部资源节约和能力的构建：一方面，生态创新可以节能降耗和提升生产效率（Porter and van der Linde，1995a），因为污染通常是资源利用效率低下的表现，通过生态创新可以实现经济与环境的双赢，在改善环境绩效的同时提升生产效率（Porter and van der Linde，1995a）；另一方面，生态创新还可以培育组织特定的能力（Hart，1995），包括利益相关者的整合能力、高阶学习能力和持续创新能力（Sharma and Vredenburg，1998），因为生态创新涉及多元化的知识（Pujari，2006）。

其次，采用制度理论（DiMaggio and Powell，1983）分析的研究者认为生态创新可以满足利益相关者的环保需求（Sharma and Vredenburg，1998），提升企业的制度合法性和声誉（Zhang et al.，2011），进而可以获得利益相关者所控制的资源（彭雪蓉和魏江，2014），这些资源包括：政府资金支持和更低的政府监管资源出让价格（Zhang et al.，2011）、顾客购买偏好（Zhang et al.，2011）、产品销售额增长（Russo and Fouts，1997）、绿色产品溢价（Porter and van der Linde，1995a）、国内外市场拓展（Pujari，2006）、高素质的人才（Turban and Greening，1997）、更好的投资者和员工关系以及良好雇佣关系激发的高绩效（Gilley et al.，2000）等。

少数研究者认为生态创新对企业绩效（尤其是短期绩效）会产生负的影响或无显著影响（Sarkis and Cordeiro，2001；Walley and Whitehead，1994），因为生态创新需要对现有的运营流程进行极大的改进，这就需要巨大的资金投入，而生态创新所带来的成本节约短期无法超过其投入（Berrone et al.，2013；Horbach et al.，2012；Walley and Whitehead，1994），企业提高环境绩效仅仅是将社会成本内部化（Bragdon and Marlin，1972）。

然而，有关生态创新与企业绩效二者关系的直接效应实证研究结果是混合的（Christmann，2000；Horbach et al.，2012），有显著正相关（Martín-Tapia et al.，2010）、负相关（Sarkis and Cordeiro，2001）、倒 "U" 形（Garcia-Pozo et al.，2015）三类。

上述权变因素的识别是对生态创新与企业绩效二者关系的直接效应研究的有益补充，但以往研究多关注"什么环境和组织条件下企业采取生态创新是有利可图的"，而忽视了"企业如何开展生态创新可以使生态创新回报最大化"，而后一个问题在当今日趋严厉的环保制度环境下显得更为重要，原因是随着可持续发展成为全球共识，生态创新逐渐成为企业的必然选择，对企业重要的不再是"要不要做生态创新"，而是"怎么做生态创新回报最大化"的问题。这正是本研究要回答的问题：企业如何开展生态创新回报更大？

12.3　促进生态创新与吸收能力匹配的优化路径识别

我们提出企业生态创新绩效取决于生态创新与企业及市场吸收能力的匹配程度，而生态创新与企业及市场吸收能力匹配程度受到生态创新实施路径的影响，因为一方面实施路径可以改变生态创新难度，使其与企业吸收能力更匹配；另一方面实施路径可以提高企业及市场的吸收能力，让生态创新被吸收得更好。吸收能力是"企业基于先前相关知识识别新信息的价值，并将其吸收和用于商业用途的能力"（Cohen and Levinthal，1990：128），通常可以进一步分为知识探索认知能力、消化和转化能力、整合和利用能力（Lane et al.，2006）。吸收能力决定了企业可以从其所进行的创新活动中获取收益的大小（Tang et al.，2012）。

接下来我们具体讨论什么样的生态创新实施路径（包括立项、研发、市场化三个阶段策略）能使生态创新与企业及市场的吸收能力更匹配，从而提高生态创新的回报（概念框架见图12.1）。

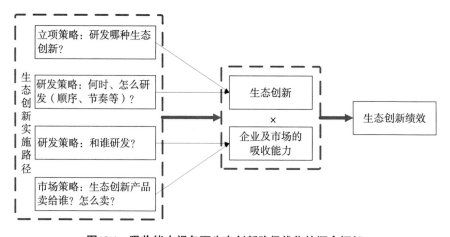

图12.1　吸收能力视角下生态创新路径优化的概念框架

12.3.1　立项阶段

在立项阶段，企业应选择向心性（centrality）高的生态创新，以便与企业吸收能力更好地匹配。与一般创新相比，生态创新需要同时兼顾经济目标和环保目标，向心性越高的生态创新越可能实现二元目标最大化（彭雪蓉 等，2014）。向心性是指生态创新与企业使命、目标、任务等的匹配和关联程度（Burke and Logsdon，1996）。我们认为生态创新的向心性越高，生态创新越容易被企业识别、消化吸收并取得市场成功（Ghisetti et al.，2015）。具体而言：第一，生态创新向心性越高，越容易被企业感知和认识，因为企业认知具有路径依赖，与企业以往涉及知识更接近的生态创新，越容易进入企业的注意力范围，越容易被企业做出更为积极的诠释；第二，生态创新的向心性越高，与企业核心业务关联度越高，越容易与企业以往知识和能力相匹配，越容易被企业消化吸收；第三，生态创新的向心性越高，生态创新产生的知识越容易被企业整合和利用，用于开发更多新产品。

我们将用浙江南都电源动力股份有限公司（以下简称南都电源或公司）这一典型案例来进一步说明上述观点。南都电源创立于1994年9月，2010年4月在A股创业板上市，主营业务为通信后备电源、动力电源、储能电源、系统集成及相关产品的研发、制造、销售和服务，主导产品为阀控密封铅酸蓄电池、锂离子电池、燃料电池及相关材料。

南都电源开展了大量和主营业务紧密结合的生态产品创新，比如开发高温节能电池、节能汽车用启停电池（使汽车在城市工况下可节油5%～15%）、箱式移动储能电站（可实现电网削峰填谷等节能功能），这些产品很好地利用了南都电源已积累的蓄电池技术，因此取得了极大的成果。截至2015年期末，南都电源拥有有效专利95项，其中发明专利35项、实用新型专利41项、外观设计专利19项。据此，我们提出：

命题1：在其他条件相同的情况下，生态创新的向心性越高，越容易被企业吸收，企业生态创新绩效越好。

12.3.2 研发阶段

在研发阶段，企业应拓宽内外合作的宽度和深度，提升企业吸收能力，以使生态创新与企业吸收能力更好地匹配，从而提高企业对生态创新的吸收效果。与一般创新相比，生态创新更具系统性、复杂性（De Marchi，2012），生态创新需要纳入环境维度，涉及知识更加多元化，要求对整个产品生命周期进行环境影响评估（Kemp and Oltra，2011），因此其研发对外需要供应商、客户的参与和合作，对内需要研发部门与环境管理部门的合作（Pujari，2006）。所以，我们认为在生态创新的研发阶段，企业内外合作的宽度和深度越强，企业对生态创新的吸收能力越强，企业生态创新成功的可能性就越大。首先，对外合作方面，企业需要跟环保机构、政府主管部门、环保专家等进行沟通，了解跟企业相关的最新环保技术；企业需要供应商的环保支持，以构建绿色供应链，获得更加环保的原材料；企业需要跟客户进行深度沟通与合作，了解客户的环保产品需求，协商产品后续回收和处理措施，以达到循环利用的目的。其次，对内合作方面，除了研发部门内部合作之外，企业生态创新研发过程中还必须有内部环境管理部门参与（彭雪蓉和刘洋，2015b），明确产品研发的环境目标要求，在经济目标与环境目标之间达到一个平衡。

同样以南都电源为例，其在开发系列节能环保电池方面都涉及广泛深入的内外合作。比如，国际首创高温电池的开发就是一个典型的例子。高温电池是南都电源与沃达丰等大客户合作开发的。南都电源的销售人员、研发人员、企业社会责任部经过多次和沃达丰、中国移动等大客户的沟通，了解客户高温电池需求及市场前景，于是投入333.90万元开发了这一款电池。高温电池可以在-40~80℃下工作而不影响使用寿命，而普通电池需要在25℃的条件下工作。这样，使用高温电池的通信基站、机房就无须配备空调，可以将通信基站空调能耗降低80%以上，同时减少30%以上二氧化碳等气体的排放。高温电池由于是根据客户需求开发的，所以一经推向市场就得到用户的青睐，2014年高温电池实现销售收入7 264.30万元，同比增长206.58%，其中海外实现销售收入6 207.06万元，同比增长201.39%；国内实现销售收入1 057.24万元，同比增长241.04%。2014年5月，南都电源这项技术入选国家重点节能技术推广目录。

南都电源另一项生态创新——铅炭电池也是内外深度合作的杰作。2010年，南都电源与中国人民解放军防化研究院、哈尔滨工业大学合作开发高能超级电池技术。之所以选择合作研发，是为了提高企业生态创新能力，降低生态创新研发的难度和风险。铅炭电池是一种"超级电池"，通过有效结合铅酸电池和超级电容器，"既保持了电池的高能量密度，又具有超级电容器高功率、快速充放、长循环寿命的特点"（佚名，2013）。该项目已完成超级电容特性活性炭材料、复合铅炭负极配方等核心技术研究，已申请12项专利，其中8项为发明专利；现已完成多个系列及型号产品的开发，并已在港机、风能储能系统中试用，节能效果显著；该项目是中国在超级电池领域的率先突破，经国家能源局鉴定，达到国际先进水平。

需要指出的是，南都电源在生态创新过程中，涉及多个部门的合作，除了研发部人员全身心投入外，企业社会责任部、销售部等部门也是全程参与，提出项目研发的环境目标并及时地给予评估。据此，我们提出：

命题2：在其他条件相同的情况下，企业生态创新研发阶段内外合作的宽度和深度越强，企业对生态创新（知识）的吸收能力越强，更容易与生态创新匹配，生态创新绩效越高。

研发过程中，除了要强化内外合作，还必须掌握好生态创新研发的时机、顺序、速度和节奏等，以使企业更好地吸收生态创新，从而提升企业生态创新的回报。①企业要把握好生态创新的时机，不能太早，以降低市场不确定性带来的风险；不能太晚，以避免技术更迭带来的淘汰命运。以往文献也指出，生态创新是一个高度情境化的概念，所谓的"新"也是相对的。②企业生态创新的顺序应先易后难（如先渐进式创新，后突破式创新），这样可以确保对企业的投资和研发能力要求是一个逐步增加的过程，从而有利于企业调整，以适应生态创新不断加码的综合要求。③企业生态创新要把握好节奏，确保一致持续，因为一方面生态创新本身需要一定的时间周期（Porter and van der Linde，1995a），另一方面企业需要时间去消化吸收特定生态创新知识，快速变换生态创新方向会让企业不适。

同样以南都电源为例，南都电源以铅酸电池起家，分别于2001年和2006年进入锂电池和燃料电池领域，三项电池技术难度依次递增，环保指数也随之提高。南都电源高管团队认为当前锂电技术和燃料电池技术还不成熟，锂电在安全性上有待进一步提升，而燃料电池技术一些核心和关键技术难题短期内难以攻克，但更加环保的锂电和燃料电池是未来发展的趋势。所以，南都电源2015年前的主要重心还是在铅酸电池技术上，2015年南都电源铅酸电池收入占营业收入的76%，再生铅产品占营业收入的18%，锂电产业占营业收入的6%，而燃料电池依然处于技术储备的阶段。这样，既能降低当前技术不成熟所带来的研发风险，又能避免错过未来锂电技术和燃料电池技术突破的增长机遇。此外，南都电源对铅酸电池和锂电池的开发主要依靠自身力量，而对燃料电池的开发则主要通过外部合作进行。据此，我们提出：

命题3：在其他条件相同的情况下，企业生态创新开发时机得当（时机）、先易后难（顺序）、一致持续（节奏速度、规律性、关联性等），生态创新更容易被企业所吸收，企业生态创新绩效更高。

12.3.3 市场化阶段

在市场化阶段，我们认为企业应加强溢出补偿搜索，采用市场隔离来提高市场对焦点企业生态创新的吸收能力，从而提高焦点企业对生态创新双重溢出（知识溢出和环保溢出）（Rennings，2000）的独占性，进而提升生态创新绩效。一方面，企业加强与有利的关键利益相关者（尤其是消费者、政府）的沟通，可以提高利益相关者对生态创新环保溢出的感知，从而获得更高的产品溢价、政府补贴等（彭雪蓉和魏江，2014），进而提高企业生态创新的回报。另一方面，企业通过生态创新产品出口，进入到环保规制较高的市场，将受益于企业生态创新双重溢出的竞争者隔离（即市场隔离），规避了焦点企业生态创新溢出效应带来的国内竞争成本劣势。

例如，南都电源一方面积极地跟政府、大客户等有利的关键利益相关者进行生态创新方面的沟通，争取获得政府补贴和大客户定向订单及产品溢价，以提高企业对生态创新双重溢出的独占性。财报显示，2015年南都电源获得政府补助2亿元，极大地降低了企业生态创新的成本。2009—2015年南都电源获得创新和环保类政府补助约占总政府补助的60%。

另一方面，南都电源通过出口、FDI（foreign direct investment，外商直接投资）等将产品销售到环保标准更高的国家，从而避开了得益于南都电源生态创新溢出效应而获得低成本优势的本国竞争对手。南都电源已在全球150多个国家和地区实现了销售。2015年，南都电源在海外市场实现销售收入9.68亿元，同比增长17.27%。典型的国际化例子是：2015年，南都电源取得加拿大储能科技有限公司（SPS）储能用锂离子电池大额订单，订单总金额1 089万美元，产品主要用于加拿大及美国纽约的新能源系统调峰调频储能项目，实现了公司锂电产品在海外储能市场的首次规模化应用。另外一个例子是：2015年，南都电源参股加拿大储能科技有限公司，投资150万美金持有其25%股权。该公司在海外新能源储能领域具备较强的系统技术整合能力和市场渠道拓展能力，公司将借助该平台积极开发大型锂电和户用储能系统，拓展海内外储能市场。据此，我们提出：

命题4：在其他条件相同的情况下，企业寻求非市场型关键利益相关者对溢出的补偿（如政府补贴）、通过出口隔离本地竞争对手，可以提高市场对生态创新的吸收能力，从而提高企业生态创新绩效。

12.4　生态创新路径优化的整体理论框架

本研究从"怎么做"而不是"做不做"的角度，提出了能让生态创新与企业及市场吸收能力更好匹配的通用路径能提升生态创新绩效（见图12.2）。这些通用路径包括：在立项阶段，企业应选择向心性更高的生态创新，以使生态创新更好地与企业现有创新能力和认知框架匹配，让企业更好地吸收；在生态创新研发阶段，企业应拓宽内外合作的深度和广度，选择合适的时机介入，注重研发顺序（先易后难）、节奏（保持一致持续性，不能频繁改变研发方向），以此降低企业生态创新的难度和风险，让生态创新更好地与企业现有吸收能力匹配；在生态创新市场化阶段，企业应积极寻求关键利益相关者对企业生态创新溢出的补偿（如政府补贴），通过出口等手段隔离得益于双重溢出而具有更低相对成本的竞争对手，从而提高焦点企业对生态创新双重溢出的独占性。而上述通用路径的提出，是基于生态创新独有的特征，包括生态创新目标的二元性、研发过程的系统性和复杂性、创新结果的双重溢出（彭雪蓉 等，2014）。

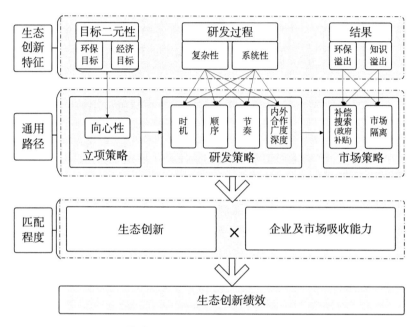

图12.2　吸收能力视角下生态创新绩效提升的通用路径

12.5　进一步实证研究：实证框架与假设

我们将以我国沪深两市A股上市的重污染制造企业为样本，对本研究识别的部分可操作化的通用路径（或实施策略）进行实证研究，实证概念框架见图12.3。借鉴以往实施策略对战略有效性的研究（Tang et al.，2012；Vermeulen and Barkema，2002；Wang and Choi，2010），并结合本研究对通用路径的定义，我们对通用路径涉及的各个构念进行了实证操作化。我们在实证部分将检验影响企业对生态创新吸收能力的内部导向实施策略（假设H2 ~ H7）和外部导向实施策略（假设H8 ~ H10）。鉴于前文理论结合案例的部分已经给出详尽的假设对应命题的推理过程，此处仅对假设进行简单陈述。

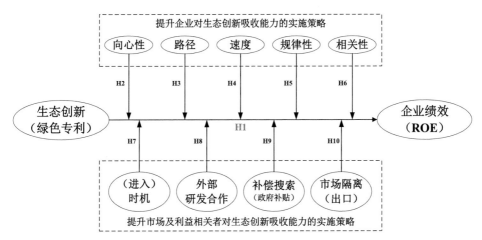

图12.3 提升生态创新绩效的通用路径（实施策略）实证研究概念框架

此外，关于生态创新与企业绩效的直接效应，以往研究结果是混合的，其中一个原因在于短期生态创新可能对企业财务绩效是负向影响（生态创新投资回报周期长，短期可能投入超过产出），而长期则可能会对企业财务绩效具有促进作用（生态创新可以帮助企业满足绿色市场需求，获得那些偏爱环保的利益相关者支持，还可以帮助企业构建稀缺的资源和能力等，从而长期对企业的财务绩效产生促进作用）（彭雪蓉和魏江，2014）。鉴于我们的数据为纵向面板数据，能够捕捉到生态创新对企业财务绩效的长期影响，因此我们认为长期而言，生态创新与企业财务绩效显著正相关（H1）。以下是关于主效应和吸收能力视角下识别的权变效应的假设陈述。

假设1（H1）：长期来看，生态创新与企业财务绩效显著正相关。

假设2（H2）：当生态创新的向心性越高时，生态创新和原有的业务关联度越高，越容易被企业吸收，生态创新对企业财务绩效的正向影响越显著。

假设3（H3）：当生态创新的起始路径先简单后复杂时，其越容易被企业吸收，生态创新对企业财务绩效的正向影响越显著。

假设4（H4）：当生态创新的速度越快时，越不容易被企业吸收，生态创新对企业财务绩效的正向影响会被削弱。

假设5（H5）：当生态创新的开展具有规律性，节奏起伏小时，其越容易被企业吸收，生态创新对企业财务绩效的正向影响越显著。

假设6（H6）：当生态创新的不同类型之间具有较高的相关性时，其越容易被企业吸收，生态创新对企业财务绩效的正向影响越显著。

假设7（H7）：当企业开展生态创新的时机过早（时长越长）时，绿色市场尚未建立，生态创新对企业财务绩效的正向影响会被削弱。

假设8（H8）：当企业与其他企业合作研发生态创新时，创新风险越小，市场推广难度越低，生态创新对企业财务绩效的正向影响越显著。

假设8（H9）：当企业获得政府补贴越多时，反映了政府对企业的认可和创新补偿，生态创新对企业财务绩效的正向影响越显著。

假设10（H10）：当企业开展海外出口业务时，生态创新对企业财务绩效的正向影响更显著。其原因在于，出口能够在一定程度上隔离本地竞争对手，有效降低生态创新过程中因双重正外部性所带来的成本劣势，同时海外市场可以接收更高的绿色产品溢价。

12.6　实证研究设计

12.6.1　样本和数据

与第8章实证研究一样，本研究的数据集为2007—2019年沪深两市A股的重污染制造企业构成的非平衡面板。我们剔除了ST企业，变量最大企业年观测值为7 783，涉及1 044家企业。因变量滞后一期，时间跨度为2008—2019年，解释变量时间跨度为2007—2018年，以缓解内生性。我们对ROE进行了上下1%的缩尾处理，以消除异常值对结果的影响。

12.6.2　变量测量

12.6.2.1　因变量

企业绩效（Profitability/ROE）：我们将以净资产收益率或股东权益报酬率（ROE）来测量企业财务绩效，反映了企业利润率（Mitton，2021）。净资产收益率计算公式为：净资产收益率=净利润／股东权益平均余额；股东权益平均余额=（股东权益期末余额+股东权益上年期末余额）/2。ROE数据来自

CSMAR。之所以选择ROE来测量企业绩效，是因为从生态创新投资的角度，股权报酬最大化是大多数股东的投资目标。

12.6.2.2 解释变量

生态创新（Green patent/GP）：我们用以绿色专利（含发明专利和实用新型；包括独立授权和联合授权）授权数来测量生态创新，数据来自CNRDS。对于少量（不到100个），我们以手工对一般专利名称和摘要进行内容分析的方式识别绿色专利进行补齐。

向心性（Centrality）：反映生态创新与企业主营业务的整合程度。根据以往文献对向心性的定义——非市场战略（如CSR、生态创新等）与企业使命、目标、战略、业务等的关联与匹配程度（Bhattacharyya，2010；Bruyaka et al.，2013；Burke and Logsdon，1996），回答了"做哪些"非市场战略才能为企业带来竞争优势和绩效提升的问题（彭雪蓉和刘洋，2015b）。一种观点认为，高向心性的非市场战略必须和核心业务关联（Porter and Kramer，2006）或是企业的核心业务（Midttun，2009）；另一种观点认为那些对企业的竞争优势或利润最大化有贡献的非市场战略均具有向心性（McWilliams and Siegel，2011）。因此，我们用两种方式来测量向心性：第一种，用绿色专利占所有专利的比例来测量狭义向心性（Centrality 1），反映了生态创新与核心（创新）业务的整合程度。第二种，受Wang和Choi（2010）关于CSR时间趋势测量方式的启发，我们对每个企业历年利润率与绿色专利数量进行回归，用所得回归系数的 t 值（t 值=回归系数/标准误）来测量广义向心性（Centrality 2）。t 值越大，说明绿色专利对企业财务绩效的贡献越大，这符合向心性的宽泛定义——即任何能够提升企业财务绩效或竞争优势的绿色创新，都暗示其向心性更高（McWilliams and Siegel，2011）。

路径（Path）：路径反映的是企业生态创新的起点选择——以哪种类型的生态创新起步。借鉴Tang等（2012）关于CSR起始路径的测量方式，我们用环境管理（各种环境管理认证或环境管理系统的导入，反映生态管理创新）与绿色专利（主要反映生态技术创新，以申请日计算）起步先后顺序来测量起始路径。在观测期内，若企业以环境管理起步，则为1；反之为0（即以绿色专利起步，或者环境管理和绿色专利同时起步）。这种起始路径反映了企业生态创新起点的复杂性和风险性特征。我们认为企业生态创新以简单、低风险、投资回报周期短的环境管理类开始，对企业资源和能力的要求更低，更容易被企业吸收，并有利于企业后续开展更复杂和高风险的生态技术创新（绿色专利），更容易提升企业生态创新的绩效。

速度（Speed）：借鉴Tang等（2012）关于CSR开展速度/步速（pace）的测量方式，我们用观测年份的绿色专利数减去前三年绿色专利数的均值来测量。鉴于不同企业绿色专利数波动较大，我们对每个企业绿色专利数先取对数，再进行速度计算。

规律性（Regularity）：借鉴Vermeulen和Barkema（2002）关于国际化的不规律性（irregularity）的测量方式，我们用焦点企业历年绿色专利数的峰度（kurtosis）的相反数（乘以-1）来测量生态创新的规律性。峰度越低，说明生态创新的规律性和一致性（consistency）越强，越利于企业吸收（Tang et al.，2012；Vermeulen and Barkema，2002）。

相关性（Relatedness）：借鉴Tang等（2012）关于CSR不同维度的相关性的测量方式，本研究用授权绿色发明专利和绿色实用新型专利之间的相关系数来测量关联性。企业开展不同类型的生态创新关联性越高，越利于资源和能力共享，进而越利于企业吸收。

时机（Length）：我们用企业开展生态创新的时长来衡量企业开始生态创新的时机是否合宜。具体而言，我们用企业非零的绿色专利年份作为时长，赋值到每一年的时机变量下。并将绿色专利首次出现非0的年份之前的时机观测值替换为0，以剔除企业开展生态创新之前的无经验的年份。我们认为企业开展生态创新的时间并非越早越好，而是在绿色市场环境有一定基础时，企业开始生态创新才容易被利益相关者接纳和吸收。因此，我们认为在绿色转型过程中，企业开始绿色创新的时间过早（时长越长），生态创新对企业财务绩效的积极影响会被削弱。

外部研发合作（R & D cooperation）：我们用企业联合获得绿色专利（包括发明和实用新型）占企业独立和联合获得所有绿色专利的比例来测量外部研

发合作的强度。鉴于生态创新是一种高风险、研发过程复杂，投资回收期比一般创新或其他环保策略更长的战略选择，外部研发合作有助于降低企业生态创新的风险以及克服生态创新的技术障碍。尽管研发合作可能加剧知识溢出，但若不是同行之间的合作，而是产学研用的合作，焦点企业更多是知识溢出的受益者。现实中，企业进行研发合作对象选择的时候，从理性的角度更多为后者。因此，我们认为外部研发合作，总体上有利于企业降低生态创新的研发成本和风险，在一定程度上可以看成企业生态创新环保溢出（而焦点企业更多是非同行合作者创新知识溢出的受益者）的一种独特的补偿方式。

政府补贴（Government subsidy ratio）：补贴是政府拿来补偿企业正外部性行为的一种常用方式，我们用政府补贴占企业营业收入的比重来测量政府补贴。

出口（Export）：用一个虚拟变量来测量——若企业的海外销售收入大于0则赋值1，否则赋值为0。生态创新的双重溢出导致本地那些不开展或后开展生态创新的企业受益，使得焦点企业不具有成本优势。焦点企业通过开拓海外市场，达到隔离本地竞争对手的目的；此外，不同的国家之间存在制度距离，当焦点企业将产品销售到高环保规制的国家，实施生态创新的企业更可能得到绿色市场的认可，获得产品溢价，进而提升生态创新的回报。

12.6.2.3 控制变量

我们对影响企业绩效的常见控制变量（企业年龄、企业规模、负债率、研发强度）进行了控制，考虑环境规制可能会影响到企业生态创新的回报（规制会影响绿色市场的建立），我们还对规制压力进行了控制。以下为控制变量的具体测量方式。

企业年龄（Firm age）：企业年龄用观测年份（year）减去企业成立年份，再取对数。

企业规模（Firm size）：借鉴Cuervo-Cazurra等（2023）的做法，我们用企业员工人数取对数来测量企业规模。

负责率（Debt ratio）：借鉴Cuervo-Cazurra等（2023）的做法，负债率用总负债与总资产的比值来测量。

所有权（Ownership）：我们用一个虚拟变量来测量企业所有权，国有企业（SOE）为1，非国有企业（POE）为0。

研发投入（R & D intensity）：研发投入是专利研发过程的核心投入（Berrone et al.，2013），会影响企业技术优势和吸收能力（Cuervo-Cazurra et al.，2023），因此我们对其进行了控制。我们采用（研发支出或费用+1）取对数来测量企业研发投入。

规制压力（Regulatory pressure）：我们用两种方式来测量规制压力。第一种采用我国各省环境执法立案数除以省规模企业数来测量（Regulatory pressure）。2017年、2018年环境执法立案数缺失，我们用环保执法"下达处罚决定书"的数量代替；2018年"下达处罚决定书"也缺失，我们用2017年和2019年"下达处罚决定书"的均值代替。经过历史数据对比，二者数据非常接近。2016年数据显示：环境执法"立案数"约为"下达处罚决定书"的1.1倍。第二种用各省环境执法立案数取对数来测量（Regulatory pressure alt），该测量方式用作稳健性检验。

12.6.3　模型设定

为了检验我们的假设，我们构建了以下几个估计模型：

$$\text{ROE}_{i,\,t+1} = \beta_0 + \beta_1 \text{Green Patent}_{i,\,t} + \beta_2 \text{Controls}_{i,\,t} + \varepsilon_{i,\,t} \qquad (12.1)$$

$$\text{ROE}_{i,\,t+1} = \beta_0 + \beta_1 \text{Green Patent}_{i,\,t} + \beta_2 \text{Moderators}_{i,\,t} + \beta_3 \text{Green Patent}_{i,\,t}$$
$$\times\ \text{Moderators}_{i,\,t} + \beta_4 \text{Controls}_{i,\,t} + \varepsilon_{i,\,t} \qquad (12.2)$$

公式（12.1）为主效应模型，公式（12.2）为调节效应模型。ROE为因变量企业绩效，Green patent 为自变量生态创新，Moderators代表九个调节变量，Controls代表控制变量，包括企业（Firm）、产业（Industry）、年份（Year）的固定效应（用虚拟变量表示）。

12.7 实证分析结果

12.7.1 描述性统计与相关系数矩阵

表12.1给出了变量的描述性统计结果。数据显示：因变量企业绩效（ROE）取值范围在±1之间，均值为0.062，中位数为0.067，中位数略大于均值。

表12.2给出了所有解释变量和控制变量的方差膨胀因子（VIF）检测结果。结果显示：变量最大VIF为1.735，远低于存在共现性问题的阈值10，说明共线性问题在本研究设计中影响甚微。此外，为了降低共线性，我们对所有交互项涉及的非虚拟变量相乘前进行了中心化处理。

表12.3给出了所有变量的相关系数分析结果。结果显示：因变量企业绩效与生态创新、狭义向心性（Centrality 1）、规律性和外部研发合作显著正相关，自变量生态创新与研发合作、补贴、狭义向心性（Centrality 1）之外的其他调节变量均具有显著正相关。内部导向的实施策略之间大多显著相关。

12.7.2 回归结果与假设检验

我们采用普通最小二乘法（ordinary least squares，OLS）线性回归来检验假设，大部分模型对企业个体、行业和年份效应进行了固定，回归结果见表12.4。对那些调节效应不显著的模型，我们进一步分时间段进行回归，以免遗漏调节效应在时间上的动态异质性。数据分析结果显示：生态创新与企业绩效显著正相关（模型1），假设1得到了支持。

调节效应检验结果显示：广义向心性（Centrality 2）、路径、相关性、时机、出口和政府补贴对生态创新提升绩效具有显著强化效应，即当企业涉及生态创新的向心性越高、起始路径先易后难、不同类型生态创新之间关联性高、不过早入场以及企业产品出口海外和政府补贴比例高时，生态创新对企业绩效的提升效果更好。值得注意的是，狭义向心性（Centrality 1）和外部研发合作仅在面向绿色发展的制度转型早期阶段对生态创新提升企业绩效具有强化作用。

和预期不一致的是，生态创新速度（Speed）对生态创新与企业绩效二者之间的正向关系不具有显著的削弱作用，而生态创新规律性（Regularity）对生态创新与企业绩效二者之间的正向关系具有削弱而非强化作用，即生态创新的不规律性越高，越有利于提升生态创新对企业绩效（ROE）的积极贡献。进一步分段回归发现，在2007—2015年（国家绿色转型早期），较快的生态创新速度能显著提升生态创新对企业绩效（ROE）的积极贡献（与假设相反）。因此，关于调节假设2～10，仅假设4（速度）和假设5（规律性）在整个和局部时间段均未得到数据支持，其余调节效应在整个时间段或局部时间段得到了数据支持。

表12.1　描述性统计（生态创新绩效提升的优化路径实证研究）

变量	N	Mean	SD	Median	Min	Max
（1）Profitability（ROE）$_{t+1}$	7 740	0.062	0.152	0.067	−0.888	0.450
（2）Green patent（GP）	7 783	1.368	4.959	0	0	184
（3）Centrality（1）	6 645	0.054	0.140	0	0	1
（4）Centrality（2）	6 904	−0.113	1.407	0	−11.437	11.259
（5）Path	6 265	0.660	0.474	1	0	1
（6）Speed	4 875	0.141	0.565	0	−2.594	3.598
（7）Regularity	5 913	−4.334	2.684	−3.509	−10.091	−1
（8）Relatedness	3 513	0.134	0.384	0.053	−1	1
（9）Length	7 783	2.402	3.126	1	0	12
（10）R & D cooperation	2 464	0.133	0.303	0	0	1
（11）Export（dummy）	7 783	0.672	0.469	1	0	1
（12）Government subsidy ratio	7 781	0.012	0.188	0.005	0	16.47
（13）Firm age（log）	7 783	2.72	0.382	2.773	0.693	3.714
（14）Firm size（log employees）	7 783	7.716	1.153	7.664	3.045	11.731
（15）Debt ratio	7 783	0.414	0.213	0.404	0.007	2.529
（16）Ownership（SOE=1）	7 783	0.399	0.490	0	0	1

续表

变量	N	Mean	SD	Median	Min	Max
（17）R & D intensity（log）	7 783	14.988	6.082	17.119	0	22.674
（18）Regulatory pressure	7 783	0.477	0.954	0.269	0.009	9.701
（19）Regulatory pressure（alt）	7 783	8.322	1.209	8.484	1.099	10.718

表12.2　解释变量的共线性检查

解释变量	VIF	1/VIF
（1）Length	1.735	0.576
（2）Firm size（log employees）	1.698	0.589
（3）Green patent（GP）	1.419	0.705
（4）Ownership（SOE=1）	1.385	0.722
（5）Debt ratio	1.361	0.735
（6）Speed	1.337	0.748
（7）Regulatory pressure（alt）	1.308	0.765
（8）Centrality（1）	1.279	0.782
（9）Firm age（log）	1.200	0.833
（10）R & D intensity（log）	1.189	0.841
（11）Regulatory pressure	1.183	0.846
（12）Export（dummy）	1.166	0.858
（13）Regularity	1.128	0.886
（14）Path	1.122	0.891
（15）Relatedness	1.120	0.893
（16）Centrality（2）	1.082	0.924
（17）R & D cooperation	1.031	0.970
（18）Government subsidy ratio	1.026	0.974
Mean VIF	1.265	

表12.3 相关系数矩阵（生态创新绩效提升的优化路径实证研究）

Variables	(1)	(2)	(3)	(4)	(5)	(6)	(7)	(8)	(9)	(10)	(11)	(12)	(13)	(14)	(15)	(16)	(17)	(18)	(19)
(1) Profitability (ROE)$_{t-1}$	1																		
(2) Green patent (GP)	0.02**	1																	
(3) Centrality (1)	-0.04***	0.31***	1																
(4) Centrality (2)	0.00	-0.02	0.02	1															
(5) Path	-0.01	-0.14***	-0.10***	-0.01	1														
(6) Speed	0.01	0.39***	0.46***	0.01	-0.04**	1													
(7) Regularity	0.04***	0.13***	0.10***	-0.04***	-0.17***	0.08***	1												
(8) Relatedness	0.00	0.12***	-0.02	0.05***	0.04***	0.10***	-0.24***	1											
(9) Length	0.01	0.45***	0.32***	-0.03***	-0.29***	0.19***	0.38***	0.03*	1										
(10) R & D cooperation	0.04**	-0.03	-0.03*	-0.02	0.05***	-0.03	0.02	0.01	0.05**	1									
(11) Export (dummy)	0.01	0.11***	0.03*	0.09***	-0.07***	0.05***	0.15***	-0.03*	0.22***	0.01	1								
(12) Government subsidy ratio	-0.01	0.00	0.00	0.01	0.01	0.03*	-0.01	-0.01	-0.01	-0.01	-0.02*	1							
(13) Firm age (log)	-0.02	0.06***	0.03***	-0.03***	-0.01	-0.02	0.03*	0.02	0.13***	0.03	-0.04***	-0.01	1						
(14) Firm size (log employees)	0.00	0.24***	0.03***	-0.02*	-0.06***	0.10***	0.04***	0.17***	0.38***	0.09***	0.11***	-0.01	0.13***	1					
(15) Debt ratio	-0.21***	0.10***	0.08***	0.00	-0.07***	0.05***	0.01	0.09***	0.19***	0.01	-0.01	0.02*	0.12***	0.40***	1				
(16) Ownership (SOE=1)	-0.10***	0.07***	0.03***	-0.01	0.04***	0.03*	-0.05***	0.07***	0.12***	0.09***	-0.10***	-0.01	0.12***	0.35***	0.32***	1			
(17) R & D intensity (log)	0.09***	0.14***	0.03***	-0.02*	-0.06***	0.07***	0.14***	0.02	0.28***	-0.02	0.23***	0.00	0.08***	0.11***	-0.15***	-0.15***	1		
(18) Regulatory pressure	0.01	0.09***	0.00	-0.02	-0.03***	0.01	0.04***	0.01	0.05***	0.00	-0.03*	0.00	0.08***	0.02*	-0.03***	0.06***	0.08***	1	
(19) Regulatory pressure (alt)	0.05***	0.06***	-0.01	0.00	-0.03***	0.03***	0.08***	-0.05***	0.09***	-0.02	0.20***	0.00	0.11***	-0.02*	-0.13***	-0.22***	0.20***	0.25***	1

注：*** $p<0.01$，** $p<0.05$，* $p<0.1$。

表12.4　生态创新影响企业绩效的OLS回归分析结果

DV=ROE$_{t+1}$	(1)	(2)	(3)	(4)	(5)	(6)	(7)	(8)	(9)	(10)	(11)	(12)	(13)	(14)
Green patent (GP)	0.029***	0.022	−0.041	0.013	0.028**	0.016	−0.048	0.035***	0.027*	0.081**	0.037†	0.090†	−0.026	0.073***
	(3.36)	(0.98)	(−1.57)	(0.69)	(3.21)	(0.40)	(−1.45)	(3.72)	(2.22)	(2.67)	(1.86)	(1.81)	(−0.83)	(3.56)
Centrality (1)		−0.009	0.013											
		(−0.72)	(0.43)											
GP × Centrality (1)		0.011	0.047*											
		(0.61)	(2.12)											
Centrality (2)				−0.006										
				(−0.35)										
GP × Centrality (2)				0.085***										
				(3.96)										
Path					−0.025									
					(−1.28)									
GP × Path					0.017†									
					(1.92)									
Speed						−0.011	−0.008							
						(−0.74)	(−0.48)							
GP × Speed						0.008	0.043*							
						(0.27)	(2.45)							

续表

DV=ROE_{t+1}	(1)	(2)	(3)	(4)	(5)	(6)	(7)	(8)	(9)	(10)	(11)	(12)	(13)	(14)
Regularity								0.064** (2.94)						
GP × Regularity								-0.030* (-2.57)						
Relatedness									0.011 (0.42)					
GP × Relatedness									0.018† (1.70)					
Length										-0.030 (-1.17)				
GP × Length										-0.066* (-2.10)				
R & D cooperation											0.029 (1.22)	0.048 (0.89)		
GP × R & D cooperation											-0.020 (-1.30)	0.065* (2.55)		
Export (dummy)													0.043 (1.42)	

续表

DV=ROE_{t+1}	(1)	(2)	(3)	(4)	(5)	(6)	(7)	(8)	(9)	(10)	(11)	(12)	(13)	(14)
GP × Export (dummy)													0.051†	
													(1.67)	
Government subsidy ratio														−0.211**
														(−3.23)
GP × Government subsidy ratio														0.222***
														(3.32)
Period	Whole	Whole	2007—2012	Whole	Whole	Whole	2007—2015	Whole	Whole	Whole	Whole	2007—2012	Whole	Whole
Controls	Yes	Yes	Yes	Yes	Yes	Yes	Yes	Yes	Yes	Yes	Yes	Yes	Yes	Yes
FE	No	No	Yes	No	No	Yes	Yes	No	No	Yes	No	Yes	Yes	Yes
Industry	Yes	Yes	Yes	Yes	Yes	Yes	Yes	Yes	No	Yes	No	No	Yes	Yes
Year	Yes	Yes	Yes	Yes	Yes	Yes	Yes	Yes	Yes	Yes	Yes	Yes	No	Yes
Number of Groups	1 041	1 000	675	732	801	806	698	697	370	1041	683	334	1 041	1 041
Number of Observations	7 740	6 621	2 498	6 877	6 232	4 850	2 933	5 890	3 506	7 740	2 456	649	7 740	7 738

注：标准化的回归系数；括号内为 t 统计量；† p<0.1，* p<0.05，** p<0.01，*** p<0.001。

表12.5 生态创新影响企业绩效的OLS分时段回归结果

DV=ROE$_{t+1}$	(1)	(2)	(3)	(4)	(5)	(6)	(7)	(8)	(9)	(10)
Green patent (GP)	0.024	0.034***	0.043	0.014	−0.008	0.036***	0.024	0.036***	0.020	0.028*
	(0.95)	(4.18)	(1.42)	(0.73)	(−0.47)	(4.60)	(1.58)	(4.08)	(0.70)	(1.97)
Centrality (2)			−0.114***	0.050**						
			(−3.77)	(2.91)						
GP × Centrality (2)			0.040*	0.079**						
			(2.21)	(3.26)						
Path					0.013	−0.040†				
					(0.36)	(−1.95)				
GP × Path					0.002	0.027*				
					(0.12)	(2.33)				
Regularity							0.073*	0.067**		
							(2.00)	(2.93)		
GP × Regularity							−0.056***	−0.014		
							(−6.28)	(−1.40)		

续表

DV=ROE$_{t+1}$	(1)	(2)	(3)	(4)	(5)	(6)	(7)	(8)	(9)	(10)
Relatedness									0.033	−0.008
									(0.70)	(−0.27)
GP × Relatedness									0.045†	0.016
									(1.68)	(1.52)
Period	2007—2011	2012—2018	2007—2011	2012—2018	2007—2011	2012—2018	2007—2011	2012—2018	2007—2011	2012—2018
Controls	Yes	Yes	Yes	Yes	Yes	Yes	Yes	Yes	Yes	Yes
FE	No	No	No	No	No	No	No	No	No	No
Industry	Yes	Yes	Yes	Yes	Yes	Yes	Yes	Yes	No	No
Year	Yes	Yes	Yes	Yes	Yes	Yes	Yes	Yes	Yes	Yes
Number of Groups	685	997	631	714	545	763	512	681	310	364
Observations	2 512	5 838	2 376	4 501	2 040	4 192	1 906	3 984	1 187	2 319

注：标准化的回归系数；括号内为 t 统计量；† $p < 0.1$，* $p < 0.05$，** $p < 0.01$，*** $p < 0.001$。

表12.5 生态创新影响企业绩效的OLS分时段回归结果（续表）

DV=ROE$_{t+1}$	(11)	(12)	(13)	(14)	(15)	(16)	(17)	(18)
Green patent (GP)	0.156**	0.042	−0.043	−0.000	0.039*	0.022	0.029	0.106***
	(3.28)	(1.20)	(−1.24)	(−0.01)	(2.15)	(1.01)	(0.43)	(3.86)
Length	−0.030	0.002						
	(−1.01)	(0.04)						
GP × Length	−0.144**	−0.014						
	(−3.08)	(−0.36)						
Export (dummy)			0.090	0.049				
			(1.41)	(1.27)				
GP × Export (dummy)			0.088*	0.031				
			(2.46)	(0.90)				
Export ratio					0.003	−0.055		
					(0.11)	(−1.14)		
GP × Export ratio					0.035*	−0.004		
					(2.08)	(−0.21)		

续表

DV=ROE$_{t+1}$	(11)	(12)	(13)	(14)	(15)	(16)	(17)	(18)
Government subsidy ratio							0.017	−0.366***
							(0.52)	(−3.71)
GP × Government subsidy ratio							0.020	0.386***
							(0.26)	(3.84)
Period	2007—2010	2011—2018	2007—2009	2010—2018	2007—2012	2013—2018	2007—2011	2012—2018
Controls	Yes	Yes	Yes	Yes	Yes	Yes	Yes	Yes
FE	Yes	Yes	Yes	Yes	No	Yes	Yes	Yes
Industry	Yes	Yes	Yes	Yes	Yes	Yes	Yes	Yes
Year	Yes	Yes	No	No	Yes	Yes	Yes	Yes
Number of Groups	615	997	514	1 003	743	966	685	973
Observations	1 902	5 838	1 355	6 385	3 157	4 583	2 512	5 226

注：标准化的回归系数；括号内为 t 统计量；† $p < 0.1$，* $p < 0.05$，** $p < 0.01$，*** $p < 0.001$。

12.7.3 时间异质性分析

在面向绿色发展的制度转型不同时间段，外部环境（规制环境和绿色市场）存在较大差异，可能导致企业生态创新实施策略的有效性存在差异。因此，我们对主效应以及全时间段都显著的调节效应进一步进行分段异质性分析。时间分节点的选取主要遵从以下逻辑：

第一，基础分界点选择2012年，原因是2012年党的十八大以来，以习近平同志为核心的党中央高度重视环境保护和绿色发展，把生态文明建设摆到党和国家事业全局突出位置，环境规制和绿色市场建设有了新的突破。我们的数据也支持选择2012年为基础分界点的合理性。我们对样本企业开展生态创新的起始年份（绿色专利首次非零的年份）进行了统计（见表12.6），发现绿色专利申请起始年份的中位数为2011年，平均年份为2012年；绿色专利授权起始年份的中位数和平均数均为2012年，说明选择2012年作为基础年份分界点的合理性。

表12.6　样本企业绿色专利起始年份统计

统计口径	N	Median	Mean	SD
绿色专利申请	6 361	2 011	2 011.97	3.26
绿色专利授权	5 930	2 012	2 012.15	3.07

注：样本量剔除了那些统计期（2007—2018年）尚未开始生态创新的企业，即剔除了所有年份绿色专利均为0的企业。

第二，当以基础分界点进行回归结果未呈现异质性时，我们则以基础分界点为中心进行时间分界点的前后调整，探索分段异质性的其他可能，以免遗漏不同地区不同行业绿色转型的不同步导致绿色转型时间分界点的差异。时间异质性分析结果见表12.5。数据结果显示：主效应生态创新对企业绩效的影响存在时间上的异质性，2007—2011年（绿色转型探索期）生态创新对企业绩效的影响不显著，2012—2018年（绿色转型快速推进期）生态创新对企业绩效的影响非常显著（$p < 0.001$）。除广义向心性（Centrality 2）在不同时间段对生

态创新与企业绩效之间的正向关系均具有强化效应外，其他调节变量对主效应的权变效应均在不同时间段呈现异质性。规律性、相关性、时机、出口均在绿色转型的探索期对生态创新与企业绩效二者之间具有显著权变效应，当生态创新不规律性越高（和假设相反）、不同维度之间（发明专利和实用新型）关联性越高、不过早涉足、产品出口海外时，绿色转型探索期/早期生态创新提升企业绩效更显著。起始路径、政府补贴在绿色转型快速推进期对生态创新与企业绩效的正向关系具有放大效应，即生态创新起始路径先易后难、企业获得政府补贴占营业收入比重越高时，生态创新对企业绩效的积极作用在制度转型后期更显著。

12.7.4 稳健性检验

我们用了两种方式来检验研究结论的稳健性。第一，我们对控制变量规制压力（Regulatory pressure）的测量方式进行更换，从省规模企业平均环境执法立案数替换成各省环境执法立案数取对数（Regulatory pressure alt）。更换规制压力的测量方式后，我们的结论未发生实证性的变化，见表12.7。第二，我们对样本量进行了变换，将样本量扩大到包括特别处理（ST）企业的所有样本。扩大样本后，我们的结论依然未发生实证性的变化（见表12.8），再次说明我们的结论具有较高的稳健性。

表12.7 稳健性检验之更换控制变量（规制压力）测量方式

$DV=ROE_{t+1}$	(1)	(2)	(3)	(4)	(5)	(6)	(7)	(8)	(9)	(10)	(11)	(12)	(13)	(14)
Green patent (GP)	0.029***	0.037*	−0.040	0.013	0.028**	0.016	−0.057†	0.035***	0.028*	0.081**	0.036†	0.086†	−0.026	0.073***
	(3.37)	(2.45)	(−1.55)	(0.70)	(3.18)	(0.47)	(−1.73)	(3.73)	(2.23)	(2.69)	(1.78)	(1.70)	(−0.84)	(3.59)
Centrality (1)		−0.012	0.013											
		(−0.68)	(0.44)											
GP × Centrality (1)		0.004	0.046*											
		(0.32)	(2.11)											
Centrality (2)				−0.006										
				(−0.36)										
GP × Centrality (2)				0.085***										
				(3.94)										
Path					−0.024									
					(−1.27)									
GP × Path					0.017†									
					(1.88)									
Speed						−0.011	−0.007							
						(−0.83)	(−0.41)							

续表

DV=ROE$_{t+1}$	(1)	(2)	(3)	(4)	(5)	(6)	(7)	(8)	(9)	(10)	(11)	(12)	(13)	(14)
GP × Speed						0.008	0.048**							
						(0.39)	(2.73)							
Regularity								0.065**						
								(3.01)						
GP × Regularity								−0.029*						
								(−2.51)						
Relatedness									0.011					
									(0.40)					
GP × Relatedness									0.019$^+$					
									(1.74)					
Length										−0.030				
										(−1.17)				
GP × Length										−0.066*				
										(−2.12)				
R & D cooperation											0.031	0.050		
											(1.30)	(0.91)		
GP × R & D cooperation											−0.021	0.062*		
											(−1.39)	(2.46)		

续表

DV=ROE$_{t+1}$	(1)	(2)	(3)	(4)	(5)	(6)	(7)	(8)	(9)	(10)	(11)	(12)	(13)	(14)
Export (dummy)													0.043	
													(1.42)	
GP × Export (dummy)													0.052†	
													(1.69)	
Government subsidy ratio														−0.212**
														(−3.25)
GP × Government subsidy ratio														0.223***
														(3.33)
Period	Whole	Whole	2007—2012	Whole	Whole	Whole	2007—2015	Whole	Whole	Whole	Whole	2007—2012	Whole	Whole
Controls	Yes	Yes	Yes	Yes	Yes	Yes	Yes	Yes	Yes	Yes	Yes	Yes	Yes	Yes
FE	No	No	Yes	No	No	Yes	Yes	No	No	Yes	Yes	Yes	Yes	Yes
Industry	Yes	Yes	Yes	Yes	Yes	Yes	Yes	Yes	No	Yes	No	No	No	Yes
Year	Yes	Yes	Yes	Yes	Yes	Yes	Yes	Yes	Yes	Yes	Yes	Yes	Yes	Yes
Number of Groups	1 041	1 000	675	732	801	806	698	697	370	1 041	683	334	1 041	1 041
Number of Observations	7 740	6 621	2 498	6 877	6 232	4 850	2 933	5 890	3 506	7 740	2 456	649	7 740	7 738

注：标准化的回归系数；括号内为 t 统计量；$^†\ p<0.1$，$^*\ p<0.05$，$^{**}\ p<0.01$，$^{***}\ p<0.001$。

表12.8　稳健性检验之改变样本数量（纳入ST企业）

DV=ROE$_{t+1}$	(1)	(2)	(3)	(4)	(5)	(6)	(7)	(8)	(9)	(10)	(11)	(12)	(13)	(14)
Green patent (GP)	0.028***	0.040**	−0.035	0.014	0.028***	0.005	−0.036	0.037***	0.019	0.090***	0.046+	0.073	−0.025	0.027*
	(3.57)	(2.89)	(−1.47)	(0.94)	(3.62)	(0.20)	(−1.37)	(4.46)	(1.62)	(3.25)	(1.94)	(1.63)	(−0.86)	(1.97)
Centrality (1)		−0.013	−0.002											
		(−0.74)	(−0.05)											
GP × Centrality (1)		−0.002	0.045*											
		(−0.17)	(2.10)											
Centrality (2)				−0.007										
				(−0.46)										
GP × Centrality (2)				0.071***										
				(3.87)										
Path					−0.015									
					(−0.88)									
GP × Path					0.015+									
					(1.82)									
Speed						−0.003	0.009							
						(−0.26)	(0.51)							
GP × Speed						0.013	0.030*							
						(1.06)	(1.99)							

续表

DV=ROE_{t+1}	(1)	(2)	(3)	(4)	(5)	(6)	(7)	(8)	(9)	(10)	(11)	(12)	(13)	(14)
Regularity								0.056**						
								(2.83)						
GP × Regularity								−0.030**						
								(−2.91)						
Relatedness									0.006					
									(0.23)					
GP × Relatedness									0.020†					
									(1.71)					
Length										−0.043†				
										(−1.85)				
GP × Length										−0.076**				
										(−2.74)				
R&D cooperation											0.029	0.047		
											(1.32)	(0.89)		
GP × R&D cooperation											−0.000	0.046†		
											(−0.01)	(1.96)		
Export (dummy)													0.016	
													(0.56)	

续表

DV=ROE$_{t+1}$	(1)	(2)	(3)	(4)	(5)	(6)	(7)	(8)	(9)	(10)	(11)	(12)	(13)	(14)
GP × Export (dummy)													0.048† (1.73)	
Government subsidy ratio														-0.028* (-2.38)
GP × Government subsidy ratio														0.029* (2.49)
Period	Whole	Whole	2007—2012	Whole	Whole	Whole	2007—2015	Whole	Whole	Whole	Whole	2007—2012	Whole	Whole
Controls	Yes	Yes	Yes	Yes	Yes	Yes	Yes	Yes	Yes	Yes	Yes	Yes	Yes	Yes
FE	No	No	Yes	No	No	Yes	Yes	No	No	Yes	No	Yes	Yes	Yes
Industry	Yes	Yes	Yes	Yes	Yes	Yes	Yes	Yes	No	Yes	Yes	No	Yes	Yes
Year	Yes	Yes	Yes	Yes	Yes	Yes	Yes	Yes	No	Yes	Yes	Yes	No	Yes
Number of Groups	1 092	1 043	716	761	829	856	752	717	380	1 092	711	351	1 092	1 091
Number of Observations	8 369	6 939	2 637	7 423	6 699	5 287	3 242	6 255	3 676	8 369	2 546	677	8 369	8 360

注：标准化的回归系数；括号内为 t 统计量；† $p < 0.1$, * $p < 0.05$, ** $p < 0.01$, *** $p < 0.001$。

12.8 结果讨论与结论

本研究从吸收能力和创新溢出独占性视角探讨了如何提高企业及外部关键利益相关者（除竞争对手）对生态创新的吸收能力，从而提高生态创新对企业绩效的回报，回答了如何实施生态创新有助于提高生态创新的绩效这一核心问题。在理论分析和案例诠释的基础上，我们还进行了大样本实证分析。基于我国沪深两市A股上市的重污染制造企业的实证研究结果显示：生态创新总体上对企业绩效（ROE）具有正向促进作用，特别是在我国绿色转型的快速推进期（2012年党的十八大以来）。此外我们对影响企业及外部利益相关者吸收生态创新的通用路径（实施策略）的调节效应分析结果显示：仅广义向心性（Centrality 2）在不同时间段对生态创新提升企业绩效具有强化作用。

狭义向心性（Centrality 1）、速度、规律性、相关性、时机、外部研发合作、出口均在绿色转型的探索期对生态创新与企业绩效二者之间具有显著权变效应。具体而言，当生态创新与企业核心业务整合度越高、速度越快（和假设相反）、不规律性越高（和假设相反）、不同维度之间（发明专利和实用新型）关联性越强、不过早涉足（时机得当）、选择外部合作研发，以及产品出口海外（市场隔离）时，生态创新更可能在绿色转型探索期提升企业绩效（ROE）。上述结果表明，在绿色转型的探索期，环保规制不完善或规制执行不到位，绿色市场尚未建立，企业需要更多地依赖外部合作来分担生态创新的风险，并通过海外市场隔离（出口）来规避本地市场竞争的成本劣势（因环保而增加）。此外，企业生态创新要和核心业务整合、确保不同生态创新之间高度关联、不要过早涉足，以此提高生态创新对企业绩效的积极效应。

值得注意的是，速度和规律性对生态创新与企业绩效二者之间的权变效应与预期相反。一个可能的解释是，企业生态创新实施策略一方面要有利于自身对生态创新的吸收，另一方面要不利于竞争对手对企业生态创新的模仿和追赶，否则企业生态创新会丧失稀缺性和竞争优势（Barney，1991）。企业生态创新速度过慢、规律性越强，越容易被竞争对手模仿，从而导致焦点企业对生态创新的收益独占性越弱。而生态创新过快的速度和不规律性对相对资源和能力禀赋高的上市企业而言，可能对其吸收生态创新的挑战甚微。此外，若速度和不规律性的上限限定在一个企业可承受的范围内，那么在此范围内的加速和波动都不会对企业生态创新的吸收能力构成威胁。

在绿色转型快速推进期，仅起始路径、政府补贴对生态创新与企业绩效的正向关系具有强化效应；即当生态创新起始路径先易后难、企业获得政府补贴占营业收入比重越高时，生态创新对企业绩效的积极作用更显著。关于上述两大策略在绿色转型探索期调节效应不显著而在绿色转型快速推进期显著，一个可能的解释是：起始路径具有历史不可复制性和效果显现时间的不可压缩性，使得起始路径特征对主效应的强化效果在第二阶段显现。在环保规制日益严厉的情况下（样本企业所在的省份更为明显，见表8.1和图8.3），政府补贴也会更多向具有经济和环境双赢潜能的生态创新倾斜，进而有利于强化生态创新对企业财务绩效的积极贡献。

12.8.1　理论贡献

本研究主要有三点理论贡献：第一，本研究从吸收能力视角提出生态创新实施策略是提升生态创新绩效的重要权变因素，贡献于生态创新后果研究。和以往基于"善有善报"的生态创新战略选择对绩效影响的研究逻辑不同，本研究提出"善有善方方善报"的战略有效性前提：企业若想提升生态创新的回报，需要更多关注生态创新战略选择后的实施过程策略，确保生态创新与企业及市场的吸收能力更好地匹配，进而提高生态创新的回报。具体而言：以往有关生态创新与企业绩效关系的研究忽视了企业生态创新实施过程策略的差异性，即忽视生态创新实施过程策略（如生态创新的向心性、起始路径、速度、规律性、关联性、时机、研发合作、补偿搜索、市场隔离等）对生态创新与企业绩效二者关系的影响。本研究基于吸收能力理论揭示了企业、市场和利益相关者对生态创新的吸收效果影响企业生态创新的回报，并指出生态创新实施策略是吸收效果差异的重要来源，这对以往有关生态创新后果研究仅关注生态创新战略选择对战略结果的影响是一个重要的补充（Vermeulen and Barkema，2002）。

第二，从理论解释逻辑而非构念的角度来诠释吸收能力，贡献于吸收能力理论。以往研究多关注吸收能力的内涵和前因后果，而将吸收能力作为理论解释逻辑来开展研究的相对较少（王雎，2007）。本研究创新性地提出战略行为绩效取决于战略行为与企业及市场吸收能力的匹配，这对于以往仅在企业间探讨相对吸收能力（Lane and Lubatkin，1998）是一个有益的补充，从而拓展了相对吸收能力的运用情境。

第三，整合多个理论与研究主题，贡献于理论连接。本研究连接了吸收能力理论、生态创新过程理论与生态创新后果研究理论，提出生态创新绩效取决于生态创新与企业、市场及利益相关者吸收能力的匹配程度，而明智的生态创新路径可以使生态创新与企业及市场吸收能力更好地匹配。

12.8.2　实践与政策启示

第一，本研究对企业管理者提升企业生态创新绩效具有启发意义。企业要优化生态创新的实施策略以提高生态创新的投资回报。我们的实证结果显示：在绿色转型探索期，当生态创新与企业核心业务整合度越高、速度越快、不规律性越高、不同维度具有高关联性、市场进入时机得当、选择外部合作研发，并利用出口进行本地竞争隔离时，生态创新更可能提升企业绩效；在绿色转型快速推进期，生态创新先易后难的起始路径、政府补贴有助于提升生态创新对企业绩效的回报。因此，企业管理者应在不同的时间段侧重不同的实施策略，从而降低企业生态创新的风险、双重溢出（尤其在短期）带来的本地竞争劣势，能够提高生态创新双重溢出的独占性或外部补偿（尤其是后期）。

第二，政策制定者在制定生态创新促进政策时要考虑企业和市场的吸收能力，帮助企业降低生态创新的难度和风险。政府应依据绿色转型的不同阶段，制定细化的生态创新效益提升与扶持政策。例如，在绿色转型的探索期，政府应引导"外向型"企业率先开展生态创新（因为生态创新更有可能为这些企业带来积极的财务贡献），提高生态创新与核心业务的整合（向心性）、不同生态创新类型的关联性，引导企业适时启动生态创新项目，选择循序渐进的起始路径，但同时要确保有竞争力的增速和应对不规则情况的防御机制，从而构建持续竞争优势；政府应通过政策引导与资金支持，搭建产学研用生态创新合作平台，整合资源，共同推动生态创新。在绿色转型的快速推进期，政府应加大对企业生态创新的财政支持力度，提高补贴比例，扩大覆盖面，进一步激励企业开展生态创新以提升企业财务绩效。

12.8.3　局限与展望

本研究存在几点局限，未来研究可进一步探讨。第一，本研究仅从吸收能力视角识别了提升企业（财务）绩效的生态创新实施策略——向心性、速度、规律性、相关性、时机、外部研发合作和出口等。这些因素能够强化或弱化生态创新与企业财务绩效二者之间的正向关系。未来研究可从其他理论视角识别更多生态创新的实施策略。不同视角的研究将有助于全面理解生态创新实施过程的复杂性，进而为企业提供多样化的实施策略。例如，可从动态能力视角探讨企业如何通过组织学习、内部重组和资源重构提升生态创新对企业绩效的积极贡献。此外，还可从资源拼凑视角分析企业在资源有限的情况下如何通过灵活配置和优化资源利用推动生态创新实施。这样的研究能够进一步揭示企业在不同环境下实施生态创新的策略和方法，助力企业更好地提升生态创新绩效。

第二，行业情境带来的概化效度局限。本研究实证部分基于我国沪深两市A股上市的重污染制造企业样本，这可能限制了研究结果对其他行业的普适性。重污染制造企业在环境法规、市场压力和技术应用方面具有独特的特点，这些特性可能不适用于其他行业。未来研究可扩展研究情境，涵盖更多不同类型的行业，例如服务业、高科技产业等，以了解生态创新对不同行业绩效提升逻辑的异质性，从而提高研究结果的普适性和可推广性。通过比较分析不同行业间生态创新实施策略的独特性，能够提供更多样和更全面的生态创新绩效提升实施策略。

第三，国家情境带来的概化效度局限。虽然研究数据涵盖了2007—2019年我国绿色转型的不同阶段，但数据范围仅限于中国。这种地域局限可能影响结论在其他国家或地区的适用性。不同国家和地区在环保法规、市场环境和技术发展水平上存在显著差异，这些因素都会影响生态创新的实施和绩效。未来研究可进行跨国比较研究，探索不同国家和地区的生态创新与企业绩效之间的关系，识别更多基于不同国家情境的生态创新实施策略。特别是在全球环境治理和可持续发展目标的背景下，跨国研究能够揭示不同制度环境下生态创新实施策略的有效性。

参考文献

ABBOTT W F, MONSEN R J, 1979. On the measurement of corporate social responsibility: Self-reported disclosures as a method of measuring corporate social involvement [J]. Academy of Management Journal, 22(3): 501-515.

ABOELMAGED M, 2018. Direct and indirect effects of eco-innovation, environmental orientation and supplier collaboration on hotel performance: An empirical study [J]. Journal of Cleaner Production, 184: 537-549.

ACKERMAN R W, BAUER R A, 1976. Corporate social responsiveness: The modern dilemna [M]. Reston: Reston.

ACQUAAH M, 2007. Managerial social capital, strategic orientation, and organizational performance in an emerging economy [J]. Strategic Management Journal, 28(12): 1235-1255.

AGUILERA-CARACUEL J, HURTADO-TORRES N E, ARAGON-CORREA J, 2012. Does international experience help firms to be green? A knowledge-based view of how international experience and organisational learning influence proactive environmental strategies [J]. International Business Review, 21(5): 847-861.

AHUJA G, LAMPERT C M, TANDON V, 2008. Moving beyond Schumpeter: Management research on the determinants of technological innovation [J]. The Academy of Management Annals, 2(1): 1-98.

AJZEN I, 1991. The theory of planned behavior [J]. Organizational Behavior and Human Decision Processes, 50(2): 179-211.

AL-NAJJAR B, ANFIMIADOU A, 2012. Environmental policies and firm value [J]. Business Strategy and the Environment, 21 (1): 49-59.

AMBEC S, COHEN M A, ELGIE S, LANOIE P, 2013. The Porter hypothesis at 20: Can environmental regulation enhance innovation and competitiveness? [J]. Review of Environmental Economics and Policy, 7 (1): 2-22.

AMBEC S, LANOIE P, 2008. Does it pay to be green? A systematic overview [J]. Academy of Management Perspectives, 22 (4): 45-62.

AMORE M D, BENNEDSEN M, 2016. Corporate governance and green innovation [J]. Journal of Environmental Economics and Management, 75: 54-72.

AMORES-SALVADO J, MARTIN-DE CASTRO G, NAVAS-LOPEZ J E, 2015. The importance of the complementarity between environmental management systems and environmental innovation capabilities: A firm level approach to environmental and business performance benefits [J]. Technological Forecasting and Social Change, 96: 288-297.

ANDERS J, 2021. A relational natural-resource-based view on product innovation: The influence of green product innovation and green suppliers on differentiation advantage in small manufacturing firms [J]. Technovation, 104.

ANDERSEN M M, 2008 of Conference. Eco-innovation—towards a taxonomy and a theory [C]. DRUID Conference Entrepreneurship and Innovation, Copenhagen.

ARAGóN-CORREA J A, 1998. Strategic proactivity and firm approach to the natural environment [J]. Academy of Management Journal, 41 (5): 556-567.

ARAGóN-CORREA J A, HURTADO-TORRES N, SHARMA S, GARCíA-MORALES V J, 2008. Environmental strategy and performance in small firms: A resource-based perspective [J]. Journal of Environmental Management, 86 (1): 88-103.

ARAGóN-CORREA J A, MARTIN-TAPIA I, HURTADO-TORRES N E, 2013. Proactive environmental strategies and employee inclusion: The positive effects of information sharing and promoting collaboration and the influence of uncertainty [J]. Organization & Environment, 26 (2): 139-161.

ARAGóN-CORREA J A, SHARMA S, 2003. A contingent resource-based view of proactive corporate environmental strategy [J]. Academy of Management Review, 28 (1): 71-88.

ARAVIND D, CHRISTMANN P, 2011. Decoupling of standard implementation from certification: Does quality of ISO 14001 implementation affect facilities' environmental performance? [J]. Business Ethics Quarterly, 21 (1): 73-102.

ARENA C, MICHELON G, TROJANOWSKI G, 2018. Big egos can be green: A study of CEO hubris and environmental innovation [J]. British Journal of Management, 29 (2): 316-336.

ARFAOUI N, 2018. Eco-innovation and regulatory push/pull effect in the case of REACH regulation: empirical evidence based on survey data [J]. Applied Economics, 50 (14): 1536-1554.

ARNDT M, BIGELOW B, 2000. Presenting structural innovation in an institutional environment: Hospitals' use of impression management [J]. Administrative Science Quarterly, 45 (3): 494-522.

ARUNDEL A, KEMP R, 2009. Measuring eco-innovation [R/OL]. https://unu-merit. nl/publications/wppdf/2009/wp2009-017. pdf

ARUNDEL A, ROSE A, 1999. The diffusion of environmental biotechnology in Canada: adoption strategies and cost offsets [J]. Technovation, 19 (9): 551-560.

ASONGU J, 2007. Innovation as an argument for corporate social responsibility [J]. Journal of Business and Public Policy, 1 (3): 1-21.

BABIAK K, TRENDAFILOVA S, 2011. CSR and environmental responsibility: Motives and pressures to adopt green management practices [J]. Corporate Social Responsibility and Environmental Management, 18 (1): 11-24.

BAGNOLI M, WATTS S G, 2003. Selling to socially responsible consumers: Competition and the private provision of public goods [J]. Journal of Economics &

Management Strategy, 12 (3) : 419-445.

BANERJEE S B, IYER E S, KASHYAP R K, 2003. Corporate environmentalism: Antecedents and influence of industry type [J]. Journal of Marketing, 67 (2) : 106-122.

BANSAL P, HUNTER T, 2003. Strategic explanations for the early adoption of ISO 14001 [J]. Journal of Business Ethics, 46 (3) : 289-299.

BANSAL P, ROTH K, 2000. Why companies go green: A model of ecological responsiveness [J]. Academy of Management Journal, 43 (4) : 717-736.

BARNEY J, 1991. Firm resources and sustained competitive advantage [J]. Journal of Management, 17 (1) : 99-120.

BARNEY J, WRIGHT M, KETCHEN D J, 2001. The resource-based view of the firm: Ten years after 1991 [J]. Journal of Management, 27 (6) : 625-641.

BARON D P, 2001. Private politics, corporate social responsibility, and integrated strategy [J]. Journal of Economics & Management Strategy, 10 (1) : 7-45.

BARTH R, WOLFF F, 2009. Corporate social responsibility in Europe: Rhetoric and realities [M]. UK: Edward Elgar Publishing.

BATJARGAL B, 2003. Social capital and entrepreneurial performance in Russia: A longitudinal study [J]. Organization Studies, 24 (4) : 535-556.

BEISE M, RENNINGS K, 2005. Lead markets and regulation: a framework for analyzing the international diffusion of environmental innovations [J]. Ecological Economics, 52 (1) : 5-17.

BELIS-BERGOUIGNAN M C, OLTRA V, SAINT JEAN M, 2004. Trajectories towards clean technology: example of volatile organic compound emission reductions [J]. Ecological Economics, 48 (2) : 201-220.

BELIVEAU B, COTTRILL M, O'NEILL H M, 1994. Predicting corporate social responsiveness: A model drawn from three perspectives [J]. Journal of Business Ethics, 13 (9) : 731-738.

BERCHICCI L, DOWELL G, KING A A, 2012. Environmental capabilities

and corporate strategy: Exploring acquisitions among US manufacturing firms [J].
Strategic Management Journal, 33 (9): 1053-1071.

BERRONE P, FOSFURI A, GELABERT L, GOMEZ-MEJIA L R, 2013.
Necessity as the mother of 'green' inventions: Institutional pressures and
environmental innovations [J]. Strategic Management Journal, 34 (8): 891-909.

BERRONE P, GOMEZ-MEJIA L R, 2009. Environmental performance
and executive compensation: An integrated agency-institutional perspective [J].
Academy of Management Journal, 52 (1): 103-126.

BESHAROV M L, SMITH W K, 2014. Multiple institutional logics in
organizations: Explaining their varied nature and implications [J]. Academy of
Management Review, 39 (3): 364-381.

BHATTACHARYYA S S, 2010. Exploring the concept of strategic corporate
social responsibility for an integrated perspective [J]. European Business Review,
22 (1): 82-101.

BITEKTINE A, 2011. Toward a theory of social judgments of organizations:
The case of legitimacy, reputation, and status [J]. Academy of Management
Review, 36 (1): 151-179.

BLETTNER D P, HE Z L, HU S C, BETTIS R A, 2015. Adaptive aspirations
and performance heterogeneity: Attention allocation among multiple reference
points [J]. Strategic Management Journal, 36 (7): 987-1005.

BOCQUET R, MOTHE C, 2010. Exploring the relationship between CSR and
innovation: A comparison between small and large sized French companies [J].
Revue Sciences de Gestion (80): 101-109.

BOEHE D M, CRUZ L B, 2010. Corporate social responsibility, product
differentiation strategy and export performance [J]. Journal of Business Ethics, 91:
325-346.

BONDY K, MOON J, MATTEN D, 2012. An institution of corporate social
responsibility (CSR) in multi-national corporations (MNCs): Form and

implications [J]. Journal of Business Ethics: 1-19.

BORGHESI S, CAINELLI G, MAZZANTI M, 2015. Linking emission trading to environmental innovation: Evidence from the Italian manufacturing industry [J]. Research Policy, 44 (3): 669-683.

BORTREE D S, 2009. The impact of green initiatives on environmental legitimacy and admiration of the organization [J]. Public Relations Review, 35 (2): 133-135.

BOSSLE M B, DE BARCELLOS M D, VIEIRA L M, SAUVEE L, 2016. The drivers for adoption of eco-innovation [J]. Journal of Cleaner Production, 113: 861-872.

BOWEN H R, 1953. Social responsibilities of the businessman [M]. Iowa City: University of Iowa Press.

BRAGDON J H, MARLIN J, 1972. Is pollution profitable [J]. Risk Management, 19 (4): 9-18.

BRAMMER S, MILLINGTON A, 2005. Profit maximisation vs. agency: an analysis of charitable giving by UK firms [J]. Cambridge Journal of Economics, 29 (4): 517-534.

BRAMMER S, MILLINGTON A, 2008. Does it pay to be different? An analysis of the relationship between corporate social and financial performance [J]. Strategic Management Journal, 29 (12): 1325-1343.

BRAMOULLé Y, DJEBBARI H, FORTIN B, 2009. Identification of peer effects through social networks [J]. Journal of Econometrics, 150 (1): 41-55.

BRUNNERMEIER S B, COHEN M A, 2003. Determinants of environmental innovation in US manufacturing industries [J]. Journal of Environmental Economics and Management, 45 (2): 278-293.

BRUYAKA O, ZEITZMANN H K, CHALAMON I, WOKUTCH R E, THAKUR P, 2013. Strategic corporate social responsibility and orphan drug development: Insights from the US and the EU biopharmaceutical industry [J]. Journal of Business Ethics, 117 (1): 45-65.

BU M L, WAGNER M, 2016. Racing to the bottom and racing to the top: The crucial role of firm characteristics in foreign direct investment choices [J]. Journal of International Business Studies, 47 (9): 1032-1057.

BUCHOLZ R, 1993. Principles of environmental management [M]. Englewood Cliffs: Prentice-Hall.

BUIJTENDIJK H, BLOM J, VERMEER J, VAN DER DUIM R, 2018. Eco-innovation for sustainable tourism transitions as a process of collaborative co-production: the case of a carbon management calculator for the Dutch travel industry [J]. Journal of Sustainable Tourism, 26 (7): 1222-1240.

BURKE L, LOGSDON J M, 1996. How corporate social responsibility pays off [J]. Long Range Planning, 29 (4): 495-502.

BUYSSE K, VERBEKE A, 2003. Proactive environmental strategies: A stakeholder management perspective [J]. Strategic Management Journal, 24 (5): 453-470.

BUZZELL R D, GALE B T, SULTAN R G, 1975. Market share-a key to profitability [J]. Harvard business review, 53 (1): 97-106.

CAI W-G, ZHOU X-L, 2014. On the drivers of eco-innovation: empirical evidence from China [J]. Journal of Cleaner Production, 79: 239-248.

CAI W G, LI G P, 2018. The drivers of eco-innovation and its impact on performance: Evidence from China [J]. Journal of Cleaner Production, 176: 110-118.

CAINELLI G, MAZZANTI M, 2013. Environmental innovations in services: Manufacturing-services integration and policy transmissions [J]. Research Policy, 42 (9): 1595-1604.

CAMERON K S, WHETTEN D A (Eds.), 1983. Organizational effectiveness: A comparison of multiple models [M]. New York: Academic Press.

CAMPBELL J L, 2007. Why would corporations behave in socially responsible ways? An institutional theory of corporate social responsibility [J]. Academy of Management Review, 32 (3): 946-967.

CAPALDO A, 2007. Network structure and innovation: The leveraging of a dual network as a distinctive relational capability [J]. Strategic Management Journal, 28 (6): 585-608.

CARPENTER M A, GELETKANYCZ M A, SANDERS W G, 2004. Upper echelons research revisited: Antecedents, elements, and consequences of top management team composition [J]. Journal of Management, 30 (6): 749-778.

CARPENTER M A, LI M X, JIANG H, 2012. Social network research in organizational contexts: A systematic review of methodological issues and choices [J]. Journal of Management, 38 (4): 1328-1361.

CARROLL A B, 1979. A three-dimensional conceptual model of corporate performance [J]. Academy of Management Review, 4 (4): 497-505.

CARROLL A B, 1991. The pyramid of corporate social responsibility: Toward the moral management of organizational stakeholders [J]. Business Horizons, 34 (4): 39-48.

CARROLL A B, 1998. The four faces of corporate citizenship [J]. Business and Society Review, 100/101: 1–7.

CARROLL A B, 1999. Corporate social responsibility: Evolution of a definitional construct [J]. Business & Society, 38 (3): 268-295.

CARROLL A B, HOY F, 1993. Integrating corporate social policy into strategic management [J]. Journal of Business Strategy, 4 (3): 48-57.

CARROLL G R, HANNAN M T, 1989. Density dependence in the evolution of populations of newspaper organizations [J]. American Sociological Review, 54 (4): 524-541.

CECERE G, CORROCHER N, MANCUSI M L, 2020. Financial constraints and public funding of eco-innovation: empirical evidence from European SMEs [J]. Small Business Economics, 54 (1): 285-302.

CHAN R Y K, 2005. Does the natural-resource-based view of the firm apply in an emerging economy? A survey of foreign invested enterprises in China [J].

Journal of Management Studies, 42 (3) : 625-672.

CHANG C H, 2011. The influence of corporate environmental ethics on competitive advantage: The mediation role of green innovation [J]. Journal of Business Ethics, 104 (3) : 361-370.

CHANG C H, SAM A G, 2015. Corporate environmentalism and environmental innovation [J]. Journal of Environmental Management, 153: 84-92.

CHASSAGNON V, HANED N, 2015. The relevance of innovation leadership for environmental benefits: A firm-level empirical analysis on French firms [J]. Technological Forecasting and Social Change, 91: 194-207.

CHATTERJI A K, TOFFEL M W, 2010. How firms respond to being rated [J]. Strategic Management Journal, 31 (9) : 917-945.

CHEN Y, LI H, ZHOU L-A, 2005. Relative performance evaluation and the turnover of provincial leaders in China [J]. Economics Letters, 88 (3) : 421-425.

CHEN Y S, 2008. The driver of green innovation and green image - green core competence [J]. Journal of Business Ethics, 81 (3) : 531-543.

CHEN Y S, CHANG C H, WU F S, 2012. Origins of green innovations: the differences between proactive and reactive green innovations [J]. Management Decision, 50 (3) : 368-398.

CHEN Y S, LAI S B, WEN C T, 2006. The influence of green innovation performance on corporate advantage in Taiwan [J]. Journal of Business Ethics, 67 (4) : 331-339.

CHENG C C, SHIU E C, 2012. Validation of a proposed instrument for measuring eco-innovation: An implementation perspective [J]. Technovation, 32 (6) : 329-344.

CHENG C C J, 2020. Sustainability orientation, green supplier involvement, and green innovation performance: Evidence from diversifying green entrants. [J]. Journal of Business Ethics, 161 (2) : 393-414.

CHESBROUGH H W, 2003. Open innovation: The new imperative for creating and profiting from technology [M]. Boston, Massachusetts: Harvard Business Press.

CHILD J, LU Y, TSAI T, 2007. Institutional entrepreneurship in building an environmental protection system for the People's Republic of China [J]. Organization Studies, 28 (7): 1013-1034.

CHIOU T-Y, CHAN H K, LETTICE F, CHUNG S H, 2011. The influence of greening the suppliers and green innovation on environmental performance and competitive advantage in Taiwan [J]. Transportation Research: Part E, 47 (6): 822-836.

CHIU S C, SHARFMAN M, 2011. Legitimacy, visibility, and the antecedents of corporate social performance: An investigation of the instrumental perspective [J]. Journal of Management, 37 (6): 1558-1585.

CHOI H, YI D, 2018. Environmental innovation inertia: Analyzing the business circumstances for environmental process and product innovations [J]. Business Strategy and the Environment, 27 (8): 1623-1634.

CHOU C J, CHEN K S, WANG Y Y, 2012. Green practices in the restaurant industry from an innovation adoption perspective: Evidence from Taiwan [J]. International Journal of Hospitality Management, 31 (3): 703-711.

CHRISTENSEN C, CRAIG T, HART S, 2001. The great disruption [J]. Foreign Affairs, 80 (2): 80-95.

CHRISTENSEN C M, BAUMANN H, RUGGLES R, SADTLER T M, 2006. Disruptive innovation for social change [J]. Harvard Business Review, 84 (12): 94-101.

CHRISTENSEN C M, RAYNOR M, MCDONALD R, 2015. What is disruptive innovation? [J]. Harvard Business Review, 93 (12): 44-53.

CHRISTMANN P, 2000. Effects of "best practices" of environmental management on cost advantage: The role of complementary assets [J]. Academy of Management Journal, 43 (4): 663-680.

CHURCHILL G A, JR, 1979. A paradigm for developing better measures of marketing constructs [J]. Journal of Marketing Research: 64-73.

CLARKSON M B E, 1995. A stakeholder framework for analyzing and evaluating corporate social performance [J]. Academy of Management Review, 20 (1): 92-117.

CLEFF T, RENNINGS K, 1999. Determinants of environmental product and process innovation [J]. European Environment, 9 (5): 191-201.

COHEN W M, LEVINTHAL D A, 1990. Absorptive capacity: A new perspective on learning and innovation [J]. Administrative Science Quarterly, 35 (1): 128-152.

COMMISSION OF THE EUROPEAN COMMUNITIES, 2001. Promoting a European framework for corporate social responsibility [R]. Brussels.

COMMITTEE FOR ECONOMIC DEVELOPMENT, 1971. Social responsibilities of business corporations [R]. New York.

CONWAY S, STEWARD F, 1998. Networks and interfaces in environmental innovation: A comparative study in the UK and Germany [J]. Journal of High Technology Management Research, 9 (2): 239-253.

CORBETT C J, VAN WASSENHOVE L N, 1991. How green is your manufacturing strategy? Exploring the impact of environmental issues on manufacturing strategy [R]. Fontainebleau, France.

CORDANO M, FRIEZE I H, 2000. Pollution reduction preferences of U. S. environmental managers: Applying Ajzen's theory of planned behavior [J]. Academy of Management Journal, 43 (4): 627-641.

CORDANO M, MARSHALL R S, SILVERMAN M, 2010. How do small and medium enterprises go "green"? A study of environmental management programs in the US wine industry [J]. Journal of Business Ethics, 92 (3): 463-478.

CORRAL C M, 2002. Environmental policy and technological innovation: why do firms adopt or reject new technologies? [M]. UK: Edward Elgar Pub.

CORRAL C M, 2003. Sustainable production and consumption systems-cooperation for change: assessing and simulating the willingness of the firm to adopt/develop cleaner technologies. The case of the In-Bond industry in northern Mexico [J]. Journal of Cleaner Production, 11 (4): 411-426.

COSTANTINI V, CRESPI F, MARTINI C, PENNACCHIO L, 2015. Demand-pull and technology-push public support for eco-innovation: The case of the biofuels sector [J]. Research Policy, 44 (3): 577-595.

CROSSAN M M, APAYDIN M, 2010. A multi-dimensional framework of organizational innovation: A systematic review of the literature [J]. Journal of Management Studies, 47 (6): 1154-1191.

CUERVO-CAZURRA A, PURKAYASTHA S, RAMASWAMY K, 2023. Variations in the corporate social responsibility-performance relationship in emerging market firms [J]. Organization Science, 34 (4): 1626-1650.

CUI Y, MOU J, LIU Y P, 2018. Knowledge mapping of social commerce research: A visual analysis using CiteSpace [J]. Electronic Commerce Research, 18 (4): 837-868.

D'ORAZIO P, VALENTE M, 2019. The role of finance in environmental innovation diffusion: An evolutionary modeling approach [J]. Journal of Economic Behavior & Organization, 162: 417-439.

DAHLSRUD A, 2008. How corporate social responsibility is defined: An analysis of 37 definitions [J]. Corporate Social Responsibility and Environmental Management, 15 (1): 1-13.

DAI J, CANTOR D E, MONTABON F L, 2015. How environmental management competitive pressure affects a focal firm's environmental innovation activities: A green supply chain perspective [J]. Journal of Business Logistics, 36 (3): 242-259.

DALTON D R, COSIER R A, 1982. The four faces of social responsibility [J]. Business Horizons, 25 (3): 19-27.

DANGELICO R M, PUJARI D, 2010. Mainstreaming green product innovation: why and how companies integrate environmental sustainability [J]. Journal of Business Ethics, 95 (3): 471-486.

DANIHELKA P, 2004. Subjective factors of cleaner production - parallel to risk perception? [J]. Journal of Cleaner Production, 12 (6): 581-584.

DARNALL N, EDWARDS D, 2006. Predicting the cost of environmental management system adoption: The role of capabilities, resources and ownership structure [J]. Strategic Management Journal, 27 (4): 301-320.

DARNALL N, HENRIQUES I, SADORSKY P, 2010. Adopting proactive environmental strategy: the influence of stakeholders and firm size [J]. Journal of Management Studies, 47 (6): 1072-1094.

DAUDIGEOS T, VALIORGUE B, 2011. Conditions for value creation in the marketplace through the management of CSR issues: A negative external effects framework [J]. Business & Society, 50 (1): 28-49.

DAVIS J H, SCHOORMAN F D, DONALDSON L, 1997. Toward a stewardship theory of management [J]. Academy of Management Review: 20-47.

DAVIS K, 1973. The case for and against business assumption of social responsibilities [J]. Academy of Management Journal, 16 (2): 312-322.

DAVIS K, BLOMSTROM R L, 1966. Business and its environment [M]. New York: McGraw-hill.

DE MARCHI V, 2012. Environmental innovation and R&D cooperation: Empirical evidence from Spanish manufacturing firms [J]. Research Policy, 41 (3): 614-623.

DEEPHOUSE D L, 1996. Does isomorphism legitimate? [J]. Academy of Management Journal, 39 (4): 1024-1039.

DEEPHOUSE D L, CARTER S M, 2005. An examination of differences between organizational legitimacy and organizational reputation [J]. Journal of Management Studies, 42 (2): 329-360.

DEL BRIO J A, JUNQUERA B, 2002. Managerial environmental awareness and cooperation with public governments in Spanish industrial companies [J]. Technovation, 22 (7): 445-452.

DEL BRíO J Á, JUNQUERA B, 2003. A review of the literature on environmental innovation management in SMEs: implications for public policies [J]. Technovation, 23 (12): 939-948.

DEL RíO GONZáLEZ P, 2005. Analysing the factors influencing clean technology adoption: a study of the Spanish pulp and paper industry [J]. Business Strategy and the Environment, 14 (1): 20-37.

DEL RIO P, CARRILLO-HERMOSILLA J, KONNOLA T, 2010. Policy strategies to promote eco-innovation [J]. Journal of Industrial Ecology, 14 (4): 541-557.

DEL RIO P, CARRILLO-HERMOSILLA J, KONNOLA T, BLEDA M, 2016a. Resources, capabilities and competences for eco-innovation [J]. Technological and Economic Development of Economy, 22 (2): 274-292.

DEL RIO P, MORAN M A T, ALBINANA F C, 2011. Analysing the determinants of environmental technology investments. A panel-data study of Spanish industrial sectors [J]. Journal of Cleaner Production, 19 (11): 1170-1179.

DEL RIO P, PENASCO C, ROMERO-JORDAN D, 2016b. What drives eco-innovators? A critical review of the empirical literature based on econometric methods [J]. Journal of Cleaner Production, 112 (Part4): 2158-2170.

DELMAS M A, MONTES-SANCHO M J, 2011. An institutional perspective on the diffusion of international management system standards: The case of the environmental management standard ISO 14001 [J]. Business Ethics Quarterly, 21 (1): 103-132.

DEMIREL P, KESIDOU E, 2011. Stimulating different types of eco-innovation in the UK: Government policies and firm motivations [J]. Ecological Economics, 70 (8): 1546-1557.

DIAZ-GARCIA C, GONZALEZ-MORENO A, SAEZ-MARTINEZ F J, 2015. Eco-innovation: Insights from a literature review [J]. Innovation-Management Policy & Practice, 17(1): 6-23.

DIELEMAN H, DE HOO S, 1993. Toward a tailor-made process of pollution prevention and cleaner production: Results and implications of the PRISMA project [M]. In K Fischer, J Schot (Eds.), Environmental strategies for industry: international perspectives on research needs and policy implications: 245-275. Washington, DC: Island Press.

DIMAGGIO P J, POWELL W W, 1983. The iron cage revisited: Institutional isomorphism and collective rationality in organizational fields [J]. American Sociological Review, 48(2): 147-160.

DIODATO V P, GELLATLY P, 2013. Dictionary of bibliometrics [M]. New York: Routledge.

DIXON-FOWLER H R, SLATER D J, JOHNSON J L, ELLSTRAND A E, ROMI A M, 2013. Beyond "does it pay to be green?" A meta-analysis of moderators of the CEP–CFP relationship [J]. Journal of Business Ethics: 1-14.

DOH J P, HOWTON S D, HOWTON S W, SIEGEL D S, 2010. Does the market respond to an endorsement of social responsibility? The role of institutions, information, and legitimacy [J]. Journal of Management, 36(6): 1461-1485.

DONALDSON L, 1990. The ethereal hand: Organizational economics and management theory [J]. Academy of Management Review: 369-381.

DONALDSON T, DUNFEE T W, 1994. Toward a unified conception of business ethics: Integrative social contracts theory [J]. Academy of Management Review, 19(2): 252-284.

DONALDSON T, PRESTON L E, 1995. The stakeholder theory of the corporation: Concepts, evidence, and implications [J]. Academy of Management Review, 20(1): 65-91.

DOU J, SU E, WANG S, 2019. When does family ownership promote proactive environmental strategy? The role of the firm's long-term orientation [J]. Journal of Business Ethics, 158 (1): 81-95.

DOWLING J, PFEFFER J, 1975. Organizational legitimacy: Social values and organizational behavior [J]. Pacific Sociological Review, 18 (1): 122-136.

DRIESSEN P H, HILLEBRAND B, 2002. Adoption and diffusion of green innovations [J]. Marketing for sustainability: towards transactional policy-making: 343-355.

DRUCKER P F, 1984. The new meaning of corporate social responsibility [J]. California Management Review, 26 (2): 53-63.

DU X, LUO J-H, 2016. Political connections, home formal institutions, and internationalization: Evidence from China [J]. Management and Organization Review, 12 (1): 103-133.

EDWARD P, WILLMOTT H, 2008. Corporate citizenship: Rise or demise of a myth? [J]. Academy of Management Review, 33 (3): 771-773.

EGGERS J P, KAPLAN S, 2013. Cognition and capabilities: A multi-level perspective [J]. The Academy of Management Annals, 7 (1): 295-340.

EGRI C P, RALSTON D A, 2008. Corporate responsibility: A review of international management research from 1998 to 2007 [J]. Journal of International Management, 14 (4): 319-339.

EIADAT Y, KELLY A, ROCHE F, EYADAT H, 2008. Green and competitive? An empirical test of the mediating role of environmental innovation strategy [J]. Journal of World Business, 43 (2): 131-145.

EILBERT H, PARKET I R, 1973. The current status of corporate social responsibility [J]. Business Horizons, 16 (4): 5-14.

EISENHARDT K M, 1989. Building theories from case study research [J]. Academy of Management Review, 14 (4): 532-550.

ELKINGTON J, 1997. Cannibals with Forks: The triple bottom line of 21st Century Business [M]. Oxford: Capstone Publishing Ltd.

ENGARDIO P, EINHORN B, 2006. Outsourcing innovation[M]. In D Mayle（Ed.）, Managing Innovation and Change, 3 ed: 36-43. London: Sage Publications.

EPSTEIN E M, 1987. The corporate social policy process: Beyond business ethics, corporate social responsibility, and corporate social responsiveness[J]. California Management Review, 29(3): 99-114.

FALCK O, HEBLICH S, 2007. Corporate social responsibility: Doing well by doing good[J]. Business Horizons, 50(3): 247-254.

FAUCHEUX S, NICOLAI I, 2011. IT for green and green IT: A proposed typology of eco-innovation[J]. Ecological Economics, 70(11): 2020-2027.

FIEGENBAUM A, HART S, SCHENDEL D, 1996. Strategic reference point theory[J]. Strategic Management Journal, 17(3): 219-235.

FIEGENBAUM A, THOMAS H, 1995. Strategic groups as reference groups: Theory, modeling and empirical examination of industry and competitive strategy [J]. Strategic Management Journal, 16(6): 461-476.

FITCH H G, 1976. Achieving corporate social responsibility[J]. Academy of Management Review, 1(1): 38-46.

FLAMMER C, 2013. Corporate social responsibility and shareholder reaction: the environmental awareness of investors[J]. Academy of Management Journal, 56(3): 758-781.

FOMBRUN C, GARDBERG N, BARNETT M, 2000. Opportunity platforms and safety nets: Corporate citizenship and reputational risk[J]. Business and Society Review, 105(1): 85-106.

FONG C-M, CHANG N-J, 2012. The impact of green learning orientation on proactive environmental innovation capability and firm performance[J]. African Journal of Business Management, 6(3): 727.

FORNELL C, LARCKER D F, 1981. Evaluating structural equation models with unobservable variables and measurement error[J]. Journal of Marketing

Research, 18 (1): 39-50.

FREDERICK W C, 1960. The growing concern over business responsibility [J]. California management review, 2 (4): 54-61.

FREDERICK W C, 1986. Toward CSR3: Why ethical analysis is indispensable and unavoidable in corporate affairs [J]. California Management Review, 28 (2): 126-141.

FREDERICK W C, 1994. From CSR1 to CSR2: The maturing of business and society thought [J]. Business and Society, 33 (2): 150-164.

FREDERICK W C, 1998. Moving to CSR4: What to pack for the trip [J]. Business & Society, 37 (1): 40-59.

FREDERICK W C, 2006. Corporation, be good!: The story of corporate social responsibility [M]. Indianapolis, IN: Dog Ear Publishing.

FREEMAN R E, 1984. Strategic management: A stakeholder approach [M]. Boston: Pitman Publishing.

FRIEDMAN, 1970. The social responsibility of business is to increase its profits [J]. The New York Times Magazine 13: 122-126.

FRONDEL M, HORBACH J, RENNINGS K, 2007. End-of-pipe or cleaner production? An empirical comparison of environmental innovation decisions across OECD countries [J]. Business Strategy and the Environment, 16 (8): 571-584.

FRONDEL M, HORBACH J, RENNINGS K, 2008. What triggers environmental management and innovation? Empirical evidence for Germany [J]. Ecological Economics, 66 (1): 153-160.

FUSSLER C, JAMES P, 1996. Driving eco-innovation: A breakthrough discipline for innovation and sustainability [M]. London: Pitman Publishing.

GADENNE D, KENNEDY J, MCKEIVER C, 2009. An empirical study of environmental awareness and practices in SMEs [J]. Journal of Business Ethics, 84 (1): 45-63.

GALASKIEWICZ J, WASSERMAN S, 1989. Mimetic processes within an interorganizational field: An empirical test [J]. Administrative Science Quarterly: 454-479.

GALBREATH J, 2019. Drivers of green innovations: The impact of export intensity, women leaders, and absorptive capacity [J]. Journal of Business Ethics, 158 (1): 47-61.

GALLEGO-ALVAREZ I, PRADO-LORENZO J M, GARCIA-SANCHEZ I M, 2011. Corporate social responsibility and innovation: a resource-based theory [J]. Management Decision, 49 (9-10): 1709-1727.

GAO Y Q, 2009. Corporate social performance in China: Evidence from large companies [J]. Journal of Business Ethics, 89 (1): 23-35.

GAO Y Q, 2011. CSR in an emerging country: A content analysis of CSR reports of listed companies [J]. Baltic Journal of Management, 6 (2): 263-291.

GARCIA-POZO A, SANCHEZ-OLLERO J L, MARCHANTE-LARA M, 2015. Eco-innovation and management: an empirical analysis of environmental good practices and labour productivity in the spanish hotel industry [J]. Innovation-Management Policy & Practice, 17 (1): 58-68.

GARNAUT R, SONG L, FANG C, 2018. China's 40 years of reform and development: 1978–2018 [M]. Australia: ANU Press.

GARRIGA E, MELé D, 2004. Corporate social responsibility theories: Mapping the territory [J]. Journal of Business Ethics, 53: 51-57.

GASKIN J, JAMES M, LIM J, 2019. AMOS plugin in: Gaskination's StatWiki [Z/OL]. https: //statwiki. gaskination. com/index. php?title=Plugins

GEELS F W, HEKKERT M P, JACOBSSON S, 2008. The dynamics of sustainable innovation journeys [J]. Technology Analysis & Strategic Management, 20 (5): 521-536.

GEORGE G, SCHILLEBEECKX S J D, TENG LIT L, 2015. The management of natural resources: An overview and research agenda [J]. Academy of Management Journal, 58 (6): 1595-1613.

GETZNER M, 2002. The quantitative and qualitative impacts of clean technologies on employment [J]. Journal of Cleaner Production, 10 (4): 305-319.

GHISETTI C, MARZUCCHI A, MONTRESOR S, 2015. The open eco-innovation mode. An empirical investigation of eleven European countries [J]. Research Policy, 44 (5): 1080-1093.

GHISETTI C, PONTONI F, 2015. Investigating policy and R&D effects on environmental innovation: A meta-analysis [J]. Ecological Economics, 118: 57-66.

GHISETTI C, QUATRARO F, 2013. Beyond inducement in climate change: Does environmental performance spur environmental technologies? A regional analysis of cross-sectoral differences [J]. Ecological Economics, 96: 99-113.

GHISETTI C, RENNINGS K, 2014. Environmental innovations and profitability: how does it pay to be green? An empirical analysis on the German innovation survey [J]. Journal of Cleaner Production, 75: 106-117.

GIBSON C B, BIRKINSHAW J, 2004. The antecedents, consequences, and mediating role of organizational ambidexterity [J]. Academy of Management Journal, 47 (2): 209-226.

GILLEY K M, WORRELL D L, DAVIDSON III W N, EL-JELLY A, 2000. Corporate environmental initiatives and anticipated firm performance: The differential effects of process-driven versus product-driven greening initiatives [J]. Journal of Management, 26 (6): 1199-1216.

GILSING V A, DUYSTERS G M, 2008. Understanding novelty creation in exploration networks - Structural and relational embeddedness jointly considered [J]. Technovation, 28 (10): 693-708.

GIOIA D A, PITRE E, 1990. Multiparadigm perspectives on theory building [J]. Academy of Management Review, 15 (4): 584-602.

GNYAWALI D R, MADHAVAN R, 2001. Cooperative networks and competitive dynamics: A structural embeddedness perspective [J]. Academy of Management Review, 26 (3): 431-445.

GODFREY P C, MERRILL C B, HANSEN J M, 2009. The relationship between corporate social responsibility and shareholder value: An empirical test of the risk management hypothesis [J]. Strategic Management Journal, 30 (4): 425-445.

GOHOUNGODJI P, N'DRI A B, LATULIPPE J M, MATOS A L B, 2020. What is stopping the automotive industry from going green? A systematic review of barriers to green innovation in the automotive industry [J]. Journal of Cleaner Production, 277.

GRANOVETTER M, 1985. Economic action and social structure: the problem of embeddedness [J]. American Journal of Sociology, 91 (3): 481-510.

GREEN K, MCMEEKIN A, IRWIN A, 1994. Technological trajectories and R&D for environmental innovation in UK firms [J]. Futures, 26 (10): 1047-1047.

GREENWOOD R, DIAZ A M, LI S X, LORENTE J C, 2010. The multiplicity of institutional logics and the heterogeneity of organizational responses [J]. Organization Science, 21 (2): 521-539.

GREENWOOD R, RAYNARD M, KODEIH F, MICELOTTA E R, LOUNSBURY M, 2011. Institutional complexity and organizational responses [J]. The Academy of Management Annals, 5 (1): 317-371.

GREENWOOD R, SUDDABY R, HININGS C R, 2002. Theorizing change: The role of professional associations in the transformation of institutionalized fields [J]. Academy of Management Journal, 45 (1): 58-80.

GUERLEK M, TUNA M, 2018. Reinforcing competitive advantage through green organizational culture and green innovation [J]. Service Industries Journal, 38 (7-8): 467-491.

HALME M, LAURILA J, 2009. Philanthropy, Integration or Innovation? Exploring the Financial and Societal Outcomes of Different Types of Corporate Responsibility [J]. Journal of Business Ethics, 84 (3): 325-339.

HAMBRICK D C, 2007. Upper echelons theory: An update [J]. Academy of

Management Review, 32（2）: 334-343.

HAMBRICK D C, MASON P A, 1984. Upper echelons: The organization as a reflection of its top managers［J］. Academy of Management Review, 9（2）: 193-206.

HANSEN E G, GROSSE-DUNKER F, REICHWALD R, 2009. Sustainability innovation cube—A framework to evaluate sustainability-oriented innovations［J］. International Journal of Innovation Management, 13（4）: 683-713.

HART S L, 1995. A natural-resource-based view of the firm［J］. Academy of Management Review, 20（4）: 986-1014.

HART S L, AHUJA G, 1996. Does it pay to be green? An empirical examination of the relationship between emission reduction and firm performance ［J］. Business Strategy and the Environment, 5（1）: 30-37.

HART S L, DOWELL G, 2011. Invited editorial: A natural-resource-based view of the firm: Fifteen years after［J］. Journal of Management, 37（5）: 1464-1479.

HAZARIKA N, ZHANG X, 2019. Evolving theories of eco-innovation: A systematic review［J］. Sustainable Production and Consumption, 19: 64-78.

HE F, MIAO X, WONG C W Y, LEE S, 2018. Contemporary corporate eco-innovation research: A systematic review［J］. Journal of Cleaner Production, 174: 502-526.

HENRIQUES I, SADORSKY P, 1999. The relationship between environmental commitment and managerial perceptions of stakeholder importance ［J］. Academy of Management Journal, 42（1）: 87-99.

HENRY A D, DIETZ T, 2012. Understanding environmental cognition［J］. Organization & Environment, 25（3）: 238-258.

HENSELER J, RINGLE C M, SARSTEDT M, 2015. A new criterion for assessing discriminant validity in variance-based structural equation modeling［J］. Journal of the Academy of Marketing Science, 43（1）: 115-135.

HEUGENS P P, LANDER M W, 2009. Structure! Agency!（and other quarrels）: A meta-analysis of institutional theories of organization［J］. Academy of

Management Journal, 52 (1): 61-85.

HIDALGO M C, HERNANDEZ B, 2001. Place attachment: Conceptual and empirical questions [J]. Journal of Environmental Psychology, 21 (3): 273-281.

HILLMAN A J, WITHERS M C, COLLINS B J, 2009. Resource dependence theory: A review [J]. Journal of Management, 35 (6): 1404-1427.

HIZARCI-PAYNE A K, IPEK I, GUMUS G K, 2021. How environmental innovation influences firm performance: A meta-analytic review [J]. Business Strategy and the Environment, 30 (2): 1174-1190.

HO Y-H, LIN C-Y, CHIANG S-H, 2009. Organizational determinants of green innovation implementation in the logistics industry [J]. International Journal of Organizational Innovation.

HOCKERTS K, MORSING M, 2008. A literature review on corporate social responsibility in the innovation process [R]. Copenhagen: C B School.

HOJNIK J, RUZZIER M, 2016. What drives eco-innovation? A review of an emerging literature [J]. Environmental Innovation and Societal Transitions, 19: 31-41.

HOJNIK J, RUZZIER M, MANOLOVA T S, 2018. Internationalization and economic performance: The mediating role of eco-innovation [J]. Journal of Cleaner Production, 171: 1312-1323.

HOLTBRUGGE D, DOGL C, 2012. How international is corporate environmental responsibility? A literature review [J]. Journal of International Management, 18 (2): 180-195.

HOPKINS M, 1998. The planetary bargain: Corporate social responsibility comes of age [M]. London: Palgrave Macmillan.

HORBACH J, 2008. Determinants of environmental innovation - New evidence from German panel data sources [J]. Research Policy, 37 (1): 163-173.

HORBACH J, JACOB J, 2018. The relevance of personal characteristics and gender diversity for (eco-) innovation activities at the firm-level: Results from a linked employer-employee database in Germany [J]. Business Strategy and the

Environment, 27 (7): 924-934.

HORBACH J, RAMMER C, RENNINGS K, 2012. Determinants of eco-innovations by type of environmental impact - The role of regulatory push/pull, technology push and market pull [J]. Ecological Economics, 78: 112–122.

HORVATHOVA E, 2012. The impact of environmental performance on firm performance: Short-term costs and long-term benefits? [J]. Ecological Economics, 84: 91-97.

HSIAO T Y, CHUANG C M, HUANG L, 2018. The contents, determinants, and strategic procedure for implementing suitable green activities in star hotels [J]. International Journal of Hospitality Management, 69: 1-13.

HSIEH K Y, TSAI W P, CHEN M J, 2015. If they can do it, why not us? Competitors as reference points for justifying escalation of commitment [J]. Academy of Management Journal, 58 (1): 38-58.

HUANG X X, HU Z P, LIU C S, YU D J, YU L F, 2016. The relationships between regulatory and customer pressure, green organizational responses, and green innovation performance [J]. Journal of Cleaner Production, 112: 3423-3433.

HUANG Y C, DING H B, KAO M R, 2009. Salient stakeholder voices: Family business and green innovation adoption [J]. Journal of Management & Organization, 15 (3): 309-326.

HUANG Z, LIAO G, LI Z, 2019. Loaning scale and government subsidy for promoting green innovation [J]. Technological Forecasting and Social Change, 144: 148-156.

HULL C E, ROTHENBERG S, 2008. Firm performance: The interactions of corporate social performance with innovation and industry differentiation [J]. Strategic Management Journal, 29 (7): 781-789.

HUNT C B, AUSTER E R, 1990. Proactive environmental management: avoiding the toxic trap [J]. Sloan Management Review, 31 (2): 7-18.

HUSTED B W, ALLEN D B, 2007a. Corporate social strategy in

multinational enterprises: Antecedents and value creation [J]. Journal of Business Ethics, 74 (4) : 345-361.

HUSTED B W, ALLEN D B, 2007b. Strategic corporate social responsibility and value creation among large firms - Lessons from the Spanish experience [J]. Long Range Planning, 40 (6) : 594-610.

HUSTED B W, ALLEN D B, 2009. Strategic corporate social responsibility and value creation [J]. Management International Review, 49 (6) : 781-799.

HUSTED B W, DE JESUS SALAZAR J, 2006. Taking Friedman seriously: Maximizing profits and social performance [J]. Journal of Management Studies, 43 (1) : 75-91.

HYBELS R C, 1995. On legitimacy, legitimation, and organizations: A critical review and integrative theoretical model [J]. Academy of Management Journal (Best Papers Proceedings 1995) : 241-245.

INOUE E, ARIMURA T H, NAKANO M, 2013. A new insight into environmental innovation: Does the maturity of environmental management systems matter? [J]. Ecological Economics, 94: 156-163.

JAFFE A B, NEWELL R G, STAVINS R N, 2005. A tale of two market failures: Technology and environmental policy [J]. Ecological Economics, 54 (2-3) : 164-174.

JENSEN M C, 2002. Value maximization, stakeholder theory, and the corporate objective function [J]. Business Ethics Quarterly, 12 (2) : 235-256.

JIA K, CHEN S, 2019. Could campaign-style enforcement improve environmental performance? Evidence from China's central environmental protection inspection [J]. Journal of Environmental Management, 245: 282-290.

JIMENEZ-PARRA B, ALONSO-MARTINEZ D, GODOS-DIEZ J L, 2018. The influence of corporate social responsibility on air pollution: Analysis of environmental regulation and eco-innovation effects [J]. Corporate Social Responsibility and Environmental Management, 25 (6) : 1363-1375.

JOHNSTON D A, LINTON J D, 2000. Social networks and the implementation of environmental technology [J]. IEEE Transactions on engineering management, 47 (4): 465-477.

JONES T M, 1980. Corporate social responsibility revisited, redefined [J]. California management review, 22 (3): 59-67.

JUDGE W Q, DOUGLAS T J, 1998. Performance implications of incorporating natural environmental issues into the strategic planning process: An empirical assessment [J]. Journal of Management Studies, 35 (2): 241-262.

KAHNEMAN D, TVERSKY A, 2013. Prospect theory: An analysis of decision under risk [M]. In L C MacLean, W T Ziemba (Eds.), Handbook of the fundamentals of financial decision making: Part I: 99-127. Singapore: World Scientific.

KAMMERER D, 2009. The effects of customer benefit and regulation on environmental product innovation. Empirical evidence from appliance manufacturers in Germany [J]. Ecological Economics, 68 (8-9): 2285-2295.

KANTER R M, 1999. From spare change to real change - The social sector as beta site for business innovation [J]. Harvard Business Review, 77 (3): 122-132.

KAPLAN S, 2008. Cognition, capabilities, and incentives: Assessing firm response to the fiber-optic revolution [J]. Academy of Management Journal, 51 (4): 672-695.

KAPLAN S, 2011. Research in cognition and strategy: Reflections on two decades of progress and a look to the future [J]. Journal of Management Studies, 48 (3): 665-695.

KARAKAYA E, HIDALGO A, NUUR C, 2014. Diffusion of eco-innovations: A review [J]. Renewable & Sustainable Energy Reviews, 33: 392-399.

KASZTELAN A, KIJEK T, KIJEK A, KIEREPKA-KASZTELAN A, 2020. Are eco-innovations a key element for green growth? [J]. European Research Studies Journal, XXIII (2): 624-643.

KAWAI N, STRANGE R, ZUCCHELLA A, 2018. Stakeholder pressures, EMS implementation, and green innovation in MNC overseas subsidiaries [J]. International Business Review, 27 (5): 933-946.

KEMP R, 2010. Eco-innovation: Definition, measurement and open research issues [J]. Economia Politica, 27 (3): 397-420.

KEMP R, ARUNDEL A, 1998. Survey indicators for environmental innovation [R]. Maastricht, The Netherlands: MERIT.

KEMP R, FOXON T, 2007. Eco-innovation from an innovation dynamics perspective [R]. Maastricht.

KEMP R, OLTRA V, 2011. Research insights and challenges on eco-innovation dynamics [J]. Industry and Innovation, 18 (3): 249-253.

KEMP R, PEARSON P, 2008. Measuring eco-innovation [R]. Maastricht.

KEMP R, PONTOGLIO S, 2011. The innovation effects of environmental policy instruments - A typical case of the blind men and the elephant? [J]. Ecological Economics, 72: 28-36.

KESIDOU E, DEMIREL P, 2012. On the drivers of eco-innovations: Empirical evidence from the UK [J]. Research Policy, 41 (5): 862-870.

KHANNA T, PALEPU K, 1997. Why focused strategies may be wrong for emerging markets [J]. Harvard Business Review, 75 (4): 41-48.

KIM E H, 2013. Deregulation and differentiation: Incumbent investment in green technologies [J]. Strategic Management Journal, 34 (10): 1162–1185.

KING A, 2007. Cooperation between corporations and environmental groups: A transaction cost perspective [J]. Academy of Management Review, 32 (3): 889-900.

KING A A, LENOX M J, 2001. Does it really pay to be green? An empirical study of firm environmental and financial performance [J]. Journal of Industrial Ecology, 5 (1): 105-116.

KLASSEN R D, WHYBARK D C, 1999. The impact of environmental

technologies on manufacturing performance[J]. Academy of Management Journal, 42(6): 599-615.

KOCABASOGLU C, PRAHINSKI C, KLASSEN R D, 2007. Linking forward and reverse supply chain investments: The role of business uncertainty[J]. Journal of Operations Management, 25(6): 1141-1160.

KOLK A, PINKSE J, 2004. Market strategies for climate change[J]. European Management Journal, 22(3): 304-314.

KOLLMUSS A, AGYEMAN J, 2002. Mind the gap: Why do people act environmentally and what are the barriers to pro-environmental behavior?[J]. Environmental Education Research, 8(3): 239-260.

KOSTKA G, HOBBS W, 2012. Local energy efficiency policy implementation in China: bridging the gap between national priorities and local interests[J]. The China Quarterly, 211: 765-785.

KUO F I, FANG W T, LEPAGE B, 2021. Proactive environmental strategies in the hotel industry: eco-innovation, green competitive advantage, and green core competence[J]. Journal of Sustainable Tourism.

KURAPATSKIE B, DARNALL N, 2013. Which corporate sustainability activities are associated with greater financial payoffs?[J]. Business Strategy and the Environment, 22(1): 49-61.

LANDERER N, 2013. Rethinking the logics: A conceptual framework for the mediatization of politics[J]. Communication Theory, 23(3): 239-258.

LANE P J, KOKA B R, PATHAK S, 2006. The reification of absorptive capacity: A critical review and rejuvenation of the construct[J]. Academy of Management Review, 31(4): 833-863.

LANE P J, LUBATKIN M, 1998. Relative absorptive capacity and interorganizational learning[J]. Strategic Management Journal, 19(5): 461-477.

LANTOS G P, 2001. The boundaries of strategic corporate social responsibility [J]. Journal of Consumer Marketing, 18(7): 595-632.

LAPLUME A O, SONPAR K, LITZ R A, 2008. Stakeholder theory: Reviewing a theory that moves us [J]. Journal of Management, 34 (6): 1152-1189.

LEE J J, GEMBA K, KODAMA F, 2006. Analyzing the innovation process for environmental performance improvement [J]. Technological Forecasting and Social Change, 73 (3): 290-301.

LEE K H, MIN B, 2015. Green R&D for eco-innovation and its impact on carbon emissions and firm performance [J]. Journal of Cleaner Production, 108: 534-542.

LEE M-D P, 2008. A review of the theories of corporate social responsibility: Its evolutionary path and the road ahead [J]. International Journal of Management Reviews, 10 (1): 53-73.

LEE S Y, RHEE S K, 2007. The change in corporate environmental strategies: A longitudinal empirical study [J]. Management Decision, 45 (2): 196-216.

LEENDERS M A A M, CHANDRA Y, 2013. Antecedents and consequences of green innovation in the wine industry: the role of channel structure [J]. Technology Analysis & Strategic Management, 25 (2): 203-218.

LEV B, PETROVITS C, RADHAKRISHNAN S, 2010. Is doing good good for you? How corporate charitable contributions enhance revenue growth [J]. Strategic Management Journal, 31 (2): 182-200.

LEWICKA M, 2011. Place attachment: How far have we come in the last 40 years? [J]. Journal of Environmental Psychology, 31 (3): 207-230.

LEWIN A Y, VOLBERDA H W, 1999. Prolegomena on coevolution: A framework for research on strategy and new organizational forms [J]. Organization Science, 10 (5): 519-534.

LEY M, STUCKI T, WOERTER M, 2016. The Impact of Energy Prices on Green Innovation [J]. Energy Journal, 37 (1): 41-75.

LI-YING J, MOTHE C, NGUYEN T T U, 2018. Linking forms of inbound open innovation to a driver-based typology of environmental innovation: Evidence from French manufacturing firms [J]. Technological Forecasting and Social Change, 135: 51-63.

LI D Y, HUANG M, REN S G, CHEN X H, NING L T, 2018. Environmental legitimacy, green innovation, and corporate carbon disclosure: Evidence from CDP China 100 [J]. Journal of Business Ethics, 150 (4): 1089-1104.

LI D Y, ZHENG M, CAO C C, CHEN X H, REN S G, HUANG M, 2017. The impact of legitimacy pressure and corporate profitability on green innovation: Evidence from China top 100 [J]. Journal of Cleaner Production, 141: 41-49.

LI F R, DING D Z, 2013. The effect of institutional isomorphic pressure on the internationalization of firms in an emerging economy: evidence from China [J]. Asia Pacific Business Review, 19 (4): 506-525.

LI H, ZHANG Y, 2007. The role of managers' political networking and functional experience in new venture performance: Evidence from China's transition economy [J]. Strategic Management Journal, 28 (8): 791-804.

LI W H, WANG F, LIU T S, XUE Q L, LIU N, 2023. Peer effects of digital innovation behavior: an external environment perspective [J]. Management Decision, 61 (7): 2173-2200.

LI Y, 2014. Environmental innovation practices and performance: moderating effect of resource commitment [J]. Journal of Cleaner Production, 66 (3): 450-458.

LI Y, CHEN H, LIU Y, PENG M W, 2012. Managerial ties, organizational learning, and opportunity capture: A social capital perspective [J]. Asia Pacific Journal of Management: 1-21.

LIANG H G, SARAF N, HU Q, XUE Y J, 2007. Assimilation of enterprise systems: The effect of institutional pressures and the mediating role of top management [J]. MIS Quarterly, 31 (1): 59-87.

LIAO Z J, 2018a. Content analysis of China's environmental policy instruments on promoting firms' environmental innovation [J]. Environmental

Science & Policy, 88: 46-51.

LIAO Z J, 2018b. Corporate culture, environmental innovation and financial performance [J]. Business Strategy and the Environment, 27 (8): 1368-1375.

LIAO Z J, 2018c. Environmental policy instruments, environmental innovation and the reputation of enterprises [J]. Journal of Cleaner Production, 171: 1111-1117.

LIAO Z J, 2018d. Institutional pressure, knowledge acquisition and a firm's environmental innovation [J]. Business Strategy and the Environment, 27 (7): 849-857.

LIAO Z J, 2018e. Market orientation and firms' environmental innovation: The moderating role of environmental attitude [J]. Business Strategy and the Environment, 27 (1): 117-127.

LIAO Z J, LONG S Y, 2018. CEOs' regulatory focus, slack resources and firms' environmental innovation [J]. Corporate Social Responsibility and Environmental Management, 25 (5): 981-990.

LIAO Z J, XU C K, CHENG H, DONG J C, 2018. What drives environmental innovation? A content analysis of listed companies in China [J]. Journal of Cleaner Production, 198: 1567-1573.

LIAO Z J, ZHANG M T, WANG X P, 2019. Do female directors influence firms' environmental innovation? The moderating role of ownership type [J]. Corporate Social Responsibility and Environmental Management, 26 (1): 257-263.

LIEBERMAN M B, ASABA S, 2006. Why do firms imitate each other? [J]. Academy of Management Review, 31 (2): 366-385.

LIMA SILVA BORSATTO J M, LIBONI AMUI L B, 2019. Green innovation: Unfolding the relation with environmental regulations and competitiveness [J]. Resources Conservation and Recycling, 149: 445-454.

LIN C P, TSAI Y H, CHIU C K, LIU C P, 2015. Forecasting the purchase intention of IT product: Key roles of trust and environmental consciousness for IT firms [J]. Technological Forecasting and Social Change, 99: 148-155.

LIN H, ZENG S X, MA H Y, QI G Y, TAM V W Y, 2014. Can political capital drive corporate green innovation? Lessons from China [J]. Journal of Cleaner Production, 64: 63-72.

LIU Y, GUO J, CHI N, 2015. The antecedents and performance consequences of proactive environmental strategy: A meta-analytic review of national contingency [J]. Management and Organization Review, 11 (3): 521-557.

LIU Z, LI X, PENG X, LEE S, 2020. Green or nongreen innovation? Different strategic preferences among subsidized enterprises with different ownership types [J]. Journal of Cleaner Production, 245: 118786.

LOCKETT A, MOON J, VISSER W, 2006. Corporate social responsibility in management research: Focus, nature, salience and sources of influence [J]. Journal of Management Studies, 43 (1): 115-136.

LOUNSBURY M, GLYNN M A, 2001. Cultural entrepreneurship: Stories, legitimacy, and the acquisition of resources [J]. Strategic Management Journal, 22 (6-7): 545-564.

LOWE E A, 1997. Creating by-product resource exchanges: Strategies for eco-industrial parks [J]. Journal of Cleaner Production, 5 (1-2): 57-65.

LOWE E A, MORAN S R, HOLMES D B, MARTIN S A, 1996. Fieldbook for the development of eco-industrial parks [R]. Oakland, CA.

LUO X M, BHATTACHARYA C B, 2009. The debate over doing good: Corporate social performance, strategic marketing levers, and firm-idiosyncratic risk [J]. Journal of Marketing, 73 (6): 198-213.

LUO Y D, HUANG Y, WANG S L, 2012. Guanxi and organizational performance: A meta-analysis [J]. Management and Organization Review, 8 (1): 139-172.

LUO Y D, XUE Q Z, HAN B J, 2010. How emerging market governments promote outward FDI: Experience from China [J]. Journal of World Business, 45

(1): 68-79.

LYON T P, MAXWELL J W, 2004. Corporate environmentalism and public policy [M]. Cambridge: Cambridge University Press.

MACGREGOR S, FONTRODONA J, 2008. Exploring the fit between CSR and innovation [R/OL]. http: //dx. doi. org/10. 2139/ssrn. 1269334

MACKEY A, MACKEY T B, BARNEY J B, 2007. Corporate social responsibility and firm performance: Investor preferences and corporate strategies [J]. Academy of Management Review, 32 (3): 817-835.

MANNE H G, WALLICH H C, 1972. The modern corporation and social responsibility [M]. Washington, DC: American Enterprise Institute for Public Policy Research.

MARGINSON D E W, 2002. Management control systems and their effects on strategy formation at middle-management levels: Evidence from a UK organization [J]. Strategic Management Journal, 23 (11): 1019-1031.

MARGOLIS J D, ELFENBEIN H A, WALSH J, 2007. Does it pay to be good? A meta-analysis and redirection of research on the relationship between corporate social and financial performance [R/OL]. http: //dx. doi. org/10. 2139/ssrn. 1866371

MARITAN C A, PETERAF M A, 2011. Building a bridge between resource acquisition and resource accumulation [J]. Journal of Management, 37 (5): 1374-1389.

MARKARD J, RAVEN R, TRUFFER B, 2012. Sustainability transitions: An emerging field of research and its prospects [J]. Research Policy, 41 (6): 955-967.

MARQUIS C, TILCSIK A, 2016. Institutional equivalence: How industry and community peers influence corporate philanthropy [J]. Organization Science, 27 (5): 1325-1341.

MARTíN-TAPIA I, ARAGóN-CORREA J A, RUEDA-MANZANARES A, 2010. Environmental strategy and exports in medium, small and micro-enterprises

[J]. Journal of World Business, 45 (3): 266-275.

MARTIN L M, 2004. E - innovation: Internet impacts on small UK hospitality firms [J]. International Journal of Contemporary Hospitality Management.

MARTINEZ-PEREZ A, GARCIA-VILLAVERDE P M, ELCHE D, 2015. Eco-innovation antecedents in cultural tourism clusters: External relationships and explorative knowledge [J]. Innovation-Management Policy & Practice, 17 (1): 41-57.

MARTINS L L, 2005. A model of the effects of reputational rankings on organizational change [J]. Organization Science, 16 (6): 701-720.

MARZUCCHI A, MONTRESOR S, 2017. Forms of knowledge and eco-innovation modes: Evidence from Spanish manufacturing firms [J]. Ecological Economics, 131: 208-221.

MATTEN D, CRANE A, 2005. Corporate citizenship: Toward an extended theoretical conceptualization [J]. Academy of Management Review, 30 (1): 166-179.

MATTEN D, MOON J, 2008. "Implicit" and "explicit" CSR: a conceptual framework for a comparative understanding of corporate social responsibility [J]. Academy of Management Review 33 (2): 404-424.

MAXFIELD S, 2008. Reconciling corporate citizenship and competitive strategy: Insights from economic theory [J]. Journal of Business Ethics, 80 (2): 367-377.

MAXWELL J A, 2004. Causal explanation, qualitative research, and scientific inquiry in education [J]. Educational Researcher, 33 (2): 3-11.

MAZZELLI A, MILLER D, LE BRETON-MILLER I, DE MASSIS A, KOTLAR J, 2023. Outcome-based imitation in family firms' international market entry decisions [J]. Entrepreneurship Theory and Practice, 47 (4): 1059-1092.

MCADAM T W, 1973. How to put corporate responsibility into practice [J]. Business and Society Review/Innovation, 6: 8-16.

MCGEE J, 1998. Commentary on 'corporate strategies and environmental regulations: An organizing framework' by A. M. Rugman and A. Verbeke [J].

Strategic Management Journal, 19 (4) : 377-387.

MCGUIRE J W, 1963. Business and society [M] . New York: McGraw-hill.

MCWILLIAMS A, SIEGEL D, 2000. Corporate social responsibility and financial performance: correlation or misspecification? [J] . Strategic Management Journal, 21 (5) : 603-609.

MCWILLIAMS A, SIEGEL D, 2001a. Corporate social responsibility: A theory of the firm perspective [J] . Academy of Management Review, 26 (1) : 117-127.

MCWILLIAMS A, SIEGEL D, 2001b. Profit-maximizing corporate social responsibility [J] . Academy of Management Review, 26 (4) : 504-505.

MCWILLIAMS A, SIEGEL D, 2011. Creating and capturing value: Strategic corporate social responsibility, resource-based theory, and sustainable competitive advantage [J] . Journal of Management, 37 (5) : 1480-1495.

MCWILLIAMS A, SIEGEL D S, WRIGHT P M, 2006. Corporate social responsibility: Strategic implications [J] . Journal of Management Studies, 43 (1) : 1-18. .

MENDIBIL K, HERNANDEZ J, ESPINACH X, GARRIGA E, MACGREGOR S, 2007. How can CSR practices lead to successful innovation in SMEs [R] . UK.

MENGUC B, AUH S, OZANNE L, 2010. The interactive effect of internal and external factors on a proactive environmental strategy and its influence on a firm's performance [J] . Journal of Business Ethics, 94 (2) : 279-298.

MEYER J W, ROWAN B, 1977. Institutionalized organizations: Formal structure as myth and ceremony [J] . American Journal of Sociology, 83 (2) : 340-363.

MIDTTUN A, 2007. Corporate responsibility from a resource and knowledge perspective towards a dynamic reinterpretation of C (S) R: are corporate responsibility and innovation compatible or contradictory? [J] . Corporate Governance: The International Journal of Business in Society, 7 (4) : 401-413.

MIDTTUN A, 2009. Strategic CSR innovation: Serving societal and individual needs [R]. Oslo: B N S o Management.

MILES R E, SNOW C C, MEYER A D, COLEMAN JR H J, 1978. Organizational strategy, structure, and process [J]. Academy of Management Review, 3 (3): 546-562.

MIRATA M, EMTAIRAH T, 2005. Industrial symbiosis networks and the contribution to environmental innovation - The case of the Landskrona industrial symbiosis programme [J]. Journal of Cleaner Production, 13 (10-11): 993-1002.

MISHINA Y, DYKES B J, BLOCK E S, POLLOCK T G, 2010. Why "good" firms do bad things: The effects of high aspirations, high expectations, and prominence on the incidence of corporate illegality [J]. Academy of Management Journal, 53 (4): 701-722.

MITCHELL R K, AGLE B R, WOOD D J, 1997. Toward a theory of stakeholder identification and salience: Defining the principle of who and what really counts [J]. Academy of Management Review, 22 (4): 853-886.

MITTON T, 2021. Methodological variation in empirical corporate finance [J]. The Review of Financial Studies, 35 (2): 527-575.

MOLINA-AZORIN J F, CLAVER-CORTES E, LOPEZ-GAMERO M D, TARI J J, 2009. Green management and financial performance: A literature review [J]. Management Decision, 47 (7): 1080-1100.

MOON J, SHEN X, 2010. CSR in China research: Salience, focus and nature [J]. Journal of Business Ethics, 94 (4): 613-629.

MULLER A, USSL R K, 2011. Doing good deeds in times of need: A strategic perspective on corporate disaster donations [J]. Strategic Management Journal, 32 (9): 911–929.

MURILLO-LUNA J L, GARCES-AYERBE C, RIVERA-TORRES P, 2011. Barriers to the adoption of proactive environmental strategies [J]. Journal of Cleaner Production, 19 (13): 1417-1425.

MURILLO-LUNA J L, GARCéS-AYERBE C, RIVERA-TORRES P, 2008. Why do patterns of environmental response differ? A stakeholders' pressure approach [J]. Strategic Management Journal, 29 (11): 1225-1240.

NARAYANAN V K, ZANE L J, KEMMERER B, 2011. The cognitive perspective in strategy: An integrative review [J]. Journal of Management, 37 (1): 305-351.

NIDUMOLU R, PRAHALAD C, RANGASWAMI M, 2009. Why sustainability is now the key driver of innovation [J]. Harvard Business Review, 87 (9): 56-64.

NOCI G, VERGANTI R, 1999. Managing 'green' product innovation in small firms [J]. R & D Management, 29 (1): 3-15.

NORTON T A, ZACHER H, PARKER S L, ASHKANASY N M, 2017. Bridging the gap between green behavioral intentions and employee green behavior: The role of green psychological climate [J]. Journal of Organizational Behavior, 38 (7): 996-1015.

NUNNALLY J C, BERNSTEIN I H, 1994. Psychometric theory (3 ed) [M]. New York: McGraw-Hill Education.

O'REILLY III C A, TUSHMAN M L, 2013. Organizational ambidexterity: Past, present, and future [J]. Academy of Management Perspectives, 27 (4): 324-338.

OCASIO W, 1997. Towards an attention-based view of the firm [J]. Strategic Management Journal, 18: 187-206.

OCASIO W, 2011. Attention to attention [J]. Organization Science, 22 (5): 1286-1296.

OCASIO W, LAAMANEN T, VAARA E, 2018. Communication and attention dynamics: An attention-based view of strategic change [J]. Strategic Management Journal, 39 (1): 155-167.

ODURO S, MACCARIO G, DE NISCO A, 2021. Green innovation: A

multidomain systematic review [J]. European Journal of Innovation Management.

OECD, 2005. Oslo Manual: Guidelines for collecting and interpreting innovation data（3rd ed）[M]. Paris: OECD Publishing.

OECD, 2009a. Eco-innovation in industry: Enabling green growth [R]. Paris.

OECD, 2009b. Sustainable manufacturing and eco-innovation: Framework, practices and measurement - synthesis report [R]. Paris.

OECD, 2011. Better policies to support eco-innovation [R]. Paris.

OLIVER C, 1991. Strategic responses to institutional processes [J]. Academy of Management Review, 16（1）: 145-179.

OLTRA V, JEAN M S, 2009. Sectoral systems of environmental innovation: An application to the French automotive industry [J]. Technological Forecasting and Social Change, 76（4）: 567-583.

OLTRA V, KEMP R, DE VRIES F P, 2010. Patents as a measure for eco-innovation [J]. International Journal of Environmental Technology and Management, 13（2）: 130.

OLTRA V, SAINT JEAN M, 2005. The dynamics of environmental innovations: three stylised trajectories of clean technology [J]. Economics of Innovation and New Technology, 14（3）: 189-212.

ORSATO R J, 2006. Competitive environmental strategies: When does it pay to be green? [J]. California Management Review, 48（2）: 128.

ORSATTI G, QUATRARO F, PEZZONI M, 2020. The antecedents of green technologies: The role of team-level recombinant capabilities [J]. Research Policy, 49（3）.

PACHECO D A D, TEN CATEN C S, JUNG C F, NAVAS H V G, CRUZ-MACHADO V A, 2018. Eco-innovation determinants in manufacturing SMEs from emerging markets: Systematic literature review and challenges [J]. Journal of Engineering and Technology Management, 48: 44-63.

PADGETT R C, GALAN J I, 2010. The effect of R&D intensity on corporate social responsibility[J]. Journal of Business Ethics, 93(3): 407-418.

PAPAGIANNAKIS G, VOUDOURIS I, LIOUKAS S, 2014. The road to sustainability: Exploring the process of corporate environmental strategy over time [J]. Business Strategy and the Environment, 23(4): 254-271.

PARK S H, LUO Y D, 2001. Guanxi and organizational dynamics: Organizational networking in Chinese firms[J]. Strategic Management Journal, 22 (5): 455-477.

PARK Y S, 2005. A study on the determinants of environmental innovation in Korean energy intensive industry[J]. International Review of Public Administration, 9(2): 89-101.

PELOZA J, 2009. The challenge of measuring financial impacts from investments in corporate social performance[J]. Journal of Management, 35(6): 1518-1541.

PENG M W, 2003. Institutional transitions and strategic choices[J]. Academy of Management Review, 28(2): 275-296.

PENG M W, HEATH P S, 1996. The growth of the firm in planned economies in transition: Institutions, organizations, and strategic choice[J]. Academy of Management Review, 21(2): 492-528.

PENG M W, LUO Y, 2000. Managerial ties and firm performance in a transition economy: The nature of a micro-macro link[J]. Academy of Management Journal, 43(3): 486-501.

PENG X, FANG P, LEE S, ZHANG Z, 2022. Does executives' ecological embeddedness predict corporate eco-innovation? Empirical evidence from China [J]. Technology Analysis & Strategic Management, 36(7): 1621-1634.

PENG X, LEE S, 2019. Self-discipline or self-interest? The antecedents of hotel employees' pro-environmental behaviours[J]. Journal of Sustainable Tourism, 27(9): 1457-1476.

PENG X R, LIU Y, 2016. Behind eco-innovation: Managerial environmental awareness and external resource acquisition[J]. Journal of Cleaner Production, 139: 347-360.

PEREIRA Á, VENCE X, 2012. Key business factors for eco-innovation: An overview of recent firm-level empirical studies[J]. Cuadernos de Gestión, 12: 73-103.

PETKOVA A P, WADHWA A, YAO X, JAIN S, 2014. Reputation and decision making under ambiguity: a study of US venture capital firms' investments in the emerging clean energy sector[J]. Academy of Management Journal, 57(2): 422-448.

PFEFFER J, SALANCIK G R, 1978. The external control of organizations [M]. New York: Harper & Row.

PODSAKOFF P M, MACKENZIE S B, LEE J Y, PODSAKOFF N P, 2003. Common method biases in behavioral research: A critical review of the literature and recommended remedies[J]. Journal of Applied Psychology, 88(5): 879-903.

POPP D, HAFNER T, JOHNSTONE N, 2011. Environmental policy vs. public pressure: Innovation and diffusion of alternative bleaching technologies in the pulp industry[J]. Research Policy, 40(9): 1253-1268.

PORAC J F, THOMAS H, BADEN-FULLER C, 1989. Competitive groups as cognitive communities: the case of Scottish knitwear manufacturers[J]. Journal of Management Studies, 26(4): 397-416.

PORTER M E, KRAMER M R, 2002. The competitive advantage of corporate philanthropy[J]. Harvard Business Review, 80(12): 56-68.

PORTER M E, KRAMER M R, 2006. Strategy and society-The link between competitive advantage and corporate social responsibility[J]. Harvard Business Review, 84(12): 78-92.

PORTER M E, KRAMER M R, 2011. Creating shared value: How to reinvent capitalism—and unleash a wave of innovation and growth[J]. Harvard Business Review, 89(1-2): 1-17.

PORTER M E, VAN DER LINDE C, 1995a. Green and competitive: Ending the stalemate [J]. Harvard Business Review, 73 (5): 120-134.

PORTER M E, VAN DER LINDE C, 1995b. Toward a new conception of the environment-competitiveness relationship [J]. The Journal of Economic Perspectives, 9 (4): 97-118.

PRAHALAD C, 2008. The fortune at the bottom of the pyramid: Eradicating poverty through profits [R].

PRESTON L E, POST J E, 1975. Private management and public policy: The principle of public responsibility [M]. Englewood Cliffs, New Jersey: Prentice-Hall.

PUJARI D, 2006. Eco-innovation and new product development: Understanding the influences on market performance [J]. Technovation, 26 (1): 76-85.

PURSER R E, PARK C, 1995. Limits to anthropocentrism: Toward an ecocentric organization paradigm? [J]. Academy of Management Review, 20 (4): 1053-1089.

QI G Y, JIA Y H, ZOU H L, 2021. Is institutional pressure the mother of green innovation? Examining the moderating effect of absorptive capacity [J]. Journal of Cleaner Production, 278.

QI G Y, SHEN L Y, ZENG S X, JORGE O J, 2010. The drivers for contractors' green innovation: an industry perspective [J]. Journal of Cleaner Production, 18 (14): 1358-1365.

QI G Y, ZENG S X, TAM C M, YIN H T, ZOU H L, 2013. Stakeholders' influences on corporate green innovation strategy: A case study of manufacturing firms in China [J]. Corporate Social Responsibility and Environmental Management, 20 (1): 1-14.

QU Y, LIU Y, NAYAK R R, LI M, 2015. Sustainable development of eco-industrial parks in China: Effects of managers' environmental awareness on the relationships between practice and performance [J]. Journal of Cleaner Production, 87: 328-338.

RAISCH S, BIRKINSHAW J, 2008. Organizational ambidexterity: Antecedents, outcomes, and moderators [J]. Journal of Management, 34(3): 375-409.

RAMUS C A, STEGER U, 2000. The roles of supervisory support behaviors and environmental policy in employee "ecoinitiatives" at leading-edge European companies [J]. Academy of Management Journal, 43(4): 605-626.

RAZUMOVA M, IBANEZ J L, PALMER J R M, 2015. Drivers of environmental innovation in Majorcan hotels [J]. Journal of Sustainable Tourism, 23(10): 1529-1549.

REHFELD K M, RENNINGS K, ZIEGLER A, 2007. Integrated product policy and environmental product innovations: An empirical analysis [J]. Ecological Economics, 61(1): 91-100.

REID A, MIEDZINSKI M, 2008. Eco-innovation: Final report for sectoral innovation watch [R]. Belgium.

RENNINGS K, 2000. Redefining innovation - eco-innovation research and the contribution from ecological economics [J]. Ecological Economics, 32(2): 319-332.

RENNINGS K, RAMMER C, 2009. Increasing energy and resource efficiency through innovation-an explorative analysis using innovation survey data [R/OL]. http: //dx. doi. org/10. 2139/ssrn. 1495761

RENNINGS K, RAMMER C, 2011. The impact of regulation-driven environmental innovation on innovation success and firm performance [J]. Industry and Innovation, 18(3): 255-283.

RIVAS J L, 2012. Board versus TMT international experience: A study of their joint effects [J]. Cross Cultural Management-an International Journal, 19(4): 546-562.

RODDIS P, 2018. Eco-innovation to reduce biodiversity impacts of wind energy: Key examples and drivers in the UK [J]. Environmental Innovation and Societal Transitions, 28: 46-56.

RONKKO M, CHO E, 2020. An updated guideline for assessing discriminant validity [J]. Organizational Research Methods.

ROOME N, 1992. Developing environmental management strategies [J]. Business Strategy and the Environment, 1 (1): 11-24.

ROTHENBERG S, ZYGLIDOPOULOS S C, 2007. Determinants of environmental innovation adoption in the printing industry: the importance of task environment [J]. Business Strategy and the Environment, 16 (1): 39-39.

ROWLEY J, BAREGHEH A, SAMBROOK S, 2011. Towards an innovation - type mapping tool [J]. Management Decision, 49 (1): 73-86.

ROXAS B, 2022. Eco-innovations of firms: A longitudinal analysis of the roles of industry norms and proactive environmental strategy [J]. Business Strategy and the Environment, 31 (1): 515-531.

RUEF M, SCOTT W R, 1998. A multidimensional model of organizational legitimacy: Hospital survival in changing institutional environments [J]. Administrative Science Quarterly: 877-904.

RUI Z Y, LU Y R, 2021. Stakeholder pressure, corporate environmental ethics and green innovation [J]. Asian Journal of Technology Innovation.

RUSSO M V, FOUTS P A, 1997. A resource-based perspective on corporate environmental performance and profitability [J]. Academy of Management Journal, 40 (3): 534-559.

RYSZKO A, 2016. Interorganizational cooperation, knowledge sharing, and technological eco-innovation: The role of proactive environmental strategy - empirical evidence from Poland [J]. Polish Journal of Environmental Studies, 25 (2): 753-763.

SANNI M, 2018. Drivers of eco-innovation in the manufacturing sector of

Nigeria [J]. Technological Forecasting and Social Change, 131: 303-314.

SARKIS J, CORDEIRO J J, 2001. An empirical evaluation of environmental efficiencies and firm performance: pollution prevention versus end-of-pipe practice [J]. European Journal of Operational Research, 135 (1): 102-113.

SARKIS J, ZHU Q, LAI K, 2011. An organizational theoretic review of green supply chain management literature [J]. International Journal of Production Economics, 130 (1): 1-15.

SCHERER A G, PALAZZO G, 2007. Toward a political conception of corporate responsibility: Business and society seen from a Habermasian perspective [J]. Academy of Management Review, 32 (4): 1096-1120.

SCHIEDERIG T, TIETZE F, HERSTATT C, 2012. Green innovation in technology and innovation management - an exploratory literature review [J]. R & D Management, 42 (2): 180-192.

SCHMIDT F, 2008. Meta-analysis: A constantly evolving research integration tool [J]. Organizational Research Methods, 11 (1): 96-113.

SCHULZE A, BRUSONI S, 2022. How dynamic capabilities change ordinary capabilities: Reconnecting attention control and problem-solving [J]. Strategic Management Journal, 43 (12): 2447-2477.

SCHUMPETER J A, 1934. The theory of economic development: An inquiry into profits, capital, credit, interest, and the business cycle [M]. Cambridge, Massachusetts: Harvard University.

SCHWARZ N, ERNST A, 2009. Agent-based modeling of the diffusion of environmental innovations - An empirical approach [J]. Technological Forecasting and Social Change, 76 (4): 497-511.

SCOTT W R, 2005. Institutional theory: Contributing to a theoretical research program [M]. In K G Smith, M A Hitt (Eds.), Great minds in management: The process of theory development: 460-484. New York: Oxford University Press.

SCOTT W R, 2013. Institutions and organizations: Ideas, interests, and identities（4 ed）[M]. Thousand Oaks, California: Sage publications.

SENGE P M, CARSTEDT G, PORTER P L, 2001. Next industrial revolution [J]. MIT Sloan Management Review: 24-38.

SETHI S P, 1975. Dimensions of corporate social performance: An analytical framework [J]. California Management Review, 17（3）: 58-64.

SHARMA P, SHARMA S, 2011. Drivers of proactive environmental strategy in family firms [J]. Business Ethics Quarterly, 21（2）: 309-334.

SHARMA S, 2000. Managerial interpretations and organizational context as predictors of corporate choice of environmental strategy [J]. Academy of Management Journal, 43（4）: 681-697.

SHARMA S, VREDENBURG H, 1998. Proactive corporate environmental strategy and the development of competitively valuable organizational capabilitics [J]. Strategic Management Journal, 19（8）: 729-753.

SHARMA T, CHEN J, LIU W Y, 2020. Eco-innovation in hospitality research （1998-2018）: A systematic review [J]. International Journal of Contemporary Hospitality Management, 32（2）: 913-933.

SHENG S, ZHOU K Z, LI J J, 2011. The effects of business and political ties on firm performance: Evidence from China [J]. Journal of Marketing, 75（1）: 1-15.

SHIPILOV A, DANIS W, 2006. TMG social capital, strategic choice and firm performance [J]. European Management Journal, 24（1）: 16-27.

SHOU Y Y, CHE W, DAI J, JIA F, 2018. Inter-organizational fit and environmental innovation in supply chains: A configuration approach [J]. International Journal of Operations & Production Management, 38（8）: 1683-1704.

SHRIVASTAVA P, 1995. Environmental technologies and competitive advantage [J]. Strategic Management Journal, 16（S1）: 183-200.

SIEGEL D S, 2009. Green management matters only if it yields more green: An economic/strategic perspective [J]. Academy of Management Perspectives, 23 （3）: 5-16.

SIEGEL D S, VITALIANO D F, 2007. An empirical analysis of the strategic use of corporate social responsibility [J]. Journal of Economics & Management Strategy, 16 (3): 773-792.

SIMSEK Z, LUBATKIN M H, FLOYD S W, 2003. Inter-firm networks and entrepreneurial behavior: A structural embeddedness perspective [J]. Journal of Management, 29 (3): 427-442.

SIRSLY C A T, LAMERTZ K, 2008. When does a corporate social responsibility initiative provide a first-mover advantage? [J]. Business & Society, 47 (3): 343-369.

SLAWINSKI N, BANSAL P, 2012. A matter of time: The temporal perspectives of organizational responses to climate change [J]. Organization Studies, 33 (11): 1537-1563.

SMITH K G, HITT M A (Eds.), 2005. Great minds in management: The process of theory development [M]. New York: Oxford University Press.

SONG M L, WANG S H, SUN J, 2018. Environmental regulations, staff quality, green technology, R&D efficiency, and profit in manufacturing [J]. Technological Forecasting and Social Change, 133: 1-14.

SRIVASTAVA S K, 2007. Green supply-chain management: A state-of-the-art literature review [J]. International Journal of Management Reviews, 9 (1): 53-80.

STAFFORD E R, HARTMAN C L, YIN L, 2003. Forces driving environmental innovation diffusion in China: The case of Greenfreeze [J]. Business Horizons, 46 (2): 47-56.

STANDIFIRD S S, MARSHALL R S, 2000. The transaction cost advantage of guanxi-based business practices [J]. Journal of World Business, 35 (1): 21-42.

STARIK M, MARCUS A A, 2000. Introduction to the special research forum on the Management of Organizations in the Natural Environment: A field emerging from multiple paths, with many challenges ahead [J]. Academy of Management Journal, 43 (4): 539-546.

STARR J A, MACMILLAN I C, 1990. Resource cooptation via social contracting: Resource acquisition strategies for new ventures[J]. Strategic Management Journal, 11(4): 79-92.

STEERS R M, 1975. Problems in the measurement of organizational effectiveness[J]. Administrative Science Quarterly: 546-558.

STEG L, VLEK C, 2009. Encouraging pro-environmental behaviour: An integrative review and research agenda[J]. Journal of Environmental Psychology, 29(3): 309-317.

STEGER U, 1993. The greening of the board room: how German companies are dealing with environmental issues[M]. In K Fischer, J Schot (Eds.), International perspectives on research needs and policy implications: 147-166. Washington, DC: Island Press.

STEGER U, 1996. Managerial issues in closing the loop[J]. Business Strategy and the Environment, 5(4): 252-268.

STIMPERT J L, 1999. Managerial and organizational cognition: Theory, methods and research[J]. Academy of Management Review, 24(2): 360-362.

STONIG J, SCHMID T, MULLER-STEWENS G, 2022. From product system to ecosystem: How firms adapt to provide an integrated value proposition[J]. Strategic Management Journal, 43(9): 1927-1957.

SUCHMAN M C, 1995. Managing legitimacy: Strategic and institutional approaches[J]. Academy of Management Review, 20(3): 571-610.

SURROCA J, TRIBó J A, WADDOCK S, 2010. Corporate responsibility and financial performance: The role of intangible resources[J]. Strategic Management Journal, 31(5): 463-490.

SWANSON D L, 1995. Addressing a theoretical problem by reorienting the corporate social performance model[J]. Academy of Management Review, 20(1): 43-64.

SWIFT T, 2001. Trust, reputation and corporate accountability to stakeholders

[J]. Business Ethics: A European Review, 10(1): 16-26.

TAKALO S K, TOORANLOO H S, PARIZI Z S, 2021. Green innovation: A systematic literature review [J]. Journal of Cleaner Production, 279.

TANG Z, HULL C E, ROTHENBERG S, 2012. How corporate social responsibility engagement strategy moderates the CSR-financial performance relationship [J]. Journal of Management Studies, 49(7): 1274-1303.

TEECE D J, 1986. Profiting from technological innovation: Implications for integration, collaboration, licensing and public policy [J]. Research Policy, 15(6): 285-305.

THOMAS J B, CLARK S M, GIOIA D A, 1993. Strategic sensemaking and organizational performance: linkages among scanning, interpretation, action, and outcomes [J]. Academy of Management Journal, 36(2): págs. 239-270.

THORNTON P H, OCASIO W, 1999. Institutional logics and the historical contingency of power in organizations: Executive succession in the higher education publishing industry, 1958-1990 [J]. American Journal of Sociology, 105(3): 801-843.

THORNTON P H, OCASIO W, 2008. Institutional logics [M]. In R Greenwood, C Oliver, K Sahlin, R Suddaby (Eds.), The SAGE Handbook of Organizational Institutionalism, 1 ed: 99-128. London: SAGE Publishing.

THORNTON P H, OCASIO W, LOUNSBURY M, 2012. The institutional logics perspective: A new approach to culture, structure, and process [M]. United Kingdom: Oxford University Press.

TIEN S W, CHUNG Y C, TSAI C H, 2005. An empirical study on the correlation between environmental design implementation and business competitive advantages in Taiwan's industries [J]. Technovation, 25(7): 783-794.

TRANFIELD D, DENYER D, SMART P, 2003. Towards a methodology for developing evidence - informed management knowledge by means of systematic review [J]. British Journal of Management, 14(3): 207-222.

TRIGUERO A, MORENO-MONDEJAR L, DAVIA M, 2015. Eco-innovation by small and medium-sized firms in Europe: from end-of-pipe to cleaner technologies [J]. Innovation-Management Policy & Practice, 17 (1): 24-40.

TURBAN D B, GREENING D W, 1997. Corporate social performance and organizational attractiveness to prospective employees [J]. Academy of Management Journal, 40 (3): 658-672.

TUZZOLINO F, ARMANDI B R, 1981. A need-hierarchy framework for assessing corporate social responsibility [J]. Academy of Management Review 6 (1): 21-28.

UHLANER L M, BERENT-BRAUN M M, JEURISSEN R J M, DE WIT G, 2012. Beyond size: Predicting engagement in environmental management practices of Dutch SMEs [J]. Journal of Business Ethics, 109 (4): 411-429.

UZZI B, 1997. Social structure and competition in interfirm networks: The paradox of embeddedness [J]. Administrative Science Quarterly: 35-67.

VACHON S, KLASSEN R D, 2006. Extending green practices across the supply chain - The impact of upstream and downstream integration [J]. International Journal of Operations & Production Management, 26 (7): 795-821.

VALOR C, 2005. Corporate social responsibility and corporate citizenship: Towards corporate accountability [J]. Business and Society Review, 110 (2): 191-212.

VAN MARREWIJK M, 2003. Concepts and definitions of CSR and corporate sustainability: between agency and communion [J]. Journal of Business Ethics, 44 (2): 95-105.

VEDULA S, YORK J G, CONGER M, EMBRY E, 2022. Green to gone? Regional institutional logics and firm survival in moral markets [J]. Organization Science, 33 (6): 2274-2299.

VENKATRAMAN N, RAMANUJAM V, 1986. Measurement of business performance in strategy research: A comparison of approaches [J]. Academy of

Management Review, 11 (4): 801-814.

VERMEULEN F, BARKEMA H, 2002. Pace, rhythm, and scope: Process dependence in building a profitable multinational corporation [J]. Strategic Management Journal, 23 (7): 637-653.

VILANOVA M, LOZANO J M, ARENAS D, 2009. Exploring the nature of the relationship between CSR and competitiveness [J]. Journal of Business Ethics, 87: 57-69.

VOLBERDA H W, LEWIN A Y, 2003. Guest editors' introduction - Co-evolutionary dynamics within and between firms: From evolution to co-evolution [J]. Journal of Management Studies, 40 (8): 2111-2136.

VONA F, PATRIARCA F, 2011. Income inequality and the development of environmental technologies [J]. Ecological Economics, 70 (11): 2201-2213.

VOTAW D, 1973. The corporate dilemma: Traditional values versus contemporary problems [M]. Englewood Clifs, NJ: Prentice Hall.

WADDOCK, 2004a. Parallel universes: Companies, academics, and the progress of corporate citizenship [J]. Business and Society Review, 109 (1): 5-42.

WADDOCK S, 2004b. Creating corporate accountability: Foundational principles to make corporate citizenship real [J]. Journal of Business Ethics, 50 (4): 313-327.

WADDOCK S A, GRAVES S B, 1997. The corporate social performance-financial performance link [J]. Strategic Management Journal, 18 (4): 303-319.

WAGNER M, 2007. On the relationship between environmental management, environmental innovation and patenting: Evidence from German manufacturing firms [J]. Research Policy, 36 (10): 1587-1602.

WAGNER M, 2009. National culture, regulation and country interaction effects on the association of environmental management systems with environmentally beneficial innovation [J]. Business Strategy and the Environment, 18 (2): 122-136.

WAGNER M, 2010. Corporate social performance and innovation with high social benefits: A quantitative analysis [J]. Journal of Business Ethics, 94 (4): 581-594.

WAHBA H, 2008a. Does the market value corporate environmental responsibility? An empirical examination [J]. Corporate Social Responsibility and Environmental Management, 15 (2): 89-99.

WAHBA H, 2008b. Exploring the Moderating Effect of Financial Performance on the Relationship between Corporate Environmental Responsibility and Institutional Investors: Some Egyptian Evidence, Corporate Social Responsibility and Environmental Management, Vol. 15: 361-371.

WALKER M, 2013. Does green management matter for donation intentions? The influence of environmental consciousness and environmental importance [J]. Management Decision, 51 (8): 1716-1732.

WALLEY N, WHITEHEAD B, 1994. It's not easy being green [J]. Harvard Business Review, 72 (3): 46-52.

WALSH J P, 1995. Managerial and organizational cognition: Notes from a trip down memory lane [J]. Organization Science, 6 (3): 280-321.

WALTON C C, 1967. Corporate social responsibilities [M]. Belmont, California: Wadsworth.

WANG C-H, 2019. How organizational green culture influences green performance and competitive advantage: The mediating role of green innovation [J]. Journal of Manufacturing Technology Management, 30 (4): 666-683.

WANG H, CHOI J, 2010. A new look at the corporate social-financial performance relationship: The moderating roles of temporal and interdomain consistency in corporate social performance [J]. Journal of Management.

WANG H, FAN C, CHEN S, 2021a. The impact of campaign-style enforcement on corporate environmental Action: Evidence from China's central environmental protection inspection [J]. Journal of Cleaner Production, 290.

WANG H, YANG G, OUYANG X, QIN J, 2021b. Does central environmental inspection improves enterprise total factor productivity? The mediating effect of management efficiency and technological innovation [J]. Environmental Science and Pollution Research, 28 (17): 21950–21963.

WANG J, ZHAO L, ZHU R, 2022. Peer effect on green innovation: Evidence from 782 manufacturing firms in China [J]. Journal of Cleaner Production, 380: 134923.

WANG M B, QIU C, KONG D M, 2011. Corporate social responsibility, investor behaviors, and stock market returns: Evidence from a natural experiment in China [J]. Journal of Business Ethics, 101 (1): 127-141.

WANG R X, WIJEN F, HEUGENS P, 2018. Government's green grip: Multifaceted state influence on corporate environmental actions in China [J]. Strategic Management Journal, 39 (2): 403-428.

WARTICK S L, COCHRAN P L, 1985. The evolution of the corporate social performance model [J]. Academy of Management Review, 10 (4): 758-769.

WASHINGTON M, ZAJAC E J, 2005. Status evolution and competition: Theory and evidence [J]. Academy of Management Journal, 48 (2): 282-296.

WEAVER G R, TREVIN L K, COCHRAN P L, 1999a. Integrated and decoupled corporate social performance: Management commitments, external pressures, and corporate ethics practices [J]. Academy of Management Journal.

WEAVER G R, TREVINO L K, COCHRAN P L, 1999b. Corporate ethics programs as control systems: Influences of executive commitment and environmental factors [J]. Academy of Management Journal, 42 (1): 41-57.

WEMERFELT B, 1984. A resource-based view of the firm [J]. Strategic Management Journal, 5 (2): 171-180.

WENG M H, LIN C Y, 2011. Determinants of green innovation adoption for small and medium-size enterprises (SMES) [J]. African Journal of Business Management, 5 (22): 9154-9163.

WERTHER JR W B, CHANDLER D, 2005. Strategic corporate social responsibility as global brand insurance [J]. Business Horizons, 48 (4): 317-324.

WHEELER D, 1998. Including the stakeholders: The business case [J]. Long Range Planning, 31 (2): 201-210.

WHITEMAN G, COOPER W H, 2000. Ecological embeddedness [J]. Academy of Management Journal, 43 (6): 1265-1282.

WINDSOR D, 2006. Corporate social responsibility: three key approaches [J]. Journal of Management Studies, 43 (1): 93-114.

WOO C, CHUNG Y, CHUN D, HAN S, LEE D, 2014. Impact of green innovation on labor productivity and its determinants: An analysis of the Korean manufacturing industry [J]. Business Strategy and the Environment, 23 (8): 567-576.

WOOD D J, 1991. Corporate social performance revisited [J]. Academy of Management Review, 16 (4): 691-718.

WOOD D J, 2010. Measuring corporate social performance: A review [J]. International Journal of Management Reviews, 12 (1): 50-84.

WU A H, 2017. The signal effect of government R&D subsidies in China: Does ownership matter? [J]. Technological Forecasting and Social Change, 117: 339-345.

WU G C, 2013. The influence of green supply chain integration and environmental uncertainty on green innovation in Taiwan's IT industry [J]. Supply Chain Management-an International Journal, 18 (5): 539-552.

WU X, LI Y, FENG C, 2023. Green innovation peer effects in common institutional ownership networks [J]. Corporate Social Responsibility and Environmental Management, 30 (2): 641-660.

XIONG H, PAYNE D, KINSELLA S, 2016. Peer effects in the diffusion of innovations: Theory and simulation [J]. Journal of Behavioral and Experimental Economics, 63: 1-13.

YALABIK B, FAIRCHILD R J, 2011. Customer, regulatory, and competitive pressure as drivers of environmental innovation [J]. International Journal of Production Economics, 131(2): 519-527.

YAN S P, 2020. A double-edged sword: Diversity within religion and market emergence [J]. Organization Science, 31(3): 558-575.

YAN S P, FERRARO F, ALMANDOZ J, 2019. The rise of socially responsible investment funds: The paradoxical role of the financial logic [J]. Administrative Science Quarterly, 64(2): 466-501.

YAN Z, PENG X, LEE S, FANG P, 2023a. Chasing the light or chasing the dark? top managers' political ties and corporate proactive environmental strategy [J]. Technology Analysis & Strategic Management, 35(10): 1341-1354

YAN Z, PENG X, LEE S, ZHANG L, 2023b. How do multiple cognitions shape corporate proactive environmental strategies? The joint effects of environmental awareness and entrepreneurial orientation [J]. Asian Business & Management, 22: 1592–1617.

YANG F X, YANG M, 2015. Analysis on China's eco-innovations: Regulation context, intertemporal change and regional differences [J]. European Journal of Operational Research, 247(3): 1003-1012.

YANG Y, HOLGAARD J E, REMMEN A, 2012. What can triple helix frameworks offer to the analysis of eco-innovation dynamics? Theoretical and methodological considerations [J]. Science and Public Policy, 39(3): 373-385.

YIN J H, WANG S, 2018. The effects of corporate environmental disclosure on environmental innovation from stakeholder perspectives [J]. Applied Economics, 50(8): 905-919.

YIN R K, 2009. Case study research: Design and methods (4 ed) [M]. Thousand Oaks, California: SAGE Publications, Inc.

YOU D M, ZHANG Y, YUAN B L, 2019. Environmental regulation and firm eco-innovation: Evidence of moderating effects of fiscal decentralization and political competition from listed Chinese industrial companies [J]. Journal of Cleaner Production, 207: 1072-1083.

ZAILANI S H M, ELTAYEB T K, HSU C C, TAN K C, 2012. The impact of external institutional drivers and internal strategy on environmental performance [J]. International Journal of Operations & Production Management, 32 (5-6): 721-745.

ZENG S X, MENG X H, ZENG R C, TAM C M, TAM V W Y, JIN T, 2011. How environmental management driving forces affect environmental and economic performance of SMEs: a study in the Northern China district [J]. Journal of Cleaner Production, 19 (13): 1426-1437.

ZENISEK T J, 1979. Corporate social responsibility: A conceptualization based on organizational literature [J]. Academy of Management Review, 4 (3): 359-368.

ZHANG B, YANG S C, BI J, 2013. Enterprises' willingness to adopt/develop cleaner production technologies: an empirical study in Changshu, China [J]. Journal of Cleaner Production, 40: 62-70.

ZHANG F, ZHU L, 2019. Enhancing corporate sustainable development: Stakeholder pressures, organizational learning, and green innovation [J]. Business Strategy and the Environment, 28 (6): 1012-1026.

ZHANG J, KONG D M, WU J, 2018. Doing good business by hiring directors with foreign experience [J]. Journal of Business Ethics, 153 (3): 859-876.

ZHANG W, JIN Y G, WANG J P, 2015. Greenization of venture capital and green innovation of Chinese entity industry [J]. Ecological Indicators, 51: 31-41.

ZHANG X L, SHEN L Y, WU Y Z, 2011. Green strategy for gaining competitive advantage in housing development: A China study [J]. Journal of Cleaner Production, 19 (2-3): 157-167.

ZHANG Z, PENG X, YANG L, LEE S, 2022. How does Chinese central environmental inspection affect corporate green innovation? The moderating effect of bargaining intentions [J]. Environmental Science and Pollution Research, 29 (28): 42955-42972.

ZHANG Z, YANG L, PENG X, LIAO Z, 2023. Overseas imprints reflected at home: Returnee CEOs and corporate green innovation [J]. Asian Business & Management, 22: 1328–1368.

ZHOU K Z, GAO G Y, ZHAO H, 2017. State ownership and firm innovation in China: An integrated view of institutional and efficiency logics [J]. Administrative Science Quarterly, 62 (2): 375-404.

ZHOU Y, HONG J, ZHU K J, YANG Y, ZHAO D T, 2018. Dynamic capability matters: Uncovering its fundamental role in decision making of environmental innovation [J]. Journal of Cleaner Production, 177: 516-526.

ZIEGLER A, NOGAREDA J S, 2009. Environmental management systems and technological environmental innovations: Exploring the causal relationship [J]. Research Policy, 38 (5): 885-893.

ZIENTARA P, ZAMOJSKA A, 2018. Green organizational climates and employee pro-environmental behaviour in the hotel industry [J]. Journal of Sustainable Tourism, 26 (7): 1142-1159.

ZIMMERMAN M A, ZEITZ G J, 2002. Beyond survival: Achieving new venture growth by building legitimacy [J]. Academy of Management Review, 27 (3): 414-431.

ZUBELTZU-JAKA E, ERAUSKIN-TOLOSA A, HERAS-SAIZARBITORIA I, 2018. Shedding light on the determinants of eco-innovation: A meta-analytic study [J]. Business Strategy and the Environment, 27 (7): 1093-1103.

ZUCKER L G, 1977. The role of institutionalization in cultural persistence [J]. American Sociological Review: 726-743.

ZUPIC I, CATER T, 2015. Bibliometric methods in management and organization [J]. Organizational Research Methods, 18 (3): 429-472.

陈海汉, 吕益群, 2024. 绿色信贷、政府规制与企业绿色技术创新的演化及仿真研究[J]. 运筹与管理, 33（01）：212-218.

陈劲, 1999. 国家绿色技术创新系统的构建与分析[J]. 科学学研究, 17（3）：37-41.

陈晓红, 蔡思佳, 汪阳洁, 2020. 我国生态环境监管体系的制度变迁逻辑与启示[J]. 管理世界, 36（11）：160-172.

陈艳莹, 游闽, 2009. 技术的互补性与绿色技术扩散的低效率[J]. 科学学研究, 27（04）：541-545+528.

陈宇科, 刘蓝天, 董景荣, 2022. 环境规制工具、区域差异与企业绿色技术创新——基于系统GMM和动态门槛的中国省级数据分析[J]. 科研管理, 43（04）：111-118.

陈泽文, 陈丹, 2019. 新旧动能转换的环境不确定性背景下高管环保意识风格如何提升企业绩效——绿色创新的中介作用[J]. 科学学与科学技术管理, 40（10）：113-128.

谌仁俊, 肖庆兰, 兰受卿, 刘嘉琪, 2019. 中央环保督察能否提升企业绩效?——以上市工业企业为例[J]. 经济评论（05）：36-49.

戴鸿轶, 柳卸林, 2009. 对环境创新研究的一些评论[J]. 科学学研究, 27（11）：1601-1610.

董炳艳, 靳乐山, 2005. 中国绿色技术创新研究进展初探[J]. 科技管理研究, 25（2）.

董颖, 石磊, 2010. 生态创新的内涵、分类体系与研究进展[J]. 生态学报, 30（9）：2465-2474.

郭俊杰, 方颖, 郭晔, 2024. 环境规制、短期失败容忍与企业绿色创新——来自绿色信贷政策实践的证据[J]. 经济研究, 59（03）：112-129.

郭玥, 2018. 政府创新补助的信号传递机制与企业创新[J]. 中国工业经济（09）：98-116.

韩娜, 李健, 2014. 企业社会责任对品牌资产的影响分析——以信息获取方式为调节变量[J]. 浙江工商大学学报, 124（1）：91-100.

韩先锋, 李勃昕, 刘娟, 2020. 中国OFDI逆向绿色创新的异质动态效应研究

[J].科研管理,41(12):32-42.

黄伟,陈钊,2015.外资进入、供应链压力与中国企业社会责任[J].管理世界(2):91-100+132.

贾建锋,刘伟鹏,杜运周,赵若男,蒋金鑫,2024.制度组态视角下绿色技术创新效率提升的多元路径[J].南开管理评论,27(02):51-61.

解学梅,韩宇航,2022.本土制造业企业如何在绿色创新中实现"华丽转型"?——基于注意力基础观的多案例研究[J].管理世界,38(03):76-106.

解学梅,朱琪玮,2021.企业绿色创新实践如何破解"和谐共生"难题?[J].管理世界,37(01):128-149+129.

景维民,张璐,2014.环境管制、对外开放与中国工业的绿色技术进步[J].经济研究,49(09):34-47.

柯劭婧,马欧阳,许年行,2023.竞争对手环保处罚的溢出效应研究——基于企业绿色创新的视角[J].管理科学学报,26(06):21-38.

李大元,宋杰,陈丽,张璐,2018.舆论压力能促进企业绿色创新吗?[J].研究与发展管理,30(06):23-33.

李杰,陈超美,2016.CiteSpace:科技文本挖掘及可视化[M].北京:首都经济贸易大学出版社.

李青原,肖泽华,2020.异质性环境规制工具与企业绿色创新激励——来自上市企业绿色专利的证据[J].经济研究,55(09):192-208.

李婉红,2015.排污费制度驱动绿色技术创新的空间计量检验——以29个省域制造业为例[J].科研管理(06):1-9.

李依,高达,卫平,2021.中央环保督察能否诱发企业绿色创新?[J].科学学研究:1-16.

李怡娜,叶飞,2011.制度压力、绿色环保创新实践与企业绩效关系——基于新制度主义理论和生态现代化理论视角[J].科学学研究,29(12):1884-1894.

李怡娜,叶飞,2013.高层管理支持、环保创新实践与企业绩效——资源承诺的调节作用[J].管理评论,25(001):120-127.

廖文龙,董新凯,翁鸣,陈晓毅,2020.市场型环境规制的经济效应:碳排放交易、绿色创新与绿色经济增长[J].中国软科学(06)：159-173.

林淑，顾标，2007.企业非市场战略研究前沿探析[J].外国经济与管理，29（11）：25-33.

罗喜英，刘伟，2019.政治关联与企业环境违规处罚：庇护还是监督——来自IPE数据库的证据[J].山西财经大学学报，41（10）：85-99.

吕斐斐，朱丽娜，高皓，贺小刚，2020."领头羊"效应？家族企业行业地位与绿色战略的关系研究[J].管理评论，32（03）：252-264.

吕燕，王伟强，许庆瑞，1994.绿色技术创新：21世纪企业发展的机遇与挑战[J].科学管理研究，12（6）：10-14.

孟科学，候贵生，魏霄，2018.企业异质信念、场域压力与生态创新投入的波动[J].科研管理（10）.

彭雪蓉，2014.利益相关者环保导向、生态创新与企业绩效：组织合法性视角[D].杭州：浙江大学.

彭雪蓉，黄学，2013.企业生态创新影响因素研究前沿探析与未来研究热点展望[J].外国经济与管理，35（9）：61-71.

彭雪蓉，刘洋，2015a.行业可见性、创新能力与高管认知对企业生态创新行为的影响[J].研究与发展管理，27（5）：68-77.

彭雪蓉，刘洋，2015b.战略性企业社会责任与竞争优势：过程机制与权变条件[J].管理评论，27（7）：156-167.

彭雪蓉，刘洋，2016.外部性视角下企业社会责任与企业财务绩效：一个重新定义的框架[J].浙江工商大学学报，138（3）：72-79

彭雪蓉，刘洋，赵立龙，2014.企业生态创新的研究脉络、内涵澄清与测量[J].生态学报，34（22）：6440-6449.

彭雪蓉，刘姿萌，李旭，2019.吸收能力视角下企业生态创新绩效提升的实施战略[J].生态经济，35（07）：70-75.

彭雪蓉，魏江，2014.生态创新、资源获取与组织绩效——来自浙江省中小企业的实证研究[J].自然辩证法研究，30（5）：60-65.

彭雪蓉，魏江，2015.利益相关者环保导向与企业生态创新——高管环保意识的调节作用[J].科学学研究,33(7):1109-1120.

彭雪蓉,魏江,李亚男,2013.我国酒店业企业社会责任实践研究——对酒店集团15强CSR公开信息的内容分析[J].旅游学刊,28(3):52-61.

齐绍洲,林屾,崔静波,2018.环境权益交易市场能否诱发绿色创新?——基于我国上市公司绿色专利数据的证据[J].经济研究,53(12):129-143.

任胜钢,项秋莲,何朵军,2018.自愿型环境规制会促进企业绿色创新吗?——以ISO14001标准为例[J].研究与发展管理,30(06):1-11.

沈灏,魏泽龙,苏中锋,2010.绿色管理研究前沿探析与未来展望[J].外国经济与管理,11.

石军伟,胡立君,付海艳,2009.企业社会责任,社会资本与组织竞争优势:一个战略互动视角——基于中国转型期经验的实证研究[J].中国工业经济(11):87-98.

唐志,李文川,2008.浙江民营企业社会责任影响因素的实证研究[J].浙江工商大学学报,90(03):75-79.

田红娜,刘思琦,2021.政府补贴对绿色技术创新能力的影响[J].系统工程,39(02):34-43.

王雎,2007.吸收能力的研究现状与重新定位[J].外国经济与管理(07):1-8.

王娟茹,崔日晓,张渝,2021.利益相关者环保压力、外部知识采用与绿色创新——市场不确定性与冗余资源的调节效应[J].研究与发展管理,33(4):15-27.

王馨,王营,2021.绿色信贷政策增进绿色创新研究[J].管理世界,37(06):173-188+111.

王旭,褚旭,2022.制造业企业绿色技术创新的同群效应研究——基于多层次情境的参照作用[J].南开管理评论,25(02):68-81.

王旭,王非,2019.无米下锅抑或激励不足?政府补贴、企业绿色创新与高管激励策略选择[J].科研管理,40(07):131-139.

王永贵,李霞,2023.促进还是抑制:政府研发补助对企业绿色创新绩效的影响[J].中国工业经济(02):131-149.

王珍愚,曹瑜,林善浪,2021.环境规制对企业绿色技术创新的影响特征与异质性——基于中国上市公司绿色专利数据[J]. 科学学研究, 39(05): 909-919+929.

魏江, 邬爱其, 彭雪蓉, 2014. 中国战略管理研究: 情境问题与理论前沿[J]. 管理世界(12): 167-171.

魏江, 吴刚, 许庆瑞, 1994. 环保技术扩散现状与对策研究[J]. 华东科技管理(11): 35-37.

魏江, 许庆瑞, 陈劲, 1995. 环保技术扩散的对策研究[J]. 科学管理研究(01): 66-71.

吴建祖, 范会玲, 2021. 基于组态视角的企业绿色创新驱动模式研究[J]. 研究与发展管理: 1-15.

吴晓波, 杨发明, 1996. 绿色技术的创新与扩散[J]. 科研管理, 17(1): 38-41.

吴育辉, 田亚男, 陈韫妍, 徐倩, 2022. 绿色债券发行的溢出效应、作用机理及绩效研究[J]. 管理世界, 38(06): 176-193.

肖萍, 方兆本, 2001. 中国企业家环保意识综合评价及分析[J]. 华东经济管理, 3: 027.

徐建中, 贯君, 林艳, 2017. 制度压力、高管环保意识与企业绿色创新实践——基于新制度主义理论和高阶理论视角[J]. 管理评论(09).

许晖, 许守任, 王睿智, 2013. 网络嵌入、组织学习与资源承诺的协同演进——基于3家外贸企业转型的案例研究[J]. 管理世界(10): 142-155+169+188.

杨发明, 吴光汉, 1998. 绿色技术创新研究述评[J]. 科研管理, 19(4): 20-26.

杨发明, 许庆瑞, 1998. 企业绿色技术创新研究[J]. 中国软科学, 3: 47-51.

杨光勇, 计国君, 2021. 碳排放规制与顾客环境意识对绿色创新的影响[J]. 系统工程理论与实践, 41(03): 702-712.

杨洪涛, 李瑞, 李桂君, 2018. 环境规制类型与设计特征的交互对企业生态创新的影响[J]. 管理学报(10).

杨艳芳, 程翔, 2021. 环境规制工具对企业绿色创新的影响研究[J]. 中国软科学(S1): 247-252.

杨燕, 邵云飞, 2011. 生态创新研究进展及展望[J]. 科学学与科学技术管理, 32（8）：107-116.

杨燕, 尹守军, MYRDAL, 2013. 企业生态创新动态过程研究：以丹麦格兰富为例[J]. 研究与发展管理（01）：44-53.

杨洋, 魏江, 罗来军, 2015. 谁在利用政府补贴进行创新?——所有制和要素市场扭曲的联合调节效应[J]. 管理世界（1）：75-86.

杨震宁, 童奕铭, 2024. 数字技术同群效应、组间压力与企业创新模式[J]. 外国经济与管理：1-19.

姚星, 陈灵杉, 张永忠, 2022. 碳交易机制与企业绿色创新：基于三重差分模型[J]. 科研管理, 43（06）：43-52.

佚名, 2013. 南都电源铅炭电池有望应用于汽车启停领域[J]. 电源世界（9）：17.

于飞, 胡查平, 刘明霞, 2021a. 网络密度、高管注意力配置与企业绿色创新：制度压力的调节作用[J]. 管理工程学报（02）：55-66.

于飞, 袁胜军, 胡泽民, 2021b. 知识基础、知识距离对企业绿色创新影响研究[J]. 科研管理, 42（01）：100-112.

袁祎开, 冯佳林, 谷卓越, 2024. 环保补助能否激励企业进行绿色创新?——基于企业社会责任门槛效应的检验[J]. 科学学研究, 42（02）：437-448.

张铂晨, 赵树宽, 2022. 政府补贴对企业绿色创新的影响研究——政治关联和环境规制的调节作用[J]. 科研管理, 43（11）：154-162.

张川, 娄祝坤, 詹丹碧, 2014. 政治关联、财务绩效与企业社会责任——来自中国化工行业上市公司的证据[J]. 管理评论（01）：130-139.

张钢, 张小军, 2011. 国外绿色创新研究脉络梳理与展望[J]. 外国经济与管理, 33（8）：25-32.

张海燕, 邵云飞, 2012. 基于阶段门的企业主动环境技术创新战略选择实施分析——以四川宏达集团有限公司为例[J]. 研究与发展管理（06）：106-115.

张宁, 2022. 碳全要素生产率、低碳技术创新和节能减排效率追赶——来自中国火力发电企业的证据[J]. 经济研究, 57（02）：158-174.

张小筠, 刘戒骄, 2019. 新中国70年环境规制政策变迁与取向观察[J]. 改革

（10）：16-25.

朱雪春，张伟，2021.组织忘却、知识搜寻与绿色创新［J］.科研管理，42（05）：218-224.

邹甘娜，袁一杰，许启凡，2023.环境成本、财政补贴与企业绿色创新［J］.中国软科学（02）：169-180.